新世纪应用型高等教育
网络专业系列规划教材

网络操作系统配置与管理
——Windows Server 2003

新世纪应用型高等教育教材编审委员会　组编

主编　董大钧
副主编　张遵义　况海涛
刘申菊　田　丹

大连理工大学出版社

图书在版编目（CIP）数据

网络操作系统配置与管理 ：Windows Server 2003 /
董大钧主编. 一大连：大连理工大学出版社，2011.7
应用型高等教育网络专业系列规划教材
ISBN 978-7-5611-6351-1

Ⅰ．①网… Ⅱ．①董… Ⅲ．①Windows 操作系统－应用软
件－网络服务器－高等学校－教材 Ⅳ．①TP316.86

中国版本图书馆 CIP 数据核字(2011)第 143151 号

大连理工大学出版社出版
地址：大连市软件园路 80 号　邮政编码：116023
发行：0411-84708842　邮购：0411-84703636　传真：0411-84701466
E-mail：dutp@dutp.cn　URL：http://www.dutp.cn
大连美跃彩色印刷有限公司印刷　　大连理工大学出版社发行

幅面尺寸：185mm×260mm　　印张：17.25　　字数：399 千字
印数：1～2000
2011 年 7 月第 1 版　　　　2011 年 7 月第 1 次印刷

责任编辑：马　双　　　　　　　责任校对：金　鑫
封面设计：张　莹

ISBN 978-7-5611-6351-1　　　　　　定　价：35.00 元

前　言

Windows 操作系统是当今的主流桌面操作系统,由于 Windows 操作系统的操作直观、简便,因此,Windows 的服务器也成为当前中小企业首选的服务器。虽然微软已推出了 Windows Server 2008,但 Windows Server 2003 是与 Windows XP 几乎同期的操作系统,使用上有着许多相似之处,人们对 Windows Server 2003 环境还是非常熟悉的。加之 Windows Server 2003 对硬件要求较低,因此受到许多中小企业的欢迎。目前,Windows Server 2003 仍为大多数中小企业网络使用的主流网络操作系统之一。微软对 Windows Server 2003 的扩展支持将提供到 2015 年。

本书是面向网络配置管理操作的教科书,详细介绍了 Windows Server 2003 的功能与应用,内容全面,重点突出,操作步骤具体,是一本比较实用的应用型教材。希望读者能够以 Windows Server 2003 为例,掌握各种网络操作的概念,学会网络操作系统的使用,读者学完本书后将初步具有应用 Windows Server 2003 构建企业内部网络的能力。

本书编写侧重实用、由浅入深、本着循序渐进的原则。以培养读者解决实际问题的能力为重点。编写过程中注重实践,书中配有大量实际操作的截图,读者很容易根据书中的内容边看书边操作,学以致用,从而掌握 Windows Server 2003 的各项管理任务。

本书每章给出内容提要、指出重点和难点内容,每章后部有实训、小结和习题,便于读者学习和复习。

本书可作为网络专业网络操作系统方面课程的教材,也可作为其他计算机类相关专业的网络操作系统课程的教材,本书更可作为学习和使用 Windows Server 2003 的参考书。

新世纪

在学习本书过程中，可利用虚拟机构建简单网络，练习网络操作系统服务的各种操作。

讲授本课时，建议在计算机教室采用多媒体教学，有条件的学校可在计算机网络实验室上课。本书的教学课时在 64～72 学时之间，约为 54 学时的讲授教学和 18 学时的实训。教学的章节可根据各校的教学时数进行取舍，灵活安排。

为便于教师教学和读者学习，本书配有教学课件和大量参考资料，需要者可登录出版社的网站下载。

本书由董大钧教授任主编；张遵义、况海涛、刘申菊、田丹任副主编；参加本书编写的还有杨玥、董丽、牛建新、谢进军、吴晓艳。

在本书编写过程中得到了各参编单位有关部门和领导的支持以及许多学生的参与，在此一并表示感谢。

由于作者水平有限，加之时间较紧，书中难免有一些问题和疏漏，望读者指正。

所有意见和建议请发往：dutpbk@163.com

欢迎访问我们的网站：http://www.dutpgz.cn

联系电话：0411-84707492　84706104

编　者

2011 年 7 月

目 录

第1章　计算机网络基础知识

本章可作为没有系统学过计算机网络基础课程的学生学习本书的预备内容,已学过计算机网络基础课程的学生可跳过此章。

本章学习目标

1. 掌握网络的定义和作用
2. 掌握网络的分类
3. 掌握 IP 地址分类及掩码的作用

本章学习重点和难点

1. 重点:
(1)网络的分类
(2)IP 地址分类及掩码的作用
2. 难点:
掩码作用

21 世纪的重要特征是数字化、网络化和信息化,是以网络为核心的信息时代。网络已成为社会和经济发展的重要基础。因特网(Internet)改变了世界,改变了人们的生活、工作、学习和娱乐。

本章介绍了计算机网络的基础知识。

1.1　计算机网络的定义

计算机网络是指分布在不同地理位置的多个具有独立自主能力的计算机系统,通过通信线路和设备连接起来,在网络软件的支持下实现资源共享和数据通信的系统。所谓网络资源是指网络上的计算机硬件、软件和数据资源。

1.2　计算机网络的组成

计算机网络由计算机网络硬件和网络软件组成。
(1)网络硬件有:服务器、工作站、网络互联设备和传输介质等。
服务器是一种运行管理软件以控制对网络和网络资源进行访问的计算机。
工作站是连在网络上的计算机或终端(没有 CPU,仅具有输入和输出功能的设备)。
网络互联设备有:集线器(又称 HUB)、网桥、交换机、路由器等。
传输介质有:同轴电缆、双绞线、光纤、无线电和红外线等。

（2）网络软件有：网络操作系统、网络协议软件、网络通信软件、网络管理软件、网络应用软件等。

为进行网络中的数据交换而建立的规则、标准或约定称为网络协议（protocol）。

1.3　计算机网络的分类

计算机网络有多种分类方法：

1. 按网络拓扑结构划分

网络拓扑结构：将计算机和通信设备看作点，将连接线路视为线，利用几何学的方法，研究网络的连接关系，称为网络的拓扑结构。

网络拓扑结构分为总线型、星型、环型、树型和网状型结构，如图 1-1 所示。

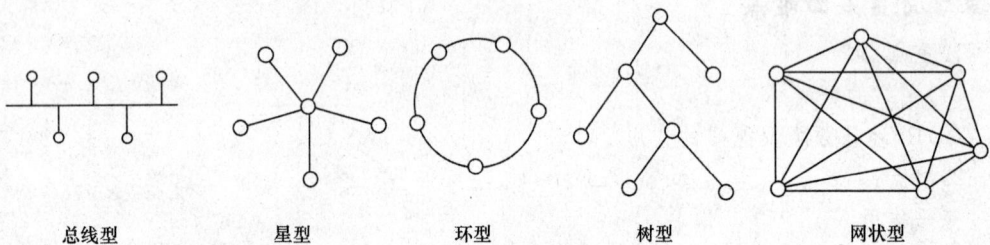

| 总线型 | 星型 | 环型 | 树型 | 网状型 |

图 1-1　网络拓扑结构

2. 按网络覆盖的范围划分

可分为局域网 LAN（10 km 内）、城域网 MAN（几十至上百 km）、广域网 WAN（更大范围）。图 1-2 为局域网通过广域网连接成的"互联网"。

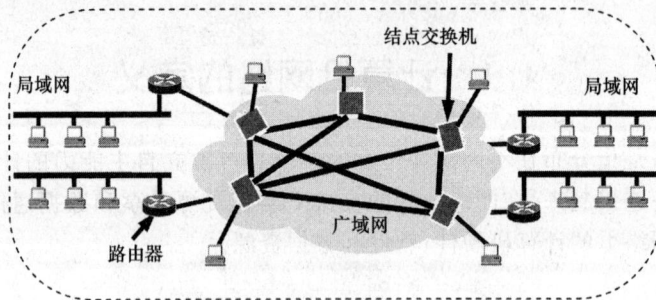

图 1-2　局域网通过广域网连接成的"互联网"

3. 按交换技术划分

（1）电路交换网络

电路交换网络通信过程包括：建立连接、通信、断开连接三个过程。

电路交换网络在双方通信期间始终占用该信道。主要用于电话通信中。

（2）报文交换网络

采用"存储—转发"原理，以整个报文为发送单位，报文中含有目的地址，每个中间结点要为途经的报文选择适当路径，使其最终能到达目的端。

（3）分组交换网络

发送端将数据分为等长的单位（加上源地址和目的地址及控制信息，封装成分组），分组由各中间结点逐个用"存储-转发"方式传输。接收端接收各分组后，重新排序后组合。分组交换技术利用多路复用方式，提高了资源利用效率。而且当出现线路故障时，分组交换技术可通过重新选择路由重传，提高了可靠性。

1.4　网络技术发展趋势

1.3G 通信的发展

"3G"（3rd Generation），即第三代数字通信。第三代与前两代的主要区别是提升了传输声音和数据的速度，能够处理图像、音乐、视频流等多种媒体形式，提供网页浏览、电话会议、电子商务等多种信息服务。

2.云计算

云计算是分布式处理、并行处理和网格计算发展的产物。云计算是指服务的交付和使用模式，指通过网络以按需、易扩展的方式获得所需的服务。这种服务可以是与 IT 和软件、互联网相关的，也可以是任意其他的服务，它具有超大规模、虚拟化、可靠安全等独特功效。云计算突破了一个物理资源的概念。新的应用系统，不是指定安装在哪一物理设备上，而是装在"云"里面，"云"可以承载所有计算能力。

3.三网合一

电话、有线电视、Internet 网络今后将合并，光纤进户，从而提高线路质量，提高带宽。

4.物联网

物联网的定义是：通过射频识别、红外感应器、全球定位系统、激光扫描器等信息传感设备，把任何物品与互联网连接起来，按约定的协议，进行信息交换和通讯，以实现智能化识别、定位、跟踪、监控和管理的一种网络，从而建造一个智能地球。物联网是今后发展的方向。

1.5　局域网的工作模式

按照局域网工作模式可以大致将其分为对等网模式、专用服务器结构模式和客户机/服务器模式 3 种。

1.5.1　对等网模式

对等网模式（Peer-to-Peer），如图 1-3 所示。在对等式网络结构中，每一个结点之间的地位对等，没有专用的服务器，每一个结点既可以起客户机的作用也可以起服务器的作用。

对等网也常常被称作工作组。对等网络常采用星型网络拓扑结构，最简单的对等网络就是使用双绞线直接相连的两台计算机。对等网除了共享文件之外，还可以共享打印机以及其他网络设备。在对等网络中，计算机的数量通常较少，网络结构相对比较简单。对等网络的构建成本相对其他模式的网络要便宜很多，这种网络适合于办公室和家庭组网。

图 1-3　对等网连接示意图

1.5.2　专用服务器结构模式

服务器(Server)是指一个管理资源并为用户提供服务的计算机软件,但人们又将运行服务器软件的计算机称为服务器。

专用服务器结构又称为"工作站/文件服务器"结构,由若干台微机工作站与一台或多台文件服务器通过通信线路连接起来组成。工作站存取服务器文件,共享存储设备。

文件服务器以共享磁盘上的文件为主要目的。随着用户的增多,为每个用户服务的程序也会相应增多,服务器负担加重,以致运行缓慢。此种工作模式已被客户机/服务器模式取代。

1.5.3　客户机/服务器模式

客户机是向一个服务器请求服务的进程,称为该服务的客户机。人们又将运行客户端软件的计算机称为客户机。

客户机/服务器模式(Client/Server)简称 C/S 模式,如图 1-4 所示。该结构的关键在于功能的分布,一些功能放在客户机上执行,另一些功能放在服务器上执行。服务器通常采用高性能的 PC、小型机或大型机,并采用大型数据库系统,如 ORACLE、SYBASE 或 SQL Server。客户端需要安装专用的客户端软件。C/S 结构是数据库技术与局域网技术发展相结合的结果。

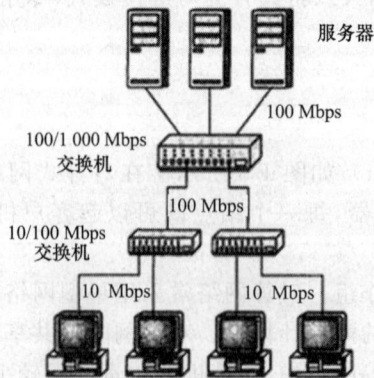

图 1-4　客户机/服务器连接示意图

C/S 结构要求应用的开发者要处理应用程序中的事务管理、消息队列、数据的复制和同步、通信安全等问题,使得应用程序的维护、移植和互操作变得复杂。若客户端使用不同的操作系统,还需要开发不同版本的客户端软件。

1.5.4　浏览器/服务器模式

随着 Internet 和 WWW 的流行,各种信息存储在 Web 页中,以超链接的方式组织起来,用户在客户端利用 WWW 浏览器访问 Internet 上的 Web 服务器中的 Web 文件,获得文本、数据、图像、动画、视频点播和声音等信息,这种工作模式称为浏览器/服务器(Browser/Server,B/S)模式。

在 B/S 模式中,客户端除了 WWW 浏览器,一般无须任何用户程序;Web 页中大量的数据实际存放在数据库服务器中。Web 服务器与数据库服务器建立起连接,用户浏览的网页只需从 Web 服务器上下载到客户机中,由浏览器进行解释并显示出来。在这种结构中,通过超链接将许许多多的网页连接到一块,形成一个巨大的信息网。

B/S 模式的优点是:运行维护简便,几乎所有的开发、维护等工作都集中在服务器端,当企业对网络应用进行升级时,只需更新服务器端的软件就可以,减轻了客户端系统维护与升级的成本。客户能从不同的地点,以不同的接入方式访问和操作数据;页面格式较一致,使用简单、共享性强。

B/S 模式的不足之处是:由于客户端使用的浏览器只具有浏览、查询、数据输入等简单功能,绝大部分工作由服务器承担,因此服务器的负担很重。并且,网上发布的信息必须是以 Web 页为主,而 Web 页文件不便于编辑修改,不便于文件的管理。

B/S 和 C/S 都是当前非常重要的计算架构。B/S 更适用于 Internet;但在运行速度、数据安全、人机交互等方面,B/S 尚不如 C/S。

目前,管理软件领域中,B/S 结构的管理软件将逐渐占据主导地位。

1.6　常用局域网技术

1.6.1　以太网

以太网是 1973 年研制的一种基带局域网技术,是目前局域网中最通用的通信协议标准。在以太网中采用具有冲突检测的载波侦听多路访问技术(CSMA/CD)。以太网正随着人们追求高速度而不断地变化。网络的数据传输率由最初的 10 Mbps,发展到现在已经达到万兆(10 Gbps)。在万兆以太网中,已不再使用半双工的 CSMA/CD 协议通信。

1.6.2　无线局域网

无线局域网(Wireless LAN)简称 WLAN,是 90 年代计算机网络与无线通信技术相结合的产物。无线局域网采用的传输媒体主要有两种:光波(红外线)和无线电波。

无线局域网的拓扑结构可分为两类:

一种是类似于对等网的无线网格网 Ad-Hoc 结构,它不需有线网络和接入点的支持。

另一种则是基于无线 AP 的基础结构模式。与有线网络中的星型交换模式差不多,其中的无线 AP 相当于有线网络中的交换机,起着集中连接和数据交换的作用。在这种无线网络结构中,除了需要像 Ad-Hoc 对等结构中在每台主机上安装无线网卡,还需要一个 AP 接入设备,俗称"访问点"或"接入点"。AP 设备用于集中连接所有无线结点,并进行集中管理。无线 AP 提供了一个有线以太网接口,用于与有线网络的连接。

1.6.3　虚拟局域网

虚拟局域网(Virtual Local Area Network)简称 VLAN,是一种通过将局域网内的设备逻辑地而不是物理地划分成一个个网段,从而实现虚拟工作组的新兴技术。每一个 VLAN 都包含一组有着相同需求的计算机工作站,同一个 VLAN 内的各工作站无须被放置在同一个物理空间里。每个 VLAN 内部的广播和单播流量都不会转发到其他 VLAN 中,从而有助于控制流量、减少设备投资、简化网络管理、提高网络的安全性。

1. VLAN 的优点

VLAN 的优点主要体现在以下 3 个方面:

(1)控制了广播风暴

VLAN 是一种网络分段技术,可将广播风暴限制在一个 VLAN 内部,避免影响其他网段。

(2)增强了网络的安全性

VLAN 可以限制特定用户的访问,控制广播组的大小和位置,甚至锁定网络成员的 MAC 地址,这样,就限制了未经安全许可的用户和网络成员对网络的使用。

(3)增强了网络管理

采用 VLAN 技术,使用 VLAN 管理程序可对整个网络进行集中管理。用户可以根据业务需要快速组建和调整 VLAN。

2. VLAN 的划分

根据 VLAN 在交换机上的实现方法,可以大致划分为 4 类:

(1)基于端口划分的 VLAN

这种划分 VLAN 的方法是根据以太网交换机的端口来划分,例如,可以指定交换机 1 的 1~6 端口和交换机 2 的 1~4 端口为同一 VLAN,同一 VLAN 可以跨越数个以太网交换机。根据端口划分是目前定义 VLAN 的最广泛的方法。

这种方法的优点是定义 VLAN 成员时非常简单,缺点是如果 VLAN 的一台主机离开了原来的端口,到了一个新的交换机的某个端口,必须重新定义。

(2)基于 MAC 地址划分 VLAN

根据每个主机的 MAC 地址来划分,这种划分 VLAN 的方法的最大优点就是当用户物理位置移动时,即从一个交换机换到其他的交换机时,VLAN 不用重新配置。缺点是初始化时,所有的用户都必须进行配置。这种划分的方法也导致了交换机执行效率的降低。

(3)基于网络层划分 VLAN

根据每个主机的网络层地址或协议类型(如果支持多协议)划分 VLAN。这种方法的优点是用户的物理位置改变时不需要重新配置所属的 VLAN。缺点是效率低,因为检查每一个数据包的网络层地址需要更高的技术,同时也更费时。

(4)根据 IP 组播划分 VLAN

这种 VLAN 的定义认为一个 IP 组播组就是一个 VLAN,将 VLAN 扩大到了广域网,因此这种方法具有更大的灵活性,而且也很容易通过路由器进行扩展,但这种方法不适合局域网,效率不高。

1.7　网络互连与因特网接入技术

1.7.1　网络互连

两个不同的网络通过路由器连接起来,组成更大的网络称为网络互连,形成的互联网称为 internet。internet 是一个通用名词,泛指由多个计算机网络互连而成的网络。

全世界的各种网络连在一起则形成因特网 Internet,该网统一采用 TCP/IP 协议族。Internet 为专有名词。

Intranet 为企业内部网,是在企业内部网络上采用 TCP/IP 作为通信协议,利用 Web 作为标准信息平台,用防火墙把内部网和 Internet 分开。

Extranet:为企业外联网,是不同企业网络间实现互连的专用通道。

1.7.2　因特网接入技术

随着信息技术的飞速发展,通过互联网获取信息已经成为人们工作、生活中不可缺少的组成部分。不论是单位还是个人用户都要通过 Internet ISP 接入 Internet。网络的接入技术发展很快,接入 Internet 有多种技术,包括 DDN、FR、ISDN、ADSL、HFC、VPN 等。

1. 综合业务数字网(ISDN)

综合业务数字网(Integrated Services Digital Network,ISDN)是一个数字电话网络国际标准,是欧洲普及的电话网络形式。它通过普通的铜缆电话线加上 ISDN 终端设备就可提供两路 64Kbps 的用于传输语音和数据的 B 信道和一路 16Kbps 用于发送传输控制信令的 D 信道,即 2B+D。提供端到端的数字连接,以提供包括语音、文字、数据、图像等综合业务服务。

2. 非对称数字用户线路(ADSL)

数字用户线路(Digital Subscriber Line,DSL)是一种基于用户线为双绞铜线的高速传输技术,以低成本实现传输高速化。

DSL 技术主要有:

HDSL(High bit rate DSL):高位率数字用户线路。

SDSL(Single line DSL):单线对称 DSL 路。

ADSL(Asymmetric DSL):非对称数字用户线。

RADSL(Rate adaptive ADSL)：速率自适应非对称数字用户线路。

VDSL(Very high bit rate DSL)：甚高位率数字用户线路。

IDSL (ISDN DSL)：ISDN 数字用户线路。

从用户角度来看，这些 DSL 技术的不同之处主要表现在传输距离、传输速率、上下行速率是否对称等方面。

ADSL 使用一对电话线，在用户线两端各安装一个 ADSL 调制解调器，采用频分多路复用(FDM)技术，将原来电话线路的 0KHz 到 1.1MHz 频段划分成 256 个频宽为 4.3KHz 的子频带。一部分频段用来传送上行信号(上行速率 640Kbps～1Mbps)；一部分频段用来传送下行信号(下行速率 1Mbps～8Mbps)。因而 ADSL 能同时满足打电话和上网的需求，因其上行(从用户到 ISP 互联网服务提供商方向)和下行(从 ISP 互联网服务提供商到用户的方向)数据传输速率不对称，因此称为非对称数字用户线路。可以支持有效数据传输距离在 3～5 公里范围以内。

3. 光纤接入网(FTTx)

目前，采用 DSL 的方式为用户提供宽带接入的带宽非常有限，无法满足后续业务开展的带宽需求。因此，目前运营商都在积极推广"光进铜退"，改造现有铜缆接入网，采用光纤接入的方式为用户提供高带宽、全业务的接入平台，并在此基础上进一步叠加 3G 业务，以此抢占全业务经营的市场。

根据光网络单元(ONU)的位置，光纤接入方式(Fiber To The x)可分为如下几种：FTTB(光纤到大楼)；FTTC(光纤到路边)；FTTZ(光纤到小区)；FTTH(光纤到用户)；FTTO(光纤到办公室)；FTTF(光纤到楼层)；FTTP(光纤到电杆)；FTTN(光纤到邻里)；FTTD(光纤到门)；FTTR(光纤到远端单元)。

4. 无线接入

无线接入是指通过无线介质将用户终端与网络结点连接起来，以实现用户与网络间的信息传递。无线信道的信号传输应遵循一定的协议，这些协议构成了无线接入技术的主要内容。

(1)CDMA(Division Multiple)，是在扩频通信技术上发展起来的一种崭新而成熟的无线通信技术。

(2)GSM(Global System for Mobile Communications)全球移动通讯系统，俗称"全球通"，是一种第二代移动通信技术。

(3)GPRS(General Packet Radio Service)通用无线分组业务，是一种基于 GSM 系统的无线分组交换技术，提供端到端的、广域的无线 IP 连接。

(4)FWA (Fixed Wireless Access)固定无线接入，主要提供端到固定用户终端的无线通信传输。

(5)LMDS (Local Multi point Distribution Service)本地多点分配服务，是一种固定终端的无线宽带接入系统，用于综合视频、话音和高速数据业务，用户接入速率可高达 155 Mbps。

(6)3G 技术是一种广域网技术。3G 网络则是全球移动综合业务数字网，它综合了蜂窝、无绳、集群、移动数据、卫星等各种移动通信系统的功能,与固定电信网的业务兼容,能同时提供话音和数据业务。

（7）WiFi(Wireless Fidelity)无线保真技术,与蓝牙技术一样,同属于在办公室和家庭中使用的短距离无线技术。

（8）基于认知无线电技术的 802.22 标准。随着越来越多的人通过无线局域网(WLAN)技术、无线个人域(WPAN)技术接入互联网。这些网络所工作的非授权频段已经渐趋饱和。目前,大部分的频谱资源均被授权给特定的通信使用。但相当数量的授权频谱资源的利用率却非常低。为提高频谱利用率,具有认知功能的无线通信设备可以按照某种"伺机"的方式工作在已授权但没用或只有很少的通信业务的频段内。实现在不影响频段原有授权使用者的情况下,尽最大可能地利用空闲的频谱进行通讯。

1.8　IP 地址

1. IP 地址定义

IP 地址是每个连在因特网上的主机(或路由器)唯一的 32 bit 的标识符。

IP 地址由因特网名字与号码指派公司 ICANN (Internet Corporation for Assigned Names and Numbers)分配的。

2. IP 地址的记法——点分十进制记法

IP 地址是 32 bit 二进制码,如:10000000000010110000001100011111

每隔 8 bit 插入一个空格以提高可读性,如:10000000 00001011 00000011 00011111

将每 8 bit 的二进制数转换为十进制数(0～255),在各组数间用"."分隔,如:128.11.3.31。这种方法称为点分十进制记法,进一步提高了可读性。

3. IP 地址的组成

IP 地址＝网络地址＋主机地址。

网络地址又称为网络号(NetID)或网络标识;主机地址又称为主机号(HostID)或主机标识。

在 Internet 上,数据包寻址时:先按网络号找到目的网络,故称网络号是地址的"因特网部分";找到网络后,再按主机号找到目的主机,主机号称为地址的"本地部分"。

4. 分类的 IP 地址

IP 地址分为五类,A 类地址的首位为 0,前 8 位为网络地址,后 24 位为主机地址;B类地址首两位为 10,前 16 位为网络地址,后 16 位为主机地址;C 类地址首三位为 110,前 24 位为网络地址,后 8 位为主机地址;D 类地址以"1110"开始,它是一个专门保留的地址。它并不指向特定的网络,目前这一类地址被用在多点广播(Multicast)中。多点广播地址用来一次寻址一组计算机,它标识共享同一协议的一组计算机。地址范围 224.0.0.1～239.255.255.254 ;E 类地址以"11110"开始,该类地址保留用于将来和实验使用。各类 IP 地址示意。如图 1-5 所示。图右方列出各类 IP 地址的范围。

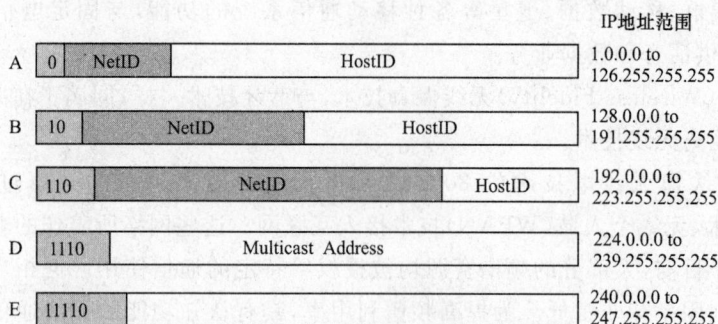

图 1-5　分类的 IP 地址组成示意图

记住各类地址首字节的值的范围，从一个 IP 地址的首字节的值就可知其属于哪类网络。例如：IP 地址为 128.21.3.17，根据首字节为 128，可知其为 B 类地址，其中：

网络号：128.21.0.0

主机号：0.0.3.17

5. 掩码

掩码是 32bit 长的二进制数，由一串连续的 1 跟一串连续的 0 组成；1 与 IP 地址中的网络号相对应，0 与主机号相对应。

对于分类 IP 地址，因为网络号字段都是用完整的字节来表示的，所以掩码也使用各位全为"1"的完整字节来表示，其值为 255。这种掩码称为默认掩码。

A 类地址，网络号字段用头 1 个字节表示，默认掩码为 255.0.0.0

B 类地址，网络号字段用头 2 个字节表示，默认掩码为 255.255.0.0

C 类地址，网络号字段用头 3 个字节表示，默认掩码为 255.255.255.0

如：

IP 地址：202.6.14.11　由首字节 202 可知其为 C 类地址，掩码为：255.255.255.0

用掩码和 IP 地址进行"与"（AND）操作，获得网络地址：

IP 地址为：11001010 00000110 00001110 00001011

　掩码：11111111 11111111 11111111 00000000

网络地址：11001010 00000110 00001110　　　　　　202.6.14.0

6. IP 地址的几种特殊情况

（1）保留地址

一般来说，主机号部分为全"1"的 IP 地址保留用作广播地址；

　　　　　主机号部分为全"0"的 IP 地址保留用作网络地址。

（2）内部网用 IP 地址

为了节省 IP 地址，保留了部分 A 类、B 类和 C 类地址供各单位内部网自由使用：

A 类：10.0.0.0～10.255.255.255

B 类：172.16.0.0～172.31.255.255

C 类：192.168.0.0～192.168.255.255

可以在单位内部的局域网中使用这些 IP 地址。如果这些内部网需要与因特网相连,必须用 NAT 协议进行地址转换。

7. IPV6

目前的 Internet 称为 IPV4,虽然采取了多种方法弥补分类 IP 地址分配方法的不足,但是 IP 地址即将用完。为此,人们研究出第 2 代 Internet,即 IPV6,它采用 128 位二进制位做 IP 地址。

1.9　Internet 应用

随着 Internet 的飞速发展,目前 Internet 的各种服务已多达上万种,其中大多数服务是免费的。随着 Internet 的发展,它所能提供的服务也会进一步增多。

1.9.1　WWW 服务

WWW(World Wide Web)万维网,WWW 服务是 Internet 上最方便与最受用户欢迎的信息服务类型。

1. WWW

WWW 是以超文本标记语言(HyperText Markup Language,HTML)与超文本传输协议(HyperText Transfer Protocol,HTTP)为基础,提供面向 Internet 服务的信息浏览系统。信息资源以网页(Web 页)的形式存储在 WWW 服务器中,Web 页由 HTML 语言编制,文件名后缀为.htm 或.html。

在 WWW 系统中,信息是按超文本方式组织的。用关键字(称为"热字")将文档中的不同部分或与不同的文档链接起来。用户在浏览超文本信息时,可以选中其中的"热字",通过链接跳转浏览其指定的信息。链接是指从一个网页指向一个目标的连接关系,它定义了超媒体的结构,提供浏览、查询结点的功能。

WWW 采用了浏览器/服务器模式,客户端程序是标准的浏览器程序。

2. URL

在 Internet 中有许多 WWW 服务器,而每台服务器中又存有很多网页。每一个网页使用统一资源定位符(URL,Uniform Resource Locator)俗称"网址"来标识。

标准的 URL 由四部分组成:

<协议>://<主机域名>/[路径]/[文件名]

(1)协议(或称为服务方式),有 http、ftp、telnet、news 等;

(2)存有该资源的主机域名;

(3)主机上资源的路径;

(4)文件名(有时也包括端口号)。

第一部分和第二部分之间用:"//"符号隔开,第二部分、第三部分和第四部分间用"/"符号隔开。第二部分是不可缺少的,其他部分有时可以省略。当访问 WWW 服务器时,第一部分可省略。

例如,沈阳理工大学的网址(WWW 服务器主页文件的 URL)为:

http://www.sylu.edu.cn/sylgdx_new/default.htm

其中,"http://"指出使用 HTTP 协议,"www. sylu. edu. cn"是要访问的服务器的主机域名,"/sylgdx_new/default. htm"是要访问的主页的路径与文件名。

3. 工作过程

用户指定一个 URL,通过浏览器向 WWW 服务器发出请求;WWW 服务器根据客户端请求将保存在 WWW 服务器中 URL 指定的 Web 页面发送给客户端;客户端的浏览器程序将 HTML 文件解释后显示在用户的屏幕上,可以通过页面中的链接,方便地访问位于其他 WWW 服务器中的页面,或是其他类型的网络信息资源。

1.9.2　搜索引擎

搜索引擎指自动从因特网搜集信息,经过整理,提供给用户进行查询的系统。不同的搜索引擎功能不同。Yahoo、Google、Scirus 是相当著名的搜索引擎,可以使用多个高级搜索选项,进行精确搜索。

1.9.3　电子邮件

电子邮件(Electronic Mail,E-mail)是因特网上的重要信息服务方式,它为世界各地的因特网用户提供了一种极其快速、经济的通信和交换信息的方法。

1. 电子邮件的原理

电子邮件的基本原理:在通信网上设立"电子信箱系统",系统的硬件是一个高性能、大容量的邮件服务器。在该服务器的硬盘上为申请邮箱的用户划分一定的存储空间作为用户的"信箱",用户使用口令开启自己的信箱,并进行编辑、发信、读信、转发、存档等操作。

发送方通过发送邮件客户程序,将编辑好的电子邮件向邮件服务器发送。

邮件服务器功能类似"邮局",识别邮件接收者的地址,并向该地址发送邮件。接收方的邮件服务器将邮件存放在接收者的电子信箱内,并告知接收者有新邮件到来。

接收者连接到服务器,打开自己的电子信箱后,就会看到服务器的通知,进而通过接收邮件客户程序,来查收邮件。

2. 电子邮件协议

发送/转发邮件协议:

SMTP(Simple Mail Transfer Protocol)简单邮件传输协议

MIME(Multipurpose Internet Mail Extension)多用途互联网邮件扩展协议

读取邮件协议:

POP3(Post Office Protocol)邮局协议第 3 版

IMAP4(Internet Message Access Protocol)Internet 邮件访问协议第 4 版

3. 电子邮件地址

每个电子邮箱都有唯一的地址,称作 E-mail 地址。E-mail 地址由用户名和邮箱所在邮件接收服务器的域名组成,用连接符@来进行分隔。

例如,电子邮件地址 zhang3@163. com 中的"zhang3"是用户名,"163. com"是邮件接收服务器域名。

1.9.4 文件传输

FTP 是文件传输协议,它基于 TCP 协议,在计算机间传送文件。把文件从本地主机传送到远程主机称为"上载"Upload;把文件从远程主机传送到本地主机称为"下载"Download。

在 Internet 上有许多 FTP 服务器,这些服务器提供了数量繁多的文件,诸如公共软件、免费软件、文本文件、图形文件等,以供用户下载。

1.9.5 即时通信服务

即时通信(Instant Messenger,IM)软件是一个终端服务软件,允许两人或多人利用网络来即时传递文字、文件、语音与视频。相对于传统的电话、E-mail 等通信方式,即时通信不仅节省费用,而且效率更高。

国内的 QQ 及国外的 MSN 等即时通信软件不仅支持实时消息传输,还能够支持文件传输、语音、视频会谈和文件共享等功能。

1.9.6 IP 电话

IP 电话(Internet Protocol Phone)又称 VoIP(Voice over Internet Protocol),是一种通过互联网或其他使用 IP 技术的网络,使用 TCP/IP 网络协议通过发送数据包来传送实时语音的应用技术。通过 Gateway(网关)、Gatekeeper(关守)将 IP 网络与公用电话PSTN 网连接起来,实现电话对电话、电话对 PC 用户、PC 用户对电话以及 PC 用户对 PC用户的实时语音通话。

1.9.7 远程登录

Telnet 远程登录服务实际上是用户使用 Telnet 命令,将计算机仿真成一个输入终端,登录到远程具有快速处理能力的计算机上。用户在自己的终端上输入待处理的数据,传到远程计算机上进行处理,最后将结果返回给本地终端,显示在屏幕上。

1.9.8 网络新闻组

Usenet 是 Uses Network 的缩写。是一种通过网络进行专题研讨的国际论坛。它由个人向新闻服务器投递的新闻邮件组成。可以把 Usenet 看成是一个有组织的电子邮件系统,不过传送的电子邮件不再是发给某一个特定的用户,而是全世界范围内的新闻组服务器。在这个布告栏上任何人都可以粘贴布告或者下载其中的布告。

1.9.9 电子公告板

电子公告板系统(Bulletin Board System,BBS)是具有执行下载数据、上传数据、阅读新闻、与其他用户交换消息等功能的系统。许多 BBS 由站长在业余时间进行维护,有些

BBS 提供收费服务。

早期的 BBS 与一般街头和校园内的公告板性质相同,只不过是通过计算机来传播或者获得消息。近年来,BBS 的功能得到了很大扩展。

现在有许多 BBS 站采用 HTTP 协议,在 URL 栏输入网址即可进入站点。如水木清华的网址为 http://202.112.58.200/。BBS 水木清华网站如图 1-6 所示。

图 1-6　BBS 水木清华网站

1.9.10　网络电视

网络电视(IPTV)是一种集因特网、多媒体、通信等多种技术于一体,利用宽带有线电视网等基础设施,以家用电视机作为主要终端,向家庭用户提供包括数字电视在内的多种交互式服务的崭新技术。用户可以利用计算机、IP 机顶盒加上普通电视机、视频手持机和公共交通中的移动电视终端等多种方式来享受网络电视服务。网络电视能够很好地适应当今网络的飞速发展,充分有效地利用各种网络资源。

本章小结

本章简单介绍了计算机网络的定义、组成及分类;介绍了局域网的工作模式及技术、IP 地址及 Internet 应用等计算机网络的基础知识,为学习网络操作系统打下基础。

习 题

一、选择题

1. 世界上第一个计算机网络是(　　)。

A. ARPANET　　　　B. ChinaNet　　　　C. Internet　　　　D. CERNET

2. (　　)是指为网络数据交换而制定的规则、约定与通信标准。

A. 接口 B. 层次

C. 体系结构 D. 网络协议

3. 下列 IP 地址属于 B 类地址的是( )。

A. 191. 162. 206. 45 B. 212. 220. 130. 45

C. 202. 256. 130. 45 D. 80. 192. 33. 45

4. 如果 IP 地址为 132. 130. 162. 33,掩码为 255. 255. 224. 0,那么网络地址是( )。

A. 132. 130. 0. 0 B. 132. 130. 162. 0

C. 132. 130. 162. 33 D. 132. 130. 160. 0

5. IP 地址中,关于 C 类 IP 地址的说法正确的是( )。

A. 可用于中型规模的网络

B. 在一个网络中最多能连接 254 台设备

C. 在一个网络中最多能连接 256 台设备

D. 在一个网络中最多能连接 255 台设备

6. 在下列 URL 中,写法正确的是( )。

A. http://www. xjtu. edu. cn. kindex. htm

B. ftp://www. xjtu. edu. cn. kindex. htm

C. ftp://www. xjtu. edu. cn/index. htm

D. http://www. xitu. edu. cn/index. htm

7. Internet Explorer 是目前流行的浏览器软件,它的主要功能之一是( )。

A. 浏览网页 B. 播放音乐

C. 播放视频 D. 浏览图像

8. 互联网的基本含义是( )。

A. 计算机与计算机互联 B. 计算机与计算机网络互联

C. 计算机网络与计算机网络互联 D. 国内计算机与国际计算机互联

9. 下面哪一个是有效的 IP 地址( )。

A. 0. 280. 130. 45 B. 130. 192. 290. 45

C. 122. 202. 130. 45 D. 90. 292. 33. 135

10. Internet 中,IP 地址是由以圆点分隔的四个十进制数构成,每个数的取值范围为

( )。

A. 0~256 B. 1~256 C. 1~255 D. 0~255

11. 从 www. bjtu. edu. cn 可以看出,这个站点属于中国的一个( )。

A. 军事部门 B. 政府部门 C. 工商部门 D. 教育部门

12. HTML 编写的文档叫超文本文件,文件扩展名为( )。

A. txt B. htm C. doc D. xls

二、填空题

1. 网络的拓扑结构有_____、_____、_____、_____和_____。

2. IP 地址长度在 IPV4 中为_____bit。

3. 计算机网络技术是_____和_____技术的结合。

4. HTTP 协议的中文全称是_____协议。

5. Internet 网络上运行的通信协议统称_____协议簇。

6. IP 地址由_____、_____两部分组成,利用掩码可以判断主机所在的网络。

7. 标准的 B 类 IP 地址使用_____位二进制数表示网络号。

8. 在 WWW 服务中,统一资源定位符 URL 由四部分组成,即协议类型、_____、_____与文件名。

9. 掩码中的 1 对应于 IP 地址中的网络号,而掩码中的 0 对应于 IP 地址中_____。

三、简答题

1. 什么是网络协议?

2. 什么是网络的拓扑结构? 网络拓扑结构分为哪些种?

3. 什么是 VLAN? 如何划分?

| 第2章 | 网络操作系统概述 |

本章学习目标

1.掌握操作系统的概念

2.掌握网络操作系统的功能

3.熟悉网络操作系统的工作模式

4.了解各种常用网络操作系统

本章学习重点和难点

1.重点：

网络操作系统的功能

2.难点：

网络操作系统的工作模式

用户使用计算机完成各种任务都是通过操作系统来实现的。在操作系统的指挥控制下，各种计算机资源才能被分配给用户使用。也只有在操作系统的支持下，其他系统软件如各类编译系统、程序库和运行支持环境才得以取得运行条件。没有操作系统，任何应用软件都无法运行。那么什么是操作系统，它具有哪些功能，它具有哪些工作模式，我们将在这一章中作简单阐述，同时介绍几种常用的网络操作系统。

2.1 操作系统简介

2.1.1 操作系统的概念

操作系统（Operating System）是控制和管理整个计算机系统的硬件和软件资源，负责协调它们之间的工作，并为用户提供操作界面的一组程序的集合。操作系统使用户获得良好的工作环境，使整个计算机系统实现高效率和高度自动化工作。

操作系统是计算机系统的核心，任何一个计算机系统都需配置一种或多种操作系统。

2.1.2 操作系统的基本功能

操作系统的主要功能是管理和控制计算机系统的所有硬件和软件资源，合理组织计算机的工作流程，并为用户提供一个良好的工作环境和友好的接口。下面从5个方面来说明操作系统的基本功能。

1. 处理器管理

在多道程序或多用户的情况下,协调多道程序间关系,组织多个作业同时运行,提高 CPU 利用率,解决对处理机的分配调度问题和回收 CPU 资源的问题。

2. 存储器管理

为用户作业和进程提供存储环境,提高存储器利用率,逻辑上扩充内存,具有内存空间分配、保护、回收、扩充和优化管理的功能。

3. 设备管理

设备管理就是根据一定的策略,把通道、控制器和 I/O 设备分配给请求 I/O 操作的程序,提高 CPU 和 I/O 设备的利用率。具有缓冲管理、设备分配、设备处理及虚拟设备等功能。

4. 文件管理

信息资源以文件形式存在外存,需要时装入内存进行调度使用。文件管理支持文件存储、检索和修改,解决文件共享、保密和保护等问题。

5. 良好的用户界面

①命令行界面,可以在提示符之后从键盘输入命令。

②图形化的操作系统界面,利用鼠标、窗口、菜单、图标等图形用户界面工具,可直观、方便、有效地使用操作系统。

③程序界面,用户在自己的程序中使用系统调用。

2.1.3　操作系统的特征

操作系统具有并发性、共享性、虚拟性和异步性的特点。

1. 并发性

并发(Concurrency)是指两个或多个事件在同一时间间隔内发生。

在计算机系统中存在着多个进程,这些程序在同一时间间隔内交替切换执行。在单处理器情况下,宏观上并发,微观上交替执行,使多用户共享以提高效率。

2. 共享性

共享(Sharing)是指多个用户或多个进程共享有限的计算机系统的软/硬件资源。操作系统要对系统资源进行合理分配和使用,资源在一个时间段内交替被多个进程所用。共享可以提高各种系统设备和系统软件的使用效率。

并发和共享是操作系统的两个最基本特征,且两者互为存在条件。

3. 虚拟性

虚拟(Virtual)是指一个物理实体映射为若干个对应的逻辑实体——分时或分空间。例如将 CPU 映射为每个进程的"虚处理机";将硬盘映射为虚拟内存等。

虚拟是操作系统管理系统资源的重要手段,可提高资源利用率。

4. 异步性

异步性(Asynchronism)也称不确定性,指进程的执行顺序和执行时间的不确定性。也就是同一个程序在同样的一个数据集下,在同样的一个计算机环境下执行,每次执行的次序和所需的时间都不相同,进程的运行速度不可预知:分时系统中,多个进程并发执行,"时走时停",不可预知每个进程的运行快慢。

2.1.4　操作系统类型

操作系统的种类很多,将操作系统分为如下几类:

1. 批处理系统

指内存中存放多个作业,交替执行,一个作业在等待 I/O 处理时,CPU 调度另外一个作业运行,因此 CPU 的利用率显著地提高。

批作业处理提高了资源的利用率和系统吞吐量,其缺点是不提供人机交互功能。

2. 分时操作系统

把处理机的运行时间分成很短的长度相同的时间片,分配给各作业使用。若某个作业在分配给它的时隙内不能完成其计算,则该作业暂时中断,把处理机让给另一个作业使用,等待下一个属于它的时间片到来再继续运行。

采用分时技术后,由于计算机处理速度快,而人的操作速度慢,所以给每个使用者的印象就好像是使用者自己独占了一台计算机一样。分时操作系统是当今计算机操作系统中最普遍使用的一类。

3. 实时操作系统

计算机系统能够及时响应随机发生的外部事件的请求,在规定的时间内完成对事件的处理,能控制所有实时设备和实时任务协调运行。

实时操作系统分为实时控制操作系统和实时信息处理操作系统,目前在嵌入式系统中使用的越来越多,也更广泛地应用在无线通信领域中。

4. 个人操作系统

应用于个人计算机的操作系统,分为单用户操作系统和多用户操作系统。

5. 网络操作系统

能把网络中的各种资源有机地连接起来,提供网络资源共享、网络通信和网络服务等功能的操作系统。它是为网络用户提供各种服务软件和有关规程的集合。

网络中的每台计算机都可以安装使用自己的操作系统,即使这些操作系统版本不同。

6. 分布式操作系统

分布式计算机系统普遍定义为:通过通信网络将分散的处理器互连起来,构成统一的系统,实现信息交换与资源共享、协作完成任务的系统。

在分布式操作系统中,系统所有任务的处理和控制功能都分散在系统的各个处理单元上。每个处理单元都具有高度自治性,又相互协作,能在系统范围内实现资源共享,动态地分配任务,并能并行地执行分布式程序。

2.2　网络操作系统简介

计算机网络操作系统是网络的心脏和灵魂,是为网络用户使用计算机网络而专门设计的系统软件,它除了具有传统的操作系统的功能之外,加强了网络通信、资源共享以及用户管理等功能,现在又加进了云计算功能,运行于网络服务器上,在整个网络系统中占主导地位,指挥和监控整个网络的运行。

2.2.1 网络操作系统的基本功能

网络操作系统的基本任务是用统一的方法管理各主机间的通信和共享资源。它主要具有如下基本功能:

1.网络通信

网络通信是网络操作系统最基本的功能,其任务是在源主机和目标主机之间实现无差错的、透明的数据传输。

2.共享资源管理

对网络中的共享资源(硬件、软件和数据)实施有效的管理,协调各用户对共享资源的使用,保证共享数据的安全性和一致性,使用户方便访问各类型共享资源。

3.网络管理

网络管理最主要是对网络安全的管理,一般通过存取控制来确保存取数据的安全性,通过容错技术来保证系统发生故障时,数据的一致性和安全性。

网络管理还能对网络性能进行监视,并对使用情况进行统计,为提高网络性能、进行网络维护和计费等提供必要的信息。

4.网络服务

面向用户提供多种服务,例如:电子邮件服务;文件传输、存取和管理服务;提供本地资源的扩展、硬盘资源的共享;为网络用户提供网络打印机共享。

5.互操作能力

在互连网络环境下,互操作是指把若干相同或不同的设备和网络互连,不同网络间的客户机不仅能通信,而且也能以透明的方法访问其他网络文件系统中的文件。

2.2.2 网络操作系统的基本特征

网络操作系统作为操作系统的重要发展过程,具备了操作系统的基本特征,也拥有如下的特点:

1.与硬件无关

网络操作系统允许在不同的硬件平台上安装和使用,能够支持各种不同的网络协议和网络服务,同时能支持多种网卡和调制解调器,操作系统的使用与硬件无关。

2.提供必要的网络连接支持

可以通过路由功能连接两个不同的网络。

3.多任务、多用户

网络操作系统具有在同一时间内支持多用户请求的能力,可以为客户端用户提供相应的网络服务。

4.高可靠性

网络操作系统必须具有高可靠性,保证系统可以 365 天、24 小时不间断工作,并提供完整的服务。

5.安全性

要确保系统及系统资源的安全性、可用性。保证网络用户在登录服务器后对相应的硬件和软件资源只能执行所允许的读写操作,使网络资源不会受到恶意损害。

6.容错性

网络操作系统是整个计算机网络系统的核心部件,网络操作系统应提供多级容错能力,例如日志式的容错特征列表、可恢复文件系统、磁盘镜像及 UPS 支持等,以保证在故障发生后可以恢复网络的正常运行。

7.友好的用户界面

网络操作系统提供给用户丰富的界面功能,具有多种网络控制方式。

8.对 Internet 的支持

网络操作系统大多支持与 Internet 的通信,并集成了许多标准化应用,例如 Web 服务、FTP 服务、网络管理服务等。

2.2.3 网络操作系统提供的基本服务

网络操作系统提供的服务多种多样,现在还有新的网络服务在不断地涌现。常见的网络服务主要有:通信服务、文件服务、打印服务、目录服务、群集服务、邮件服务及其他服务。

1.通信服务

通信服务是计算机网络的基本功能,是指在计算机之间提供数据传输服务。

2.文件服务

文件服务是最广泛的一种网络服务,主要就是服务器向客户机提供文件共享功能。文件服务分为广域网内的文件服务和局域网内的文件服务。

(1)广域网内文件服务

该项服务以因特网的 FTP(文件传输协议)为代表,客户登录到 FTP 服务器后,可下载服务器上的文件,或者将本地文件上传到服务器。只有当文件下载到本地机以后,才能对它进行处理。

(2)局域网内的文件服务

该项服务是指用户可以透明地访问远端文件,仿佛是在访问本地文件系统中的文件。

3.打印服务

优质、高速的打印机始终是企事业单位的稀缺资源,如果想让局域网用户方便地使用这种资源,可在网上共享打印机。网络打印机分为内置式(打印服务器置于打印机内,作为独立设备接入)和外置式(利用专用打印服务器连到网络)两种。

当用户发出打印申请以后,所要打印的文档被传输到打印服务器上的缓存中,当打印机空闲时,服务器将该文档传输到网络打印机上完成打印。

4.目录服务

可以将网络中的所有资源(包括用户、计算机设备、外围设备、应用软件等)集中存放在目录数据库中。不管用户处在什么位置,都可通过访问目录数据库得到所需的资源。

这种集中式网络管理模式,可减轻网络管理员的工作负担。

5.群集服务

群集指连在一起的多个服务器的集合。对用户来说,一个群集在逻辑上是一台超级服务器。群集服务有以下优势:

(1)提高了系统的容错性,当群集中某个结点发生故障时,故障结点上的工作可转移到正常结点上运行。

(2)群集服务软件可根据当前群集中各个服务器的负载状况,将用户请求分派到负载较轻的服务器上,使系统负载更加均衡。

(3)加快了用户程序的执行速度。

6.云计算服务

云计算(cloud computing)是分布式计算技术的一种,是透过网络将庞大的计算处理程序自动分拆成无数个较小的子程序,再交由多部服务器所组成的庞大系统经搜寻、计算、分析之后将处理结果回传给用户。通过这项技术,网络服务提供者可以在数秒之内,处理数以千万个计算机所能处理的信息,达到和"超级计算机"同样强大效能的网络服务。

7.其他服务

大多数网络操作系统都可以很容易地将数据库管理系统(DBMS)集成到自己的系统当中;此外网络操作系统还可以提供 Web 服务、邮件服务、域名服务等其他服务形式。

2.3　常用的网络操作系统

目前网络操作系统的主流产品有 UNIX、Linux、NetWare 及 Windows 系列等。

2.3.1　UNIX 操作系统

UNIX 操作系统是美国 Bell 实验室于 1969 年研制出来的一种多用户、多任务网络操作系统。是目前功能最强、安全性和稳定性最高的网络操作系统,常与硬件服务器一起捆绑销售。

UNIX 特点是可移植性好,树型目录结构,字符流式文件,良好的用户界面,丰富的核外系统程序,提供了众多的本地进程和远程主机间进程通信的手段。如管道、共享内存、消息、软中断等机制。提供电子邮件和对网络通信的有力支持,简化了系统设计,便于用户使用;方便用户共享网络上的软件和信息。

UNIX 目前在虚拟化和整合上的优势非常明显,例如在平台多样性、虚拟规模和虚拟精度上都较其他网络操作系统强。

2.3.2　Linux 操作系统

Linux 是芬兰学生李纳斯·托沃兹(Linus. Torvalds)开发的具有 UNIX 操作系统特

征的新一代网络操作系统。Linux 操作系统的最大特征在于其源代码向用户完全公开,任何用户可根据需要修改 Linux 操作系统的内核。许多人对该系统进行了改进,目的是建立不受任何商品化软件的版权制约的、全世界都能自由使用的 UNIX 兼容产品。因此 Linux 操作系统的发展迅猛。

Linux 操作系统具有如下特点:免费获取;完全开放源代码;可在任何平台上运行;可实现 UNIX 全部功能;有强大的网络功能。由于 Linux 的安全架构,使得病毒根本无法执行,或者无法破坏系统文件。

2.3.3　NetWare 操作系统

NetWare 是 NOVELL 公司推出的网络操作系统。NetWare 最重要的特征是基于基本模块设计思想的开放式系统结构。NetWare 是一个开放的网络服务器平台,可以方便地对其进行扩充。NetWare 系统对不同的工作平台(如 DOS、OS/2、Macintosh 等)、不同的网络协议环境如 TCP/IP 以及各种工作站操作系统提供了一致的服务。

NetWare 对系统硬件要求很低,可以不用专用服务器,任何一种 PC 机均可作为服务器。NetWare 服务器对无盘工作站和游戏的支持较好,常用于教学网和游戏厅等。

2.3.4　Windows Server 系列

1. Windows NT

1995 年,由微软推出的 Windows NT 操作系统可以分为两个部分:Windows NT Server 和 Windows NT Workstation。

Windows NT Server 是面向企业级的网络操作系统,安装在服务器上,提供容易管理、反应迅速、安全的网络环境。

Windows NT Workstation 是工作站操作系统,主要用于交互式桌面环境,是一个比较实用的客户端本地操作系统。

2. Windows 2000 操作系统

(1)Windows 2000 系列产品

Windows 2000 系列有四种产品:Windows 2000 Professional、Windows 2000 Server、Windows 2000 Advanced Server、Windows 2000 Datacenter Server。

Windows 2000 Professional 即专业版,用于工作站及笔记本电脑。它最低支持 64MB 内存,最高支持 4GB 内存。

Windows 2000 Server 即服务器版,面向小型企业的服务器领域。它可支持 4 路对称多处理器(SMP),最低支持 128MB 内存,最高支持 4GB 内存。

Windows 2000 Advanced Server 即高级服务器版,面向大中型企业的服务器领域。它最高可以支持 8 路对称多处理器,支持 2 路群集,最低支持 128MB 内存,最高支持 8GB 内存。

Windows 2000 Datacenter Server 即数据中心服务器版,面向最高级别的可伸缩性、可用性与可靠性的大型企业或国家机构的服务器领域。支持 4 路群集,支持 16 路 SMP

（最高可以支持 32 颗处理器），最低支持 256MB 内存，最高支持 64GB 内存，可支持 1 万多个并发用户。

另外，微软提供了限量版的 Windows 2000 Advanced Server Limited Edition，发行于 2001 年，用于运行于 Intel 的 IA-64 架构的安腾（Itanium）纯 64 位微处理器上。

（2）Windows 2000 Server 的特点

Windows 2000 Server 采用了活动目录服务，所有的域控制器之间都是平等的。

3．Windows Sewer 2003

Windows Server 2003 充分吸收了 Windows 2000 Server 的技术精华。

（1）Windows Server 2003 的版本

①标准版（Standard Edition）

适用于小型企业和部门，包括文件和打印机共享、安全的因特网连接、集中式桌面应用程序部署及 Web 解决方案等功能。标准版支持最大 4GB 的内存，支持 4 路的对称多处理器，但是不支持服务器的集群。

②企业版（Enterprise Edition）

针对大中型企业设计，可运行打印机共享、消息传递、数据库、电子商务、Web 站点等应用程序，与标准版相比它支持高性能服务器和服务器群集。

企业版有 32 位和 64 位两个版本，这两个版本都支持 64GB 的内存，支持服务器的集群。

③数据中心版（Datacenter Edition）

为最高级别的企业设计的，可为数据库、ERP 企业资源计划系统、实时事务处理提供解决方案。与企业版相比，它支持更强大的多处理方式和更大的内存。该版本也具有 32 位和 64 位两个版本，数据中心版支持 32 路的对称多处理器，支持 8 个结点的服务器集群。32 位版本支持 64GB 内存，64 位版本支持 128GB 内存。

④ Web 版（Web Edition）

为进行 Web 应用程序开发的版本，可以以经济方式建立和配置 Web 页、Web 站点及 Web 服务。Web 版集成了 ASP．NET 和．NET 框架，可快速生成和部署 XML Web 服务和应用程序。

Web 版服务器上无法运行活动目录，虽然可以作为活动目录域的成员服务器，但无法进行集群。该版本支持最大 2GB 的内存，支持 2 路的对称多处理器。

（2）Windows Server 2003 的优点

该系统具有如下的优点：

①便于部署、管理和使用

Windows Server 2003 的界面与以前的版本相似，使用户容易上手，有效的新向导简化了特定服务器角色的安装和日常的管理任务。

② Active Directory 改进

Windows Server 2003 为 Active Directory 提供许多简捷易用的改进和新增功能，包括跨森林信任、重命名域，以及使架构中的属性和类别禁用，以便能够更改其定义等。

③组策略管理控制台

管理员可以使用组策略管理控制台（GPMC）设置允许用户和计算机执行的操作。

基于策略的管理简化了系统更新操作、应用程序安装、用户配置文件和桌面系统锁定等任务。

④卷影副本恢复

作为磁盘卷影副本服务的一部分,此功能使管理员能够在不中断服务的情况下配置关键数据卷的即时点副本,可使用这些副本进行还原服务。用户可以检索其文档的存档版本。

⑤集成的. NET 框架

Microsoft. NET 框架是用于生成、部署和运行 Web 应用程序、智能客户应用程序和 XML Web 服务的 Microsoft. NET 连接软件和技术的编程模型。. NET 框架为将现有的投资与新一代应用程序和服务集成提供了高效率的基于标准的环境。

⑥便于创建动态 Intranet 和 Internet Web 站点

IIS(Internet Information Services)6.0 是 Windows Server 2003 中内置的 Web 服务器,它提供增强的安全性和可靠的结构。它使用新的容错进程模型,提高了 Web 站点和应用程序的可靠性。IIS 可以将单个 Web 应用程序或多个站点分隔到一个独立的进程(称为"应用程序池")中,该进程与操作系统内核直接通信,此功能将增加吞吐量和应用程序的容量,有效地降低硬件需求。IIS 还提供状态监视功能,以发现、恢复和防止 Web 应用程序故障等。

⑦命令行管理

Windows Server 2003 系列使用 WMIC 扩展 WMI（Windows Management Instrumentation,Windows 管理规范）,提供了从命令行接口和批命令脚本执行系统管理的支持。在 WMIC 出现之前,如果不熟悉C++之类的编程语言或 VB Script 之类的脚本语言,或者不掌握 WMI 名称空间的基本知识,要使用 WMI 管理系统是很困难的。WMIC 改变了这种情况,为 WMI 名称空间提供了一个强大的、友好的命令行接口。

4. Windows Server 2008 R2

2008 年初微软发布了 Windows Server 2008,2008 年下半年又推出了 Windows Server 2008 R2。Windows Server 2008 R2 继续提升了虚拟化、系统管理弹性、网络存取方式以及信息安全等领域的应用。

本章小结

学习本章内容,读者可以了解到操作系统的含义,操作系统的发展、分类和功能,进而加深对于操作系统的理解。

同时也介绍了网络操作系统的基本概念及工作模式,各类型网络操作系统除了实现了单机操作系统的全部功能外,还具备了管理网络中的共享资源、实现用户通信以及方便用户使用网络等功能。

本章还介绍了常用的几种网络操作系统,着重介绍了微软的 Windows 家族的网络操作系统,以便使用时进行选择。

习 题

一、选择题

1. 操作系统的( )管理功能是解决如何把 CPU 时间合理地、动态地分配给程序运行的基本单位,使 CPU 资源得到充分的利用。

A. 处理器　　　　B. 存储　　　　C. 设备　　　　D. 作业

2. 以下属于网络操作系统的工作模式是( )。

A. TCP/IP　　　　　　　　　　B. OSI/RM 模型

C. Client/Server　　　　　　　　D. 对等实体模式

3. 以下关于网络操作系统的描述中,哪种说法是错误的( )。

A. 文件服务和打印服务是最基本的网络服务功能

B. 文件服务器为客户文件提供安全与保密控制方法

C. 网络操作系统可以为用户提供通信服务

D. 网络操作系统允许用户访问网络中任意一台主机的所有资源

4. Windows NT 一般分成两个部分,( )是安装在服务器上的网络操作系统;Windows NT Workstation 是安装在客户机器上的客户端操作系统。

A. NOVELL NetWare　　　　　　B. Windows NT Server

C. Linux　　　　　　　　　　　D. SQL Server

5. 在 Windows 2000 家族中,运行于客户端的通常是( )。

A. Windows 2000 Server

B. Windows 2000 Professional

C. Windows 2000 Datacenter Server

D. Windows 2000 Advanced Server

6. Linux 与 Windows NT、NetWare、UNIX 等传统网络操作系统最大区别是( )。

A. 支持多用户　　　　　　　　B. 开放源代码

C. 支持仿真终端服务　　　　　　D. 具有虚拟内存的能力

二、填空题

1. 操作系统可以理解为_____与计算机之间的接口。

2. 网络操作系统分为对等结构与_____结构。

3. 非对等结构网络操作系统中将联网结点分为两大类:网络服务器和_____。

4. 由于 Windows Server 2003 采用了活动目录服务,因此 Windows 2003 网络中所有的域控制器之间的关系是_____的。

三、简答题

1. 什么是网络操作系统?

2. 网络操作系统的功能有哪些?

3. 网络操作系统的工作模式有哪几种?

4. 什么是群集服务?

5. 什么是云计算?

第3章   Windows Server 2003安装

本章学习目标

1. 熟悉磁盘分区与磁盘格式化
2. 理解不同的文件系统
3. 掌握 Windows Server 2003 操作系统的不同安装方法
4. 掌握各类硬件设备的驱动程序安装
5. 理解多个操作系统并存的多重引导问题

本章学习重点和难点

1. 重点：

不同的文件系统

2. 难点：

磁盘分区

网络操作系统是网络的灵魂,因此安装 Windows Server 2003 是网络管理人员常作的工作。由于 Windows 系列操作系统安装过程都大同小异,因此这是每个拥有计算机的人必须掌握的一门技术。

本章主要介绍 Windows Server 2003 的安装需求、过程及方法。

3.1   Windows Server 2003 安装前准备

3.1.1   安装对系统的需求

任何操作系统的安装都需要硬件的支持,因此安装操作系统前需要了解有关硬件的信息。

1. 最低需求

安装 Windows Server 2003 的不同版本,对服务器的硬件系统有不同的要求,详细可参考表 3-1。

表 3-1   **Windows Server 2003 四个版本的最低系统要求**

最低的系统要求	Web 版	标准版	企业版	数据中心版
CPU 速度	133MHz 推荐 550MHz 以上	133MHz 推荐 550MHz 以上	133MHz/x86 733MHz/Itanium 推荐 733MHz 以上	400MHz/x86 733MHz/Itanium 推荐 733MHz 以上

（续表）

最低的系统要求	Web 版	标准版	企业版	数据中心版
RAM	128MB 推荐 256MB 以上	128MB 推荐 256MB 以上	128MB 推荐 256MB 以上	512MB 推荐 256MB 以上
可用磁盘空间	1.2GB	1.2GB	1.2GB	1.2GB
其他要求	CD-ROM,键盘,鼠标,800 * 600 显示器,网卡			

2. 硬件兼容性

Windows Server 2003 支持大多数的最新硬件设备,安装过程中会自动检测硬件兼容性。硬件兼容性列表见网站 http://support.microsoft.com/default.aspx? scid=Kb:zh-cn:314062。

如果有不在列表中的硬件设备,需找硬件厂家获取驱动程序,或者更换为与系统兼容的设备。

3. 硬盘

服务器上采用的硬盘主要有三种:SATA 硬盘、SCSI 硬盘以及 SAS 硬盘,其中 SATA 硬盘主要应用在低端服务器领域,而 SCSI 和 SAS 硬盘则面向中高端服务器。

PC 机上使用的 IDE 硬盘最新的 ATA-7 接口标准数据传输率最大为 133MB/s,而 SATA Ⅰ 最大为 150MB/s,SATA Ⅱ 最大为 300MB/s,SCSI 最大为 320MB/s,SAS 起步值为 300MB/s。

多数服务器采用了数据吞吐量大、CPU 占有率极低的 SCSI 硬盘。一块 SCSI 接口卡可以接 7 个 SCSI 设备,这是 IDE 接口所不能比拟的。

3.1.2　硬盘分区的规划

1. 磁盘分区

磁盘分区是一种划分物理磁盘的方式,以便每个分区都能够作为一个独立的单元使用。可以将某个独立磁盘划分为两个或多个区域,系统文件和数据文件各存放在一个分区,便于用户进行数据的组织、整理及查找。

若执行全新安装,在运行安装程序前需要先规划磁盘分区,确定所要安装的操作系统所占的分区大小,同时注意在选择的时候要考虑为安装在该分区上的操作系统、应用程序及其他文件预留足够的磁盘空间。

（1）主磁盘分区

在基本磁盘上创建主分区,一个基本磁盘可以最多创建 4 个主分区,或 3 个主分区和 1 个扩展分区。主磁盘分区不可再分。

激活的主分区会成为"引导分区"（或称为"启动分区"）,引导分区会被操作系统和主板认定为第一个逻辑磁盘（也就是通常的 C 盘）。有关 DOS/Windows 启动的重要文件,如引导记录、boot.ini、系统加载程序 ntldr、ntdetect.com 等文件,必须放在引导分区中。主磁盘分区是用来安装系统的,一般建议磁盘主分区要预留比较大的磁盘空间。如果要装两个系统的话,可以有两个以上的主磁盘分区。

(2)扩展分区

在扩展分区上创建一个或多个逻辑驱动器,对逻辑驱动器可以进行格式化并分配驱动器号,例如,驱动器号 D。

扩展磁盘分区是存放非系统文件的,在扩展磁盘分区中可以再细分为几个逻辑磁盘分区。

2.磁盘格式化

使用磁盘前需要先对其格式化。磁盘格式化时,操作系统会删去磁盘上所有文件分配表的内容,然后检测磁盘,校验其扇区是否可靠,标出坏扇区并创建将来可用来定位信息的内部地址表。在格式化时,可选择两种方式:快速格式化与完全格式化。

(1)快速格式化

格式化程序不检查扇区的完整性,只是删除文件分配表中的内容;如硬盘中无坏扇区,且以前没有文件损坏的记录,可选择"快速格式化"。

(2)完全格式化

不仅删除文件分配表中的内容,而且检查是否有坏扇区,标出坏扇区,避免系统将数据存储到坏扇区中;如硬盘中有坏扇区,或以前有文件损坏记录,应选"完全格式化"。如无法判断是否有坏扇区,也宜选择"完全格式化"。

安装时,只需创建和规划要安装 Windows Server 2003 的分区,安装完系统后,可用磁盘管理来新建和管理已有的磁盘和卷,包括创建新的分区,删除、重命名和重新格式化现有的分区,添加和卸掉硬盘及在基本和动态磁盘间升级和还原硬盘。

3.1.3　选择文件系统

硬盘中的任何分区必须被格式化成合适的文件系统后才能使用,Windows Server 2003 可安装在 FAT32 或 NTFS (New Technology File System)格式的分区中。

1.FAT 文件系统

FAT(File Allocation Table)文件分配表用来记录文件所在的位置,类似于书的目录,用于对硬盘分区的管理。它对于硬盘的使用非常重要,假若丢失文件分配表,那么硬盘上的数据就会因无法定位而不能使用。

在早期的 DOS 系统中使用 FAT16 文件系统,FAT16 最大可管理 2GB 的分区;Windows 95 后推出 FAT32,FAT32 支持分区最大容量 2TB(2kGB),支持长文件名。

2.NTFS 文件系统

NTFS 是从 Windows NT 开始使用的文件系统,它是一个特别为网络功能设计,具有磁盘配额、文件加密等管理安全特性的磁盘格式,同时提供了活动目录所需的功能。但早期的 Windows 95/98/MS-DOS 无法访问 NTFS 文件系统。

NTFS 可以自定义簇的大小,如定义为 512B。簇尺寸的缩小不但减少了磁盘空间的浪费,还减少了磁盘碎片产生的可能。

安装程序可将 FAT32 分区转为 NTFS,转换可保持文件完整。与 FAT16 或 FAT32 分区相比,NTFS 文件系统的磁盘碎片较少,性能好。

3.1.4 选择授权模式

Windows Server 2003 有两种不同的授权模式：每服务器和每设备或每用户。

1. 每服务器

在这种模式中，许可的连机数决定了可以同时连接到服务器的用户数，该模式适用于企业中服务器少，却有许多用户，但只有少量用户会同时访问服务器的场合。若选择该模式，并设置"同时连接数"，则服务器可以限制同时连接到该服务器的客户机数量。

2. 每设备或每用户

在这种模式中，许可是为每一个用户购买的，有许可的用户可以合法访问企业中的任何一台服务器，不需要考虑用户同时访问多少台服务器。该模式适合于企业中有多台 Windows Server 2003 服务器，并且多用户同时访问服务器的情况。

注意：用户可以将许可模式从"每服务器"转换为"每客户"，但是不能从"每客户"转换为"每服务器"模式。如果用户不知道采用哪一种模式，建议选择"每服务器"模式，以后还可以转换为"每客户"模式，且是免费的，但只能转换一次，无法再次转换回"每服务器"模式。

3.2 Windows Server 2003 安装

3.2.1 几种安装方式

1. 从 CD-ROM 启动开始全新的安装

这种安装方式是最常用的，适于计算机上没有安装 Windows Server 2003 之前的 Windows 系列的操作系统；或者需要把原有的操作系统删除。

2. 在运行 Windows 98/NT/2000/XP 的计算机上安装

这种安装方式是指计算机上已经安装了 Windows Server 2003 以前的 Windows 系列操作系统，再安装新的 Windows Server 2003，从而可以实现"多重引导"。

3. 升级安装

这种方式适合于计算机已经安装了 Windows Server 2003 以前的 Windows Server 系列操作系统软件，可在不破坏以前的各种设置和已经安装了各种应用程序的前提下对系统进行升级。

4. 从网络进行安装

这种安装方式适合操作系统的安装程序不在本地机器上的情况。尤其适合需要在网络中安装多台 Windows Server 2003 的场合。基本安装过程如下：

(1)在网络服务器上把 CD-ROM 共享；或者把 CD-ROM 的 i386 目录复制到网络服务器上，然后再共享该目录。

(2)使用共享文件夹下的 winnt32.exe 安装。

5. 通过远程安装服务(RIS)进行安装

这种安装方式需要有一台远程安装服务器，可把一台安装好 Windows Server 2003 和各种应用程序并且做好了各种配置的计算机上的系统做成一个映像文件(扩展名为

iso),放在服务器上。

　　适合于有多台计算机要安装 Windows Server 2003,并且需要安装相同的各种应用程序软件(如 office 系列),例如某实验室统一配置机器时可以采用这种方式。

　　6.无人值守安装

　　这种方式安装一般适用于安装人员不能长期等待在计算机旁时,需要事先配置一个"应答文件",在文件里保存安装过程中需要输入的版本、时间、文字等选择信息,然后让安装程序从应答文件中读取所需的信息,无需在计算机前等待输入各种信息。

3.2.2　从 CD-ROM 启动开始全新安装

　　全新安装操作系统的过程如下:

　　(1)要安装 Windows Server 2003 系统的计算机开机时按下 Del 键,系统进入设置状态,将计算机的 BIOS 设置为从 CD-ROM 启动。将 Windows Server 2003 的安装光盘放入计算机光盘驱动器中,使计算机从光驱动器启动系统。系统启动后显示安装界面。如图 3-1 所示。

　　(2)按 Enter 键开始 Windows Server 2003 安装,显示软件授权协议,如图 3-2 所示。按【F8】键继续。

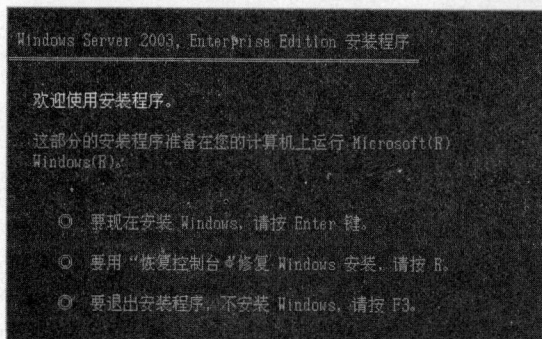

图 3-1　Windows Server 2003 安装程序

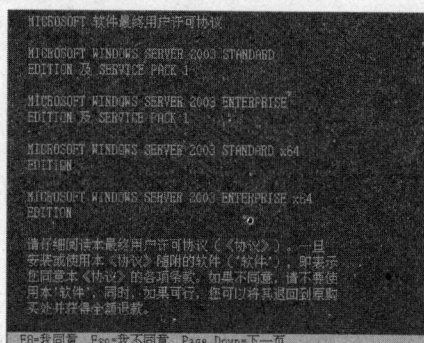

图 3-2　软件授权协议

　　(3)安装程序会自动搜索系统中已安装的操作系统。提示用户选择安装操作系统的分区,如图 3-3 所示。按 Enter 键进行安装。

　　(4)系统会询问采用何种文件系统格式化分区。若要发挥 Windows Server 2003 安全稳定的特点,应选择 NTFS,如图 3-4 所示。按 Enter 键继续。

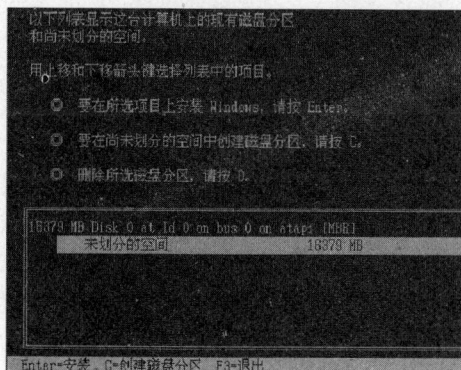

图 3-3　选择安装分区

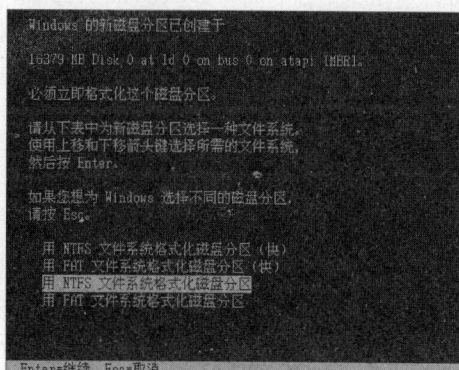

图 3-4　选择文件系统格式

（5）设置相关安装信息后，安装程序开始从光盘复制系统文件到硬盘上。

（6）复制文件后，安装程序会提示重启计算机。

（7）重新启动后安装程序开始收集必要的安装信息，并在左下角提示完成安装的时间，如图 3-5 所示。

（8）基本安装完成后，系统会显示如图 3-6 所示出现的"区域和语言选项"对话框。一般选择默认设置，单击"下一步"按钮。

图 3-5　进行基本安装

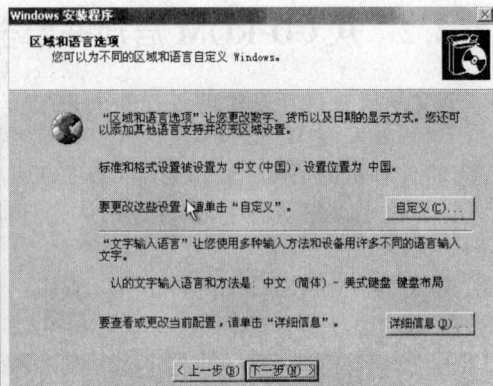

图 3-6　区域和语言选项对话框

（9）系统显示"自定义软件"对话框，输入用户姓名和单位信息，单击"下一步"按钮。

（10）系统提示输入产品密钥，如图 3-7 所示。若无法提供正确的产品密钥，系统将不能继续安装，输入密钥后，单击"下一步"按钮。

（11）系统显示"授权模式"对话框，需要设置授权模式。Windows Server 2003 支持两种授权模式，即"每服务器"模式和"每设备或每用户"模式。对于服务器，可以设置允许多少台客户机同时连接此服务器；而对于单机用户，则选择默认设置，如图 3-8 所示。单击"下一步"按钮。

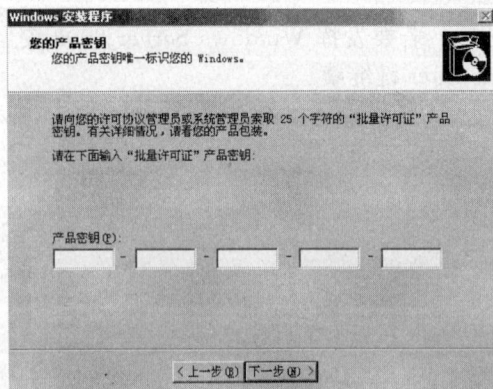

图 3-7　提示输入产品密钥

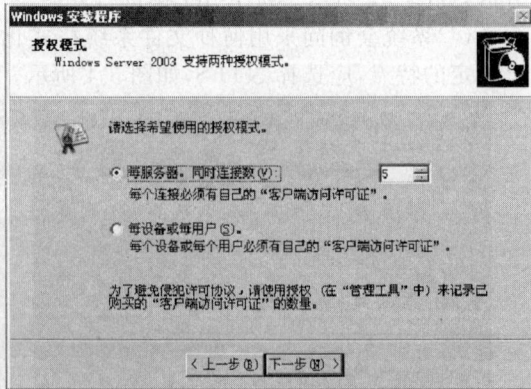

图 3-8　"授权模式"对话框

（12）系统显示"计算机名称和管理员密码"对话框，如图 3-9 所示。设置计算机名和管理员密码,单击"下一步"按钮。

(13)系统显示"网络设置"对话框。可选择"典型设置"单选按钮按系统默认方式设置,或者选择"自定义设置"单选按钮手动设置网络,单击"下一步"按钮。

(14)系统开始进行网络安装,弹出"工作组或计算机域"对话框,如图 3-10 所示。可立即设置也可以以后设置工作组或计算机域。若选择第一个选项,则该服务器是工作组 WORKGROUP 中的一员,可组成对等网。若选择第二项,服务器成为域中的一员,可组成域模式网络。单击"下一步"按钮。

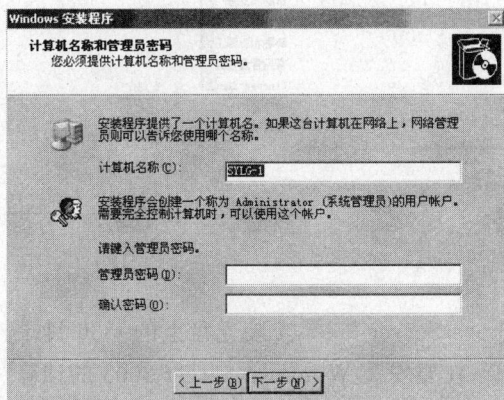

图 3-9　设置计算机名称与密码对话框　　　　图 3-10　"工作组或计算机域"对话框

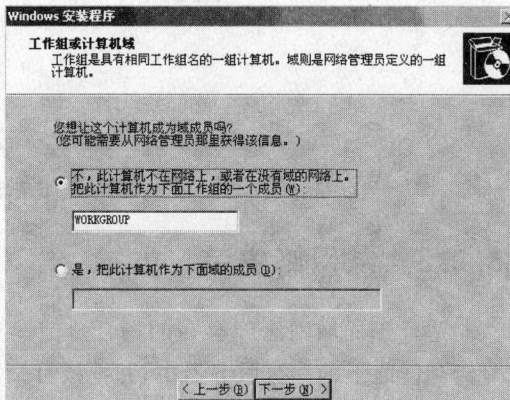

(15)安装程序将开始安装,要等待一段时间。安装结束后,自动重新启动计算机。进入系统登录界面,如图 3-11 所示。

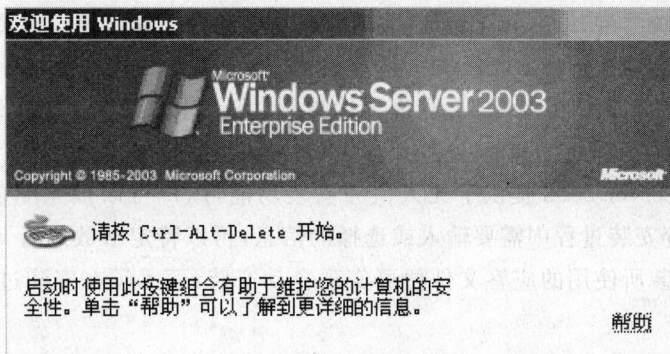

图 3-11　系统登录界面

(16)按下组合键 Ctrl＋Alt＋Delete 登录到系统,要求输入用户名和密码,确认后,显示"管理您的服务器"对话框,如图 3-12 所示。在其中可以安装配置多种服务器,这方面的内容将在后面讲述。

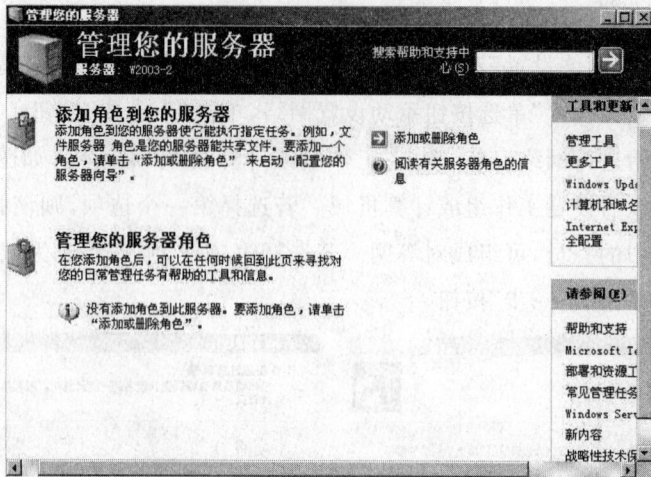

图 3-12 "管理您的服务器"对话框

3.2.3 从网络安装

适合于局域网已经存在的场合。把 Windows Server 2003 安装光盘上的 i386 目录复制到网络上的一台服务器中,并把该目录共享,在要安装 Windows Server 2003 的计算机上,通过网络邻居找到该共享目录,运行共享 i386 目录下的 winnt32.exe。

3.2.4 无人值守安装

在 Windows Server 2003 安装过程中,需要用户输入或选择一些安装信息,如选择磁盘分区、文件系统类型、语言和区域选项、计算机名称和网络标识等。如果只安装一次系统,这些都不算麻烦。但在大型公司的网络管理中,可能需要给几十台计算机安装同样配置的 Windows Server 2003,那么管理员就要一台一台地重复所有的安装步骤,回答所有的问题。

Windows Server 2003 提供了无人值守安装功能,用户可以预先配置一个"应答文件",在其中保存安装过程中需要输入或选择的信息,再以特定参数运行 winnt32.exe 安装程序,指定安装所使用的应答文件便可实现自动安装,而无须在安装过程中回答任何问题。

1. 在安装目录中修改

安装盘(如 F:)中的 i386 目录下有一个 unattend.txt 文件,根据系统的设置参数修改该文件内容,例如:

```
AdminPassword = 1qa2ws! xedc              设置密码
AutoMode = "PerServer"                    设置每服务器模式
AutoUsers = "5"                           设置用户数为 5
JoinWorkgroup = Infor-Depart              设置加入的工作组名字
FullName = "Your User Name"               设置用户名称
```

OrgName ＝ ″sylg″ 　　　　　　　　　　　设置单位名

ComputerName ＝ win2003－1 　　　　　　设置计算机名

ProductKey ＝ ″QW32K-48T2T-3D2PJ-DXBWY-C6WRJ″ 设置产品序列号

修改好 unattend. txt 后,用原名存于磁盘(如 E 盘)中。

输入如下命令,运行 winnt32. exe:

Winnt32/s:F:\i386/unattend:e:\unattend. txt

/s:F:\i386 表示安装源在 F 盘的 i386 目录

/unattend:e:\ unattend. txt 表示进行无人值守安装,应答文件为 E 盘上的 unattend. txt。

2. 用安装管理器来产生应答文件

(1)打开 Windows Server 2003 安装光盘\Support\Tools 目录中的 Deploy. cab 文件,把压缩包中的 setupmgr. exe 解压出来,这便是"安装管理器"程序,如图 3-13 所示。

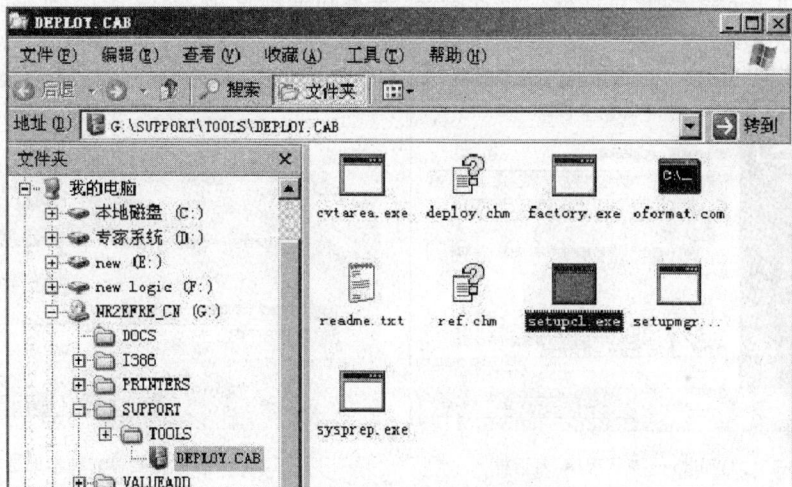

图 3-13　从光盘中获得安装管理器

(2)双击运行 setupmgr. exe,打开"安装管理器"向导,单击"下一步"按钮。

(3)依次打开相应的对话框,回答相应的问题。

(4)完成全部设置后,单击"完成"按钮,"安装管理器"会提示用户保存刚刚创建的应答文件,如图 3-14 所示,单击"浏览"按钮选择保存路径,单击"确定"按钮完成应答文件的创建。

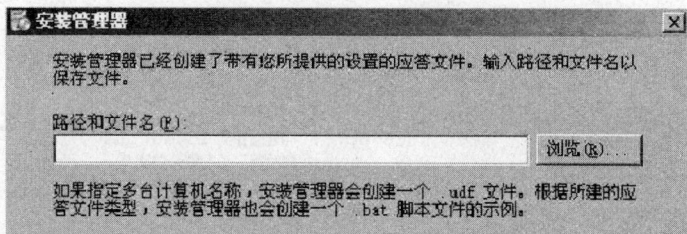

图 3-14　保存应答文件

3.2.5　升级到 Windows Server 2003

升级到 Windows Server 2003 可以保留原有系统的各种配置,例如用户名和密码、文件权限、原有的应用程序等内容。

Windows Server 2003 Enterprise 版只能基于 Windows NT Server 4.0 或 Windows 2000 Server 的各个版本进行升级安装。

安装过程如下:

(1)将安装光盘放入光盘驱动器,运行安装程序,显示"欢迎使用 Windows 安装程序"对话框,如图 3-15 所示。

(2)选择安装类型为"升级",单击"下一步"按钮。在"许可协议"对话框中,选择"我接受这个协议"单选按钮,单击"下一步"按钮。

(3)显示"您的产品密钥"对话框。输入正确的产品密钥,单击"下一步"按钮。

(4)显示"安装选项"对话框。设置语言、安装和辅助选项,如图 3-16 所示。单击"下一步"按钮。

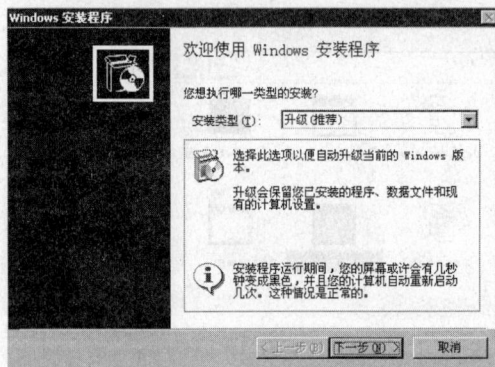

图 3-15　"Windows 安装程序"对话框　　　　图 3-16　设置语言等安装辅助选项

(5)显示"升级到 Windows NTFS 文件系统"对话框。选择系统要使用的文件系统,如图 3-17 所示。

(6)单击"下一步"按钮,显示"获取更新的安装程序文件"对话框。这时,安装系统要求连接到 Internet。可以根据实际情况进行选择,如图 3-18 所示。

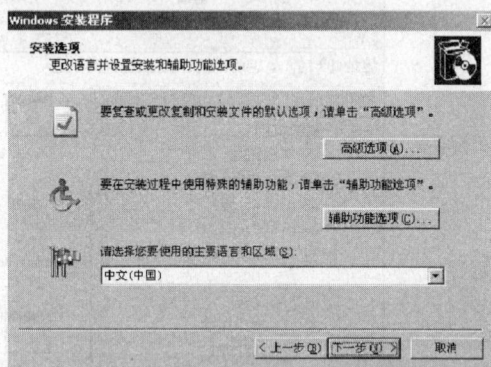

图 3-17　选择文件系统格式　　　　　　　　图 3-18　跳过步骤选项

设置以上选项后,安装程序开始复制系统文件,安装 Windows Server 2003。

3.3　多重引导

多重引导,即在同一台计算机上安装多个操作系统,如果一个系统崩溃了,又没有办法从安全模式下启动,这时可以切换到另一系统下进行修复或数据抢救。例如,服务器大部分时间运行 Windows Server 2003,有时也运行 Windows NT Server 4.0 或 Windows 2000 Server 以支持早期的应用程序。在启动系统的过程中,系统会列出多个选项,如用户没做选择,将运行默认的操作系统。

设多重引导的缺点是,每个操作系统都占用大量的磁盘空间,使兼容性问题变得复杂,尤其是文件系统的兼容性。此外,动态磁盘格式不在多个操作系统上起作用。只有单独运行 Windows 2000 Server 或 Windows Server 2003 时才能使用动态磁盘格式访问硬盘。

下面介绍安装双引导需要注意的事项。

(1)最好将每个操作系统安装在单独的驱动器或磁盘分区上。

(2)在各个系统所在的分区上安装它们各自使用的应用程序。

(3)如果计算机位于 Windows NT、Windows 2000 或 Windows Server 2003 域,那么计算机中每次安装 Windows NT Server 或 Windows Server 2003 时都必须使用不同的计算机名。

(4)先安装低版本系统,再安装 Windows Server 2003,否则启动 Windows Server 2003 所需的重要文件有可能被覆盖(尤其是 Windows 95)。

(5)对于安装 Windows 95 和 Windows Server 2003 的计算机,主分区须用 FAT 格式化。

3.4　驱动程序安装

操作系统安装成功之后,需要配置系统硬件与操作系统的兼容关系,也就是需要安装驱动程序。设备驱动程序作用是允许特定的设备与操作系统进行通信。

安装一个新的设备驱动程序通常有三个步骤:

(1)物理上的安装,也就是把硬件设备连接在计算机上。

(2)软件上的安装,也就是安装适当的设备驱动程序。

(3)软件上的配置,也就是检查安装的驱动程序和设备是否配合,设备是否能正常工作,同时配置设备的相关属性。

实训:安装 Windows Server 2003

实训目的:

掌握如何安装 Windows Server 2003

实训内容:

1.假设一个单位,有 100 台计算机联网,最多同时仅有 25 台计算机上网,使用一台有 160 GB 的硬盘服务器。读者自己规划服务器硬盘大小、如何分区、采用何种文件系统、何种系统授权模式及网络连机数,请利用虚拟机安装 Windows Server 2003 系统。

2.安装 Windows Server 2003 的基本操作。

3.转换分区的文件系统格式。

本章小结

本章主要介绍了 Windows Server 2003 企业版网络操作系统的安装方法及安装过程中要作的选择,也介绍了不同版本的系统安装时对于硬件的要求,让读者在明确自己需求的同时掌握如何选择合适的版本,如何安装这样一个网络操作系统。

本章的重点内容是文件系统、格式化及 Windows Server 2003 的不同安装方法的具体安装过程,不同版本的选择有些许不同,请读者注意。

本章对于可能出现的多系统引导和硬件驱动程序的安装也进行了简要的说明。

习 题

一、选择题

1.有一台服务器的操作系统是 Windows NT,文件系统是 NTFS,无任何分区,现要求对该服务器进行 Windows Server 2003 的安装,保留原数据,但不保留操作系统,应使用下列(　　)种方法进行安装才能满足需求。

A.在安装过程中进行全新安装并格式化磁盘

B.对原操作系统进行升级安装,不格式化磁盘

C.做成双引导,不格式化磁盘

D.重新分区并进行全新安装

2.现要在一台装有 Windows 2000 Server 操作系统的机器上安装 Windows Server 2003,并做成双引导系统,此计算机硬盘的大小是 160 GB,有 3 个分区:C 盘 40 GB,文件系统是 FAT;D 盘 60 GB,文件系统是 NTFS;E 盘 60 GB,文件系统是 NTFS。为使计算机成为双引导系统,安装时下列哪个选项是最好的方法?(　　)

A.选择升级选项,并且选择 D 盘作为安装盘

B.安装时选择全新安装,并且选择 C 盘上与 Windows 相同的目录作为 Windows Server 2003 的安装目录

C.选择升级安装,并且选择 C 盘上与 Windows 不同的目录作为 Windows Server 2003 的安装目录

D.选择全新安装,并且选择 D 盘作为安装盘

3.某公司计划建设网络系统,该网络有两台服务器,安装 Windows Server 2003 操作系统;40 台工作站,安装 Windows XP,则 Windows Server 2003 的许可协议应选择何种模式比较台理?(　　)

A.选择每服务器模式　　　　　　　B.选择每客户模式

C.选择混合模式　　　　　　　　　D.忽略该选项

二、填空题

1.Windows Server 2003 有四个版本,分别是_____、_____、_____、_____。

2．某企业规划有两台 Windows Server 2003 和 50 台 Windows 2000 Professional，每台服务器最多只能有 10 个人同时访问，最好采用＿＿＿＿授权模式。

3．在 Windows 2000 Server 下，可以使用 Windows Server 2003 安装光盘中 i386 目录下的程序＿＿＿＿进行安装。

4．管理员的默认用户名为＿＿＿＿。

5．＿＿＿＿和＿＿＿＿可以升级到 Windows Server 2003。

三、简答题

1．简述 Windows Server 2003 的特点？

2．简单叙述 Windows Server 2003 的 4 个版本？如果某企业想要购买 Windows Server 2003 作为服务器的网络操作系统，同时该服务器还要承担海量数据的维护任务，需要采用集群，应该选择哪种版本？

3．磁盘分区有哪些类型？各有何作用？

4．文件系统有哪些？应如何选择？

5．采用升级到 Windows Server 2003 的好处是什么？

6．一个单位有 2 台服务器，有 200 台联网计算机，每天同时仅有不到 80 人上网，问在购买 Windows Server 2003 时，应买哪种授权模式？

本章学习目标

1. 熟悉 Windows Server 2003 系统硬件配置管理
2. 掌握网络连接的设置
3. 熟悉服务器性能优化
4. 熟悉启动环境配置
5. 熟悉组策略的配置方式
6. 掌握利用组策略配置用户环境

本章教学重点和难点

1. 重点：
(1) 系统性能优化
(2) 网络连接设置
(3) 组策略的基本应用
2. 难点：
(1) 服务器性能优化
(2) 组策略应用

安装完 Windows Server 2003，操作系统启动进入到桌面时，会发现系统桌面上很空，有很多程序没有，没有声音，播放影像效果很差，桌面显示的样式也不理想。尤其是在打开浏览器查询网上信息时，系统总是"不厌其烦"地提示，是否需要将当前访问的网站添加到信任的站点中去，否则，就无法打开指定网页。每次访问网页，都要经过这样的步骤，实在太麻烦了。如何让 IE 取消对网站安全性的检查呢？

其实，Windows Server 2003 操作系统提供了很多工具用于完成系统环境的配置，系统环境配置包括 Windows Server 2003 操作系统初装后的系统优化、硬件配置管理、显示选项设置、语言和输入法及 Internet 选项设置等。

4.1 启用显卡硬件加速

Windows Server 2003 安装之后性能很差，因此需对系统进行设置和优化，这既能改善硬件的性能、提高硬件的寿命，又能加强服务器的安全性。

默认情况下 Windows Server 2003 禁用了显卡硬件加速，不能较好地播放画质好的多媒体文件。

(1) 改变显示属性

右击桌面空白处，在快捷菜单中选"属性"，打开"显示属性"对话框，单击"设置"选项卡,可以改变屏幕分辨率和颜色质量。如图 4-1 所示。单击"高级"按钮。

打开"即插即用监视器属性"对话框,如图 4-2 所示。可以改变显示字体的大小。

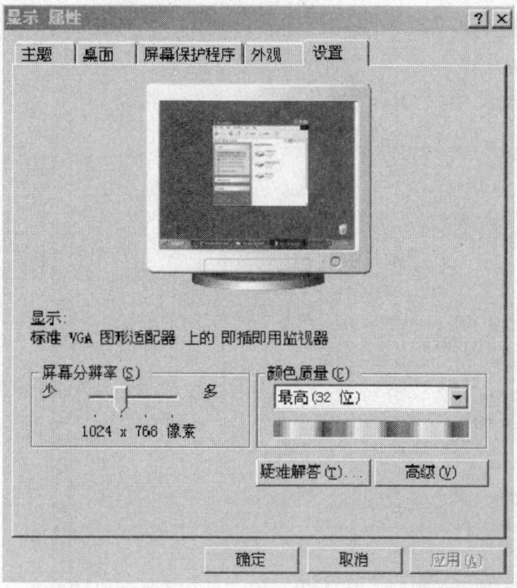

图 4-1　"显示属性"对话框

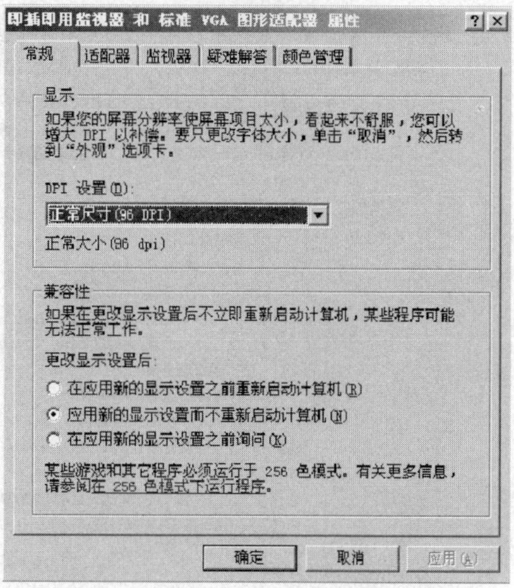

图 4-2　"即插即用监视器属性"对话框

在"即插即用监视器"对话框中,选中"疑难解答"选项卡,如图 4-3 所示。

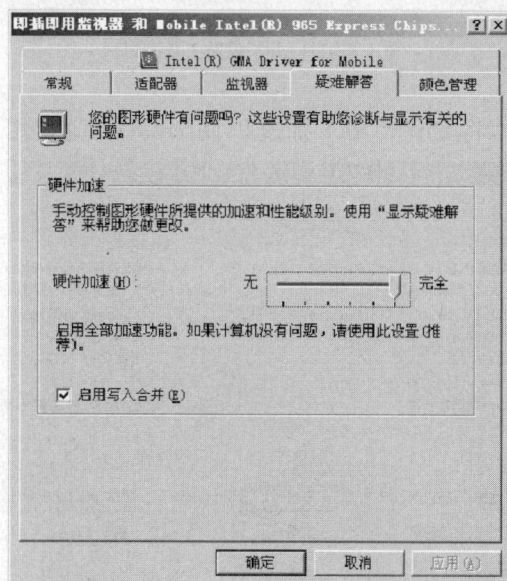

图 4-3　即插即用监视器"疑难解答"选项卡

将"硬件加速"滑动条向右拖动,单击"确定"按钮退出。

(2)启用 DirectX 诊断工具

DirectX 是微软公司开发的对硬件编程的一个接口,包括 DirectDraw、Direct3D、DirectSound 等多个方面。DirectX 技术能实现视频、声音的输出、网络通信及对游戏杆的控制,并能实现 3D 加速。

在开始菜单的运行框中输入:Dxdiag,回车后打开"DirectX 诊断工具"窗口,如图 4-4 所示。

图 4-4　"DirectX 诊断工具"窗口

(3)显卡加速

在"显示"选项卡中,将 DirectDraw 加速和 Direct3D 加速启用,如图 4-5 所示。

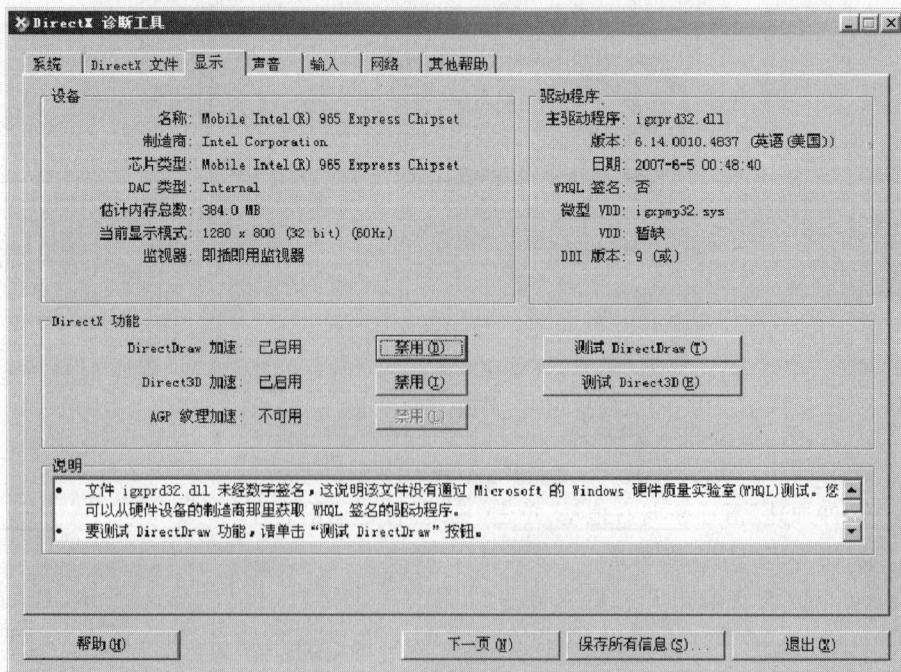

图 4-5　"显示"选项卡

4.2 桌面设置

4.2.1 自定义桌面

如果安装完成后,桌面上仅有很少的几个图标,可以在桌面上增加显示"我的电脑"等图标。操作步骤如下:

(1)在桌面空白处右击鼠标,打开"显示属性"对话框。

(2)在"显示属性"对话框中,可以修改桌面背景、屏幕保护程序、屏幕分辨率和颜色以及刷新频率等。

(3)选择"桌面"选项卡,单击"自定义桌面"按钮,打开"桌面项目"对话框,如图 4-6 所示。

(4)在"常规"选项卡中,选中要在桌面显示的图标,例如:"我的电脑"、"网上邻居"等,单击"确定"即可。

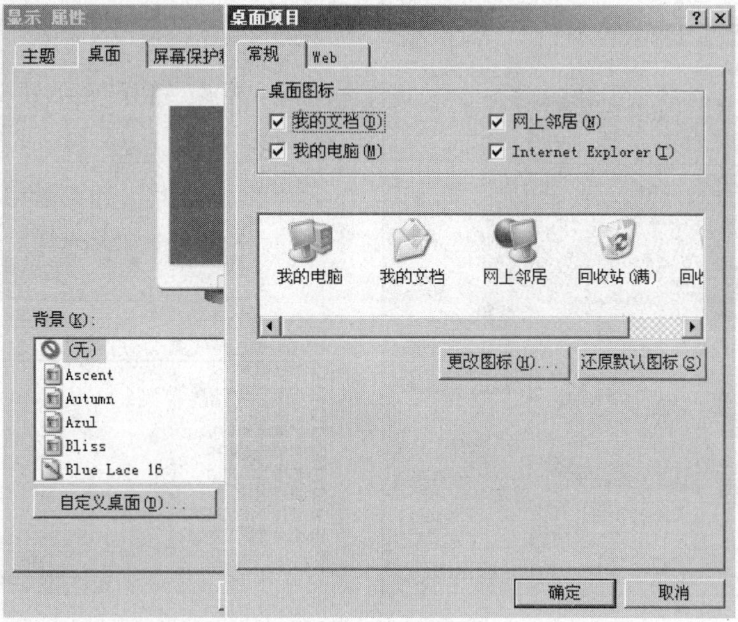

图 4-6 桌面项目

4.2.2 自定义"任务栏与开始菜单"

右键单击屏幕下面的任务栏,选择"属性"或单击"开始"/"控制面板"/"任务栏与『开始』菜单",打开"任务栏和『开始』菜单属性"对话框,如图 4-7 所示。可修改任务栏属性。如"自动隐藏任务栏"、"显示时钟"、"隐藏不活动的图标"等。

图 4-7　"任务栏和『开始』菜单属性"对话框

选择"『开始』菜单"选项卡,如图 4-8 所示,选择开始菜单类型,如选择"经典『开始』菜单",单击"自定义"按钮,打开"自定义经典『开始』菜单"对话框,如图 4-9 所示。

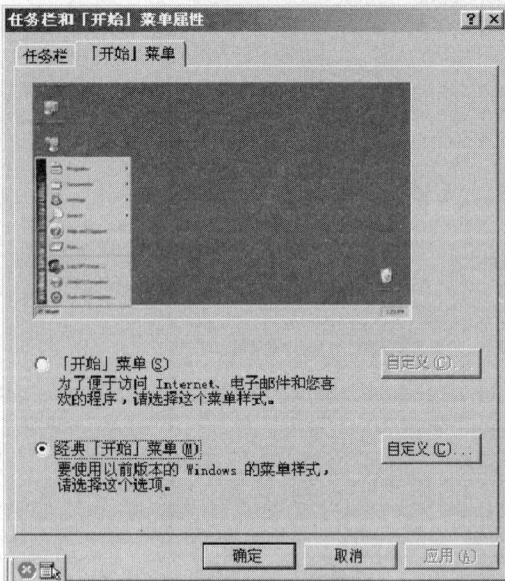

图 4-8　"『开始』菜单"选项卡

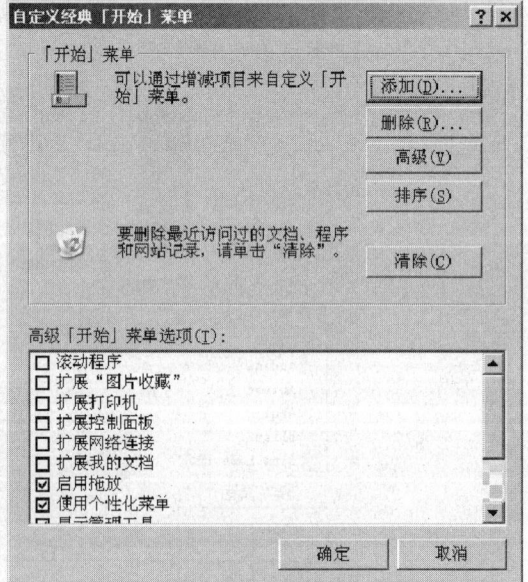

图 4-9　"自定义经典『开始』菜单"对话框

在"自定义经典『开始』菜单"对话框中,用户可以根据个人的需要设置不同项目内容。

1. 向开始菜单中添加程序

(1)单击"添加"按钮,然后选择"浏览"。

(2)找到要添加的程序,单击该程序,然后依次单击"打开"、"下一步"按钮。

(3)单击要在其上放置该程序的菜单,然后单击"下一步"按钮。

（4）键入希望在菜单中显示的名称。如果"选择程序标题"对话框底部出现"完成"按钮，单击该按钮。如果该对话框底部出现"下一步"按钮，请单击该按钮，单击您要该程序使用的图标，然后单击"完成"按钮。

2.从菜单中删除程序

单击"删除"按钮，在删除对话框中，单击要删除的程序，然后单击"删除"。注意这会在"开始"菜单上删除该程序的快捷方式，但并不从硬盘上删除该程序。

4.2.3　文件夹选项

文件夹选项主要方便用户根据个人的需要查看存储在磁盘中的文件及文件夹信息。在"资源管理器"窗口的"工具"菜单中，单击"文件夹选项"打开"文件夹选项"对话框，如图 4-10 所示。

1.在"常规"选项卡中设置

（1）浏览文件夹的方法：可选"在同一窗口中打开每个文件夹"与"在不同窗口中打开不同的文件夹"。

（2）打开项目的方式：可选"通过单击打开项目（指向时选定）"与"通过双击打开项目（单击时选定）"。

2.在"查看"选项卡中，可以根据需要进行设置，如图 4-11 所示：

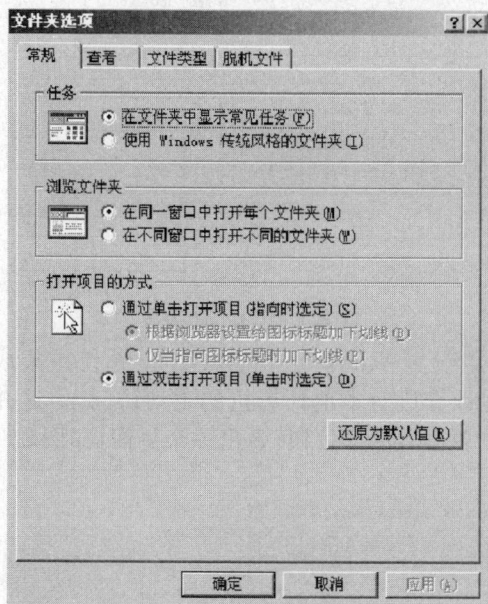

图 4-10　"文件夹选项"对话框的"常规"选项卡　　　图 4-11　"文件夹选项"对话框的"查看"选项卡

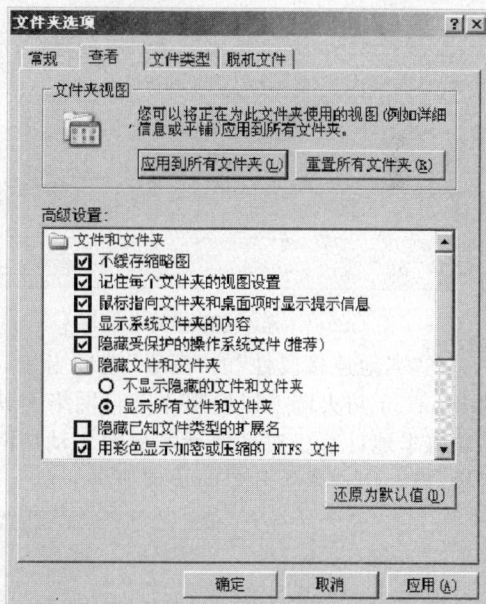

（1）"鼠标指向文件夹和桌面项时显示提示信息"。

（2）"隐藏受保护的操作系统文件（推荐）"。

（3）"不显示隐藏的文件和文件夹"与"显示所有文件和文件夹"。

（4）"在地址栏中显示完整路径"与"在标题栏显示完整路径"等。

4.2.4 网络连接设置

对于网络操作系统来说,网络连接属性的设置是极重要的内容。网络设置主要是主机 IP 地址的设置、网卡工作模式的设置等。

在桌面上右击"网上邻居",选择"属性",打开"网络连接"对话框。右击"本地连接",选"属性",打开"本地连接属性"对话框,如图 4-12 所示。

选择"常规"选项卡中的"配置"按钮,可进行网卡"属性"的设置,设置网卡的工作速率、双工模式等。

在"常规"选项卡中勾选"Microsoft 网络客户端"、"Microsoft 网络的文件和打印机共享"、"Internet 协议(TCP/IP)",并双击后一项,打开"Internet 协议属性"对话框。指定本机的 IP 地址、掩码、网关以及 DNS 服务器 IP 地址的值,如图 4-13 所示。

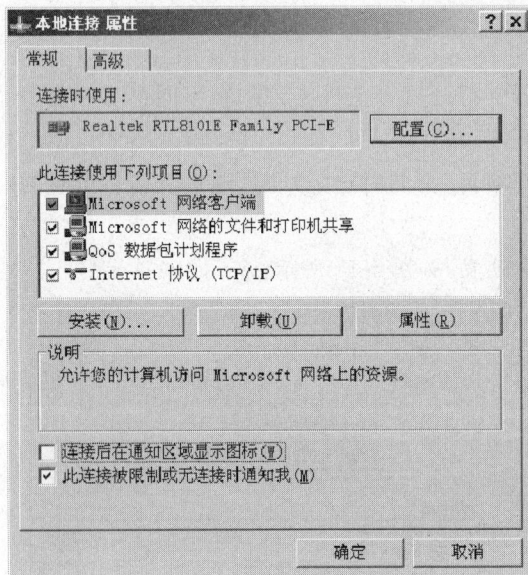

图 4-12 "本地连接属性"对话框   图 4-13 IP 地址配置

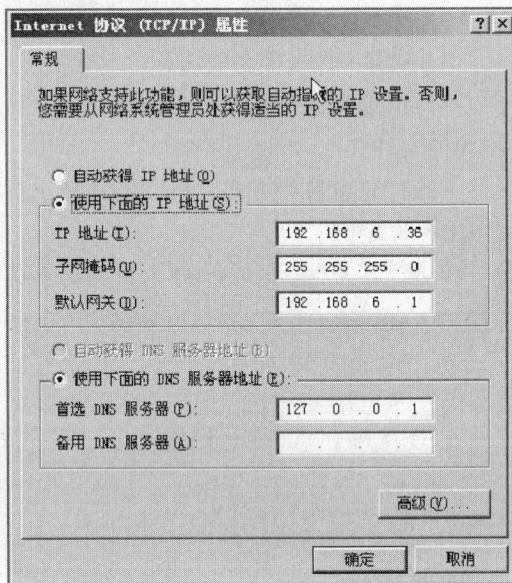

在"本地连接属性"的"高级"选项卡中,可以设置 Windows Server 2003 系统中集成的 Internet 防火墙。以便阻止来自网络上其他计算机对本地计算机的主动访问,但这并不妨碍本地计算机对其他计算机的主动访问。单击"设置"按钮,弹出一个界面,如图4-14 所示,提示用户是否开启防火墙服务。

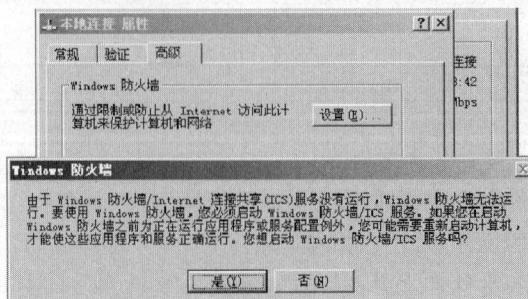

图 4-14 防火墙服务配置

4.2.5 修改 IE 浏览安全级别设置

默认情况下,Windows Server 2003 操作系统的 IE 安全级别设置为"高",每当用户浏览一个新网页时,系统会提示是否需要将当前访问的网站添加到信任的站点列表中。要禁用 IE 访问 Web 站点时的安全检查,操作步骤如下:

打开"Internet Explorer 浏览器",单击"工具"/"Internet 选项"。打开"Internet"选项对话框,选择"安全"选项卡。单击"默认级别"按钮,将安全级别设置为"中"或"中低"档,如图 4-15 所示,单击"确定"按钮。

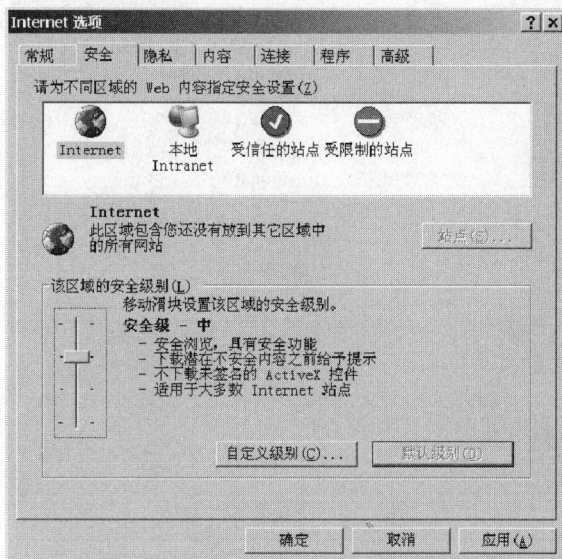

图 4-15 Internet 选项之"安全"选项卡

如果禁止设定,可单击"自定义级别"按钮,在重置自定义设置的重置框中,将安全级设为"中",单击"确定"。

也可以通过下面的方法来让 IE 取消对网站安全性的检查:

(1)单击"开始"/"控制面板"/"添加或删除程序"/"添加/删除 Windows 组件",打开"Windows 组件"对话框。

(2)取消"Internet Explorer 增强的安全配置"选项,单击"下一步"按钮,将该选项从系统中删除。

(3)单击"完成"按钮。

以后再上网的时候,IE 就不会自动去检查网站的安全性了。

当客户机使用 Windows XP 时,若将 IE 设置了"内容审查程序"级别和口令,如想取消设置,可作如下操作:

修改注册表:单击"开始"/"运行",输入 regedit,打开注册表编辑器。找到 HKEY_LOCAL_MACHINE\Software\Microsoft\Windows\CurrentVersion\policies\Ratings,其中的"key"值,就是设置的分级审查口令,将它删除。重新启动之后,分级审查口令被取消。

4.3　系统属性配置

系统属性包括计算机名、计算机硬件设备管理器、内存使用、启动和故障恢复、用户配置文件等内容。

在桌面右击"我的电脑",选择"属性"。打开"系统属性"对话框,如图 4-16 所示。

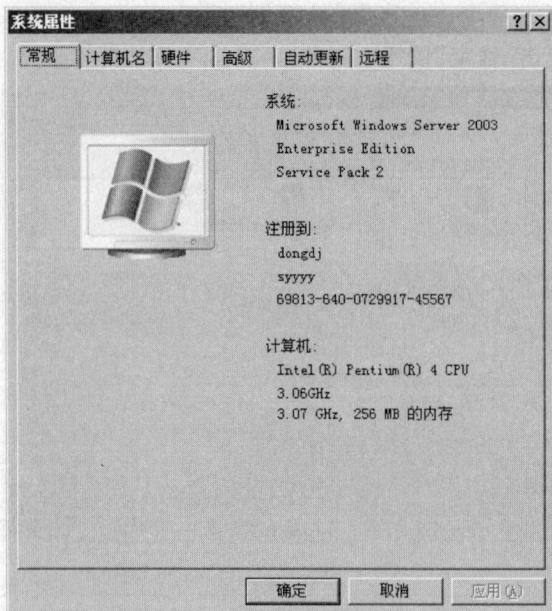

图 4-16　"系统属性"对话框

在"常规"选项卡中,显示了当前计算机的 Windows 版本、软件序列号、计算机 CPU 的频率、内存大小等信息。

4.3.1　设备管理器

Windows 的设备管理器是一种工具,可用来管理计算机上的设备。使用设备管理器可以安装和更新硬件设备的驱动程序、配置设备设置、查看和更改设备属性以及确定计算机上的硬件是否工作正常。

1. 打开设备管理器的两种方法

(1)在"系统属性"对话框中,选择"硬件"选项卡,如图 4-17 所示,单击"设备管理器"按钮。

(2)单击"开始"/"运行"(可以用 WIN 徽标键＋R 调出"运行"),在运行框中输入"devmgmt.msc"打开设备管理器,如图 4-18 所示。

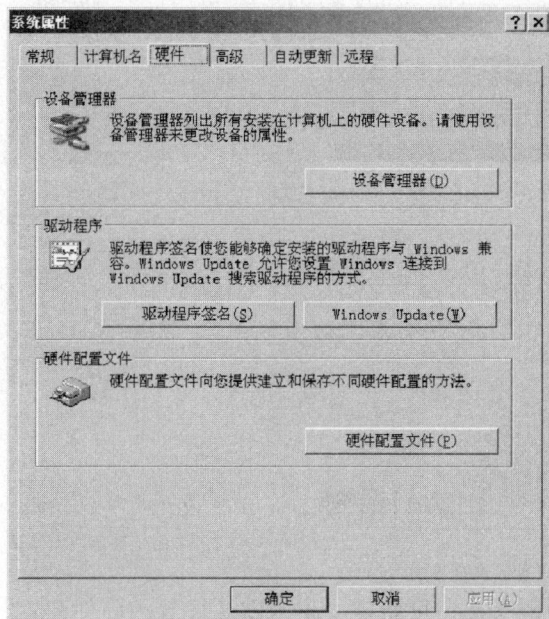

图 4-17 系统属性"硬件"选项卡

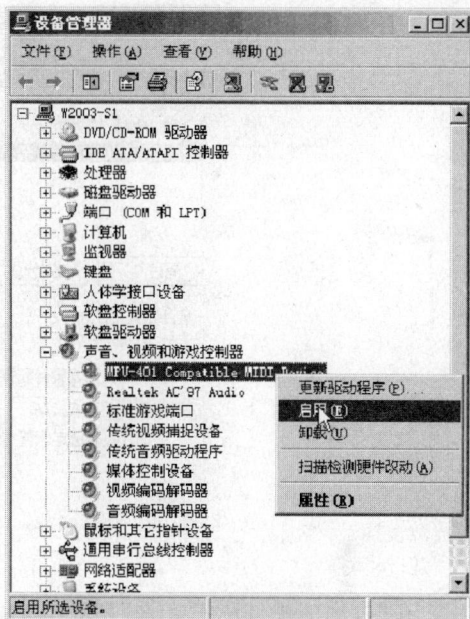

图 4-18 设备管理器

2.在设备管理器中使用的符号

(1)红色的叉号

在有些计算机中可以看到某个硬件设备前显示了红色的叉号,说明该设备已被停用。

解决办法:右键单击该设备,从快捷菜单中选择"启用"命令即可。

(2)黄色的问号或感叹号

黄色的问号表示该硬件未能被操作系统所识别;黄色的感叹号指该硬件未安装驱动程序或驱动程序安装不正确。

解决办法:首先,可以右键单击该硬件设备,选择"卸载"命令,然后重新启动系统,大多数情况下会自动识别硬件并自动安装驱动程序,也可能需要插入驱动程序盘,可按照提示进行操作。

4.3.2 硬件配置文件

若需要启动一些硬件或禁止另一些硬件,可以使用硬件配置文件,硬件配置文件具体指出了在启动计算机时告诉 Windows"应该启动哪些设备"及使用每个设备中的哪些设置的一系列指令。可针对不同的工作建立不同的硬件配置文件。

第一次安装 Windows 时,系统会自动创建一个名为"Profile 1"的硬件配置文件。

在"系统属性"对话框的"硬件"选项卡中,单击"硬件配置文件"按钮,在"可用的硬件配置文件"列表中显示了本地计算机中可用的硬件配置文件清单,如图 4-19 所示。

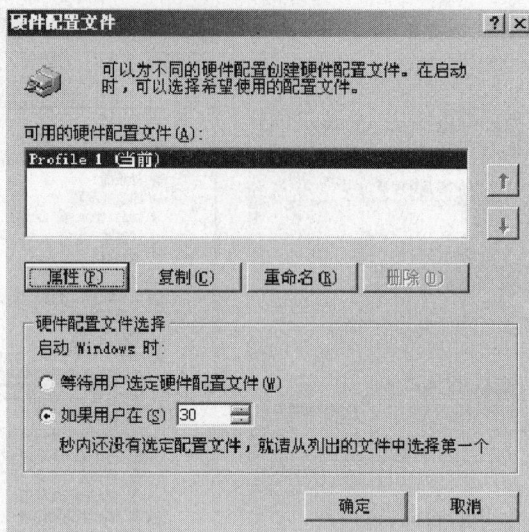

图 4-19　硬件配置文件界面

在"可用的硬件配置文件"列表框中,用箭头按钮可将需要作为默认设置的硬件配置文件移到列表的顶端,这样启动时就只会加载所选配置文件中启用的硬件设备,从而提高系统启动速度。

若经常插拔硬件设备,重复安装驱动程序,将会在系统中遗留下很多硬件注册信息,系统启动时就会反复与这些并不存在的设备进行通讯,而导致系统速度减缓。若想清空这些多余的硬件信息,可将"Profile 1"这个硬件配置文件删除,再重新创建一个新的硬件配置文件。

要想快速切换不同的工作环境,可同时创建多个不同的硬件配置文件,以适应不同的工作环境。以后启动计算机时就会出现"硬件配置文件"选择菜单,选中硬件配置文件项即可任意切换不同的工作环境了。

如果开机时不想出现询问使用哪一个配置文件,可以将除 Profile 1 外的硬件配置文件删除。

4.3.3　性能设置

计算机的性能如:视觉效果、处理器计划、内存使用及虚拟内存设置可在高级选项卡中配置。过程如下:

在图 4-16 所示的"系统属性"对话框中,选择"高级"选项卡,如图 4-20 所示。

在"性能"框中单击"设置"按钮,打开"性能选项"对话框,选择"视觉效果"选项卡,可以完成诸多的设置功能,如图 4-21 所示。

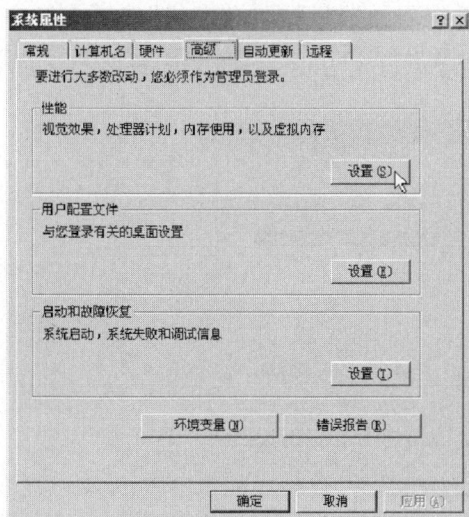

图 4-20　性能设置选择界面

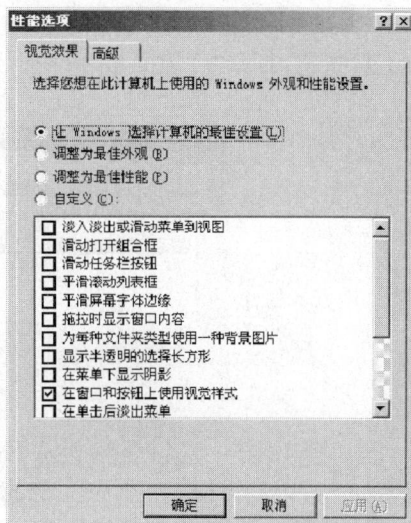

图 4-21　"视觉效果"选项卡

在"性能选项"对话框中选择"高级"选项卡,如图 4-22 所示。

(1)选择"处理器计划"选项区中的"程序"项,则系统会分配更多的 CPU 时间给在前台执行的应用程序,这样系统对用户的响应较快。

(2)如果选择"后台服务",则系统会分配更多的 CPU 时间给后台服务器,例如:Web 服务、Ftp 服务等,然而在前台运行程序的用户可能得不到计算机的及时响应。

(3)选择"内存使用"选项区中的"程序",则系统会分配更多的内存给应用程序。

(4)如果选择"系统缓存",则系统会分配更多的内存作为缓存。

(5)用来临时存放内存数据的磁盘空间称为虚拟内存。建议虚拟内存的大小设为实际内存的 1.5 倍,并建议把虚拟内存放在不同的磁盘上以增加虚拟内存的读写性能。

图 4-22　性能高级选项设置

Windows 为了增强外观采取了一系列方法,例如在菜单下显示阴影等,这些措施都是以增加系统的负担、降低系统的运行性能为代价的。

4.3.4　环境变量

环境变量一般是指在操作系统中用来指定操作系统运行环境的一些参数,比如临时文件夹位置和系统文件夹位置等。当运行某些程序时除了在当前文件夹中寻找外,还会到设置的默认路径中去查找。例如变量"Path"就是一个指定了里面存储了一些常用命令的目录路径。利用环境变量可以很好地解决双系统的软件共用问题。

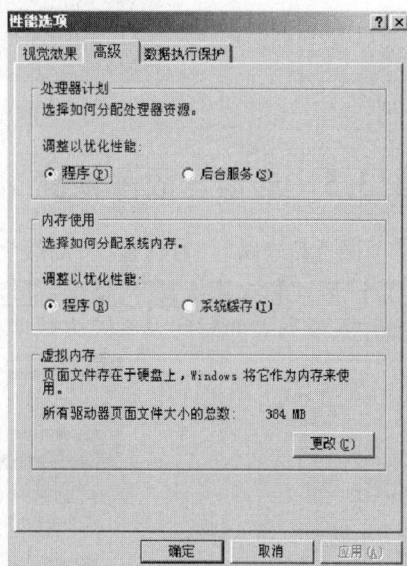

右击"我的电脑"选"属性",在弹出的"系统属性"对话框的"高级"选项卡的中单击"环境变量"按钮,打开"环境变量"对话框,如图 4-23 所示,可以对变量进行创建、编辑和删除。

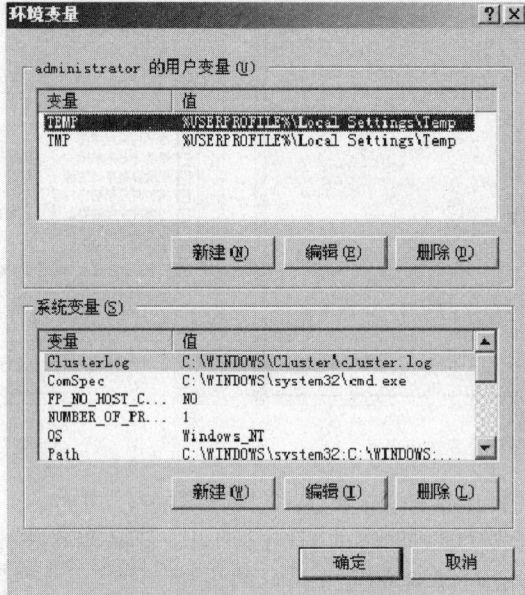

图 4-23　环境变量的设置界面

4.3.5　启动与故障恢复

在"系统属性"对话框的"高级"选项卡的"启动和故障恢复"框中,单击"设置"按钮,打开"启动和故障恢复"对话框,如图 4-24 所示。可以选择启动时默认的操作系统、显示操作系统列表的时间及系统失败所要做的事情等。

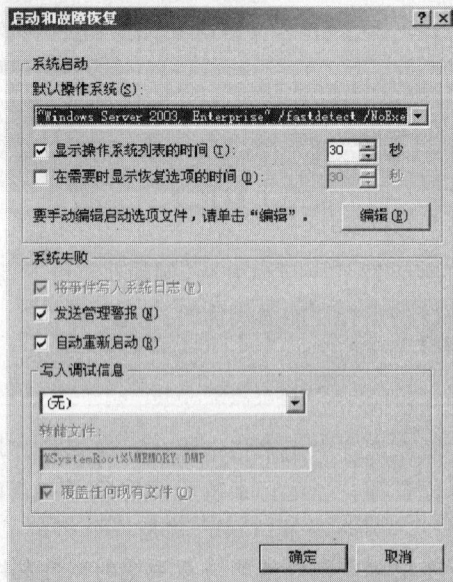

图 4-24　"启动和故障恢复"对话框

配置过程如下：

(1)Windows 支持多系统的引导，可以指定计算机启动时引导到哪个操作系统。

(2)如果有多操作系统存在，则系统在启动时会等待用户选择操作系统，等待时间为在"显示操作系统列表的时间"中输入的值，单位为秒；如果不选中复选框，则系统会直接进入默认的操作系统而不给用户选择的机会。

(3)系统管理员也可以通过手工修改启动选项文件 boot. ini 来配置启动选项。

(4)可以控制系统在失败时如何处理失败。选中"自动重新启动"时，则系统失败后会重新引导系统，这对系统管理员不是 24 小时值守，而系统需要 24 小时运行时十分有用。

(5)可以让系统在失败时把内存中的数据全部或者部分写到文件中，以便事后进行详细的分析。

4.4　利用组策略配置系统环境

4.4.1　注册表的作用

为使计算机系统运行更加稳定，避免因多个初始化 .ini 文件遭到破坏而导致应用程序出错和系统死机、无法启动等问题，从 Windows 95 开始引入了注册表。

注册表是 Microsoft Windows 中的一个重要的数据库，用于存储系统和应用程序的设置信息。随着 Windows 功能的日趋丰富，注册表里的配置项目也越来越多。

在计算机网络中，如果没有注册表，操作系统就无法对硬件设备进行管理。系统管理员或用户可以通过注册表来检查系统配置，并进行设置，从而实现计算机网络的远程管理。

注册表的很多配置都可以自定义设置。在"运行"框中输入"regedit"并回车，打开注册表编辑器，如图 4-25 所示。但系统的配置分布在注册表的不同位置，用手工修改配置是非常困难和繁杂的。

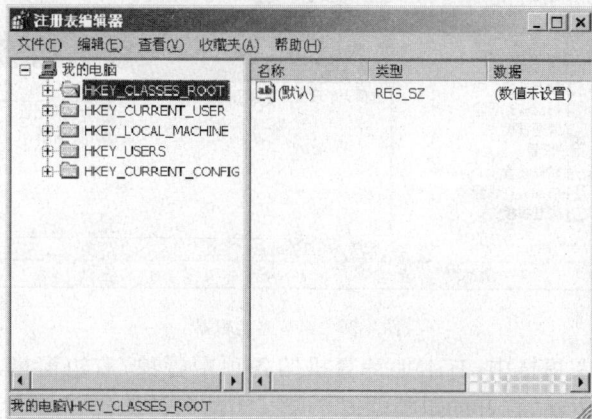

图 4-25　注册表编辑器

4.4.2　组策略的概念

所谓组策略(Group Policy),就是一系列配置设置的集合,是用来修改注册表中的配置方法的,用以帮助系统管理员针对整个计算机或是特定用户设置配置,用于控制程序、系统设置及管理模板,从而达到方便管理计算机的目的。

组策略对各种对象的设置进行管理和配置,远比手工修改注册表方便、灵活,功能也更加强大。

组策略可实现的功能:

(1)帐户策略的设定:如设置用户密码的长度、密码使用期限、帐户锁定策略。

(2)本地策略的设定:审核策略、用户权利分配、安全性的设定等。

(3)脚本的设定:设定登录/注销、启动/关机脚本。

脚本(script)是使用一种特定的描述性语言,依据一定的格式编写的可执行文件,又称做宏或批处理文件。脚本通常可由应用程序临时调用并执行。

(4)用户工作环境的定制:工作环境、应用程序和用户习惯的设置与数据。

(5)软件的安装与删除:用户在登录或启动计算机时,自动为用户安装需要的软件,自动修改或删除某应用软件。

(6)限制软件的运行:限制域用户只能运行某些软件。

(7)文件夹的转移:改变“我的文档”、“『开始』菜单”等文件夹的存储位置。

(8)其他系统设定:如让所有计算机自动信任指定的 CA(Certificate Authority)认证机构。

4.4.3　组策略的配置对象

单击“开始”/“运行”,在运行框中输入“gpedit.msc”并确定,打开组策略编辑器,如图4-26 所示。

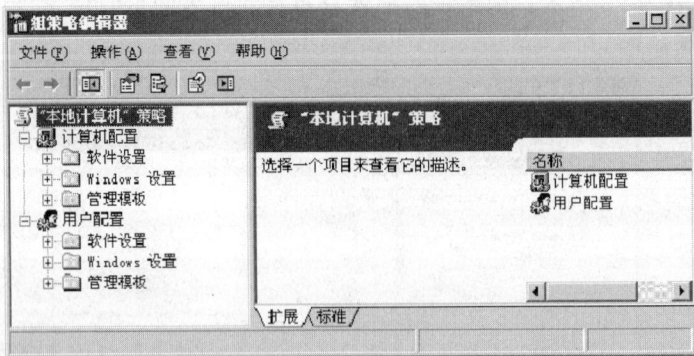

图 4-26　组策略编辑器

组策略编辑器左窗格中,有本地计算机的各项配置项;右边窗格是对某项配置的具体策略。使用这种方法,打开的组策略对象就是当前的计算机。

如果需要配置其他的计算机组策略对象,需将组策略作为独立的控制台管理程序打

开,方法如下:

(1)打开 Microsoft 管理控制台 MMC,单击"开始"/"运行",在运行框中输入 MMC,并回车。

(2)在控制台窗口的"文件"菜单上单击"添加/删除程序"。

(3)在"独立"选项卡上单击"添加",打开"添加独立管理单元"对话框,如图 4-27 所示。

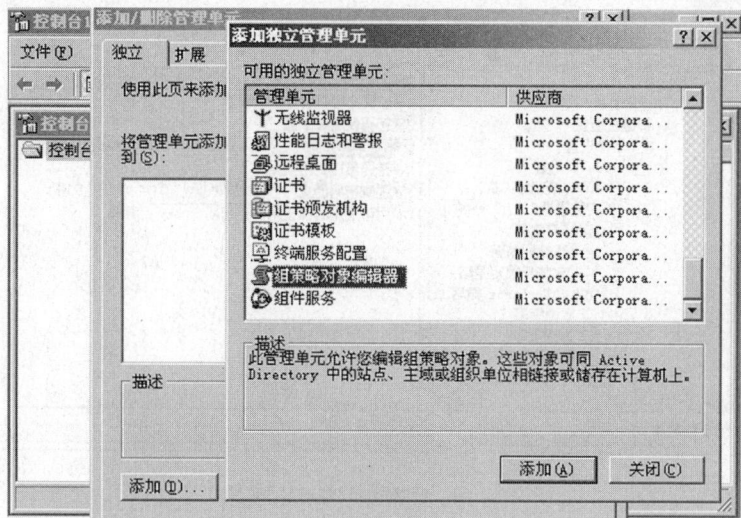

图 4-27　"添加独立管理单元"对话框

(4)在"可用的独立管理单元"框中,单击"组策略对象编辑器",然后单击"添加"。

(5)在"组策略对象"文本框中,选择组策略对象,默认为"本地计算机",如想选其他的对象,单击"浏览"按钮,打开"浏览组策略对象"对话框,如图 4-28 所示。

图 4-28　"浏览组策略对象"对话框

(6)单击"完成"/"关闭"/"确定"。

(7)设置"组策略对象"属性,在左窗格中选中要编辑的组策略对象,在右窗格右击要更改的选项,如图 4-29 所示。单击"属性"进行相应的设置。

组策略包含两种不同的对象:"计算机配置"和"用户配置"。

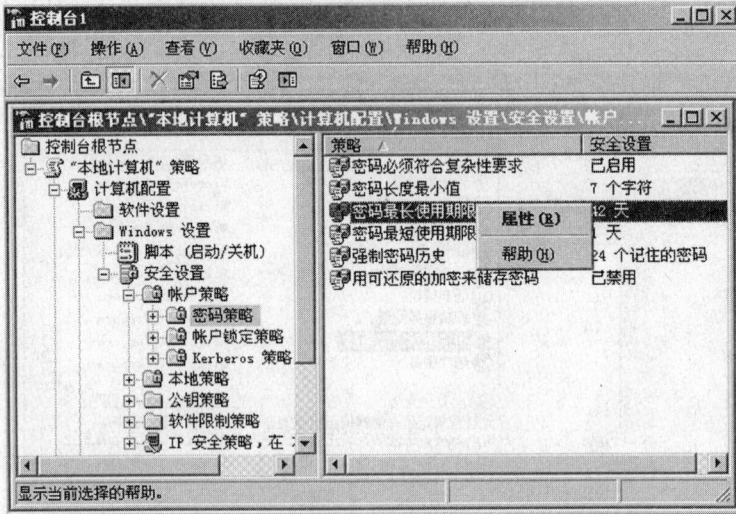

图 4-29　设置"组策略对象"属性

"计算机配置"中的设置是用来管理计算机帐户,用于管理控制计算机特定项目的策略。包括桌面外观、安全设置、操作系统运行、文件部署、应用程序分配、计算机启动和关机脚本运行。"计算机配置"结点中的设置将应用到计算机中的所有用户;修改"计算机配置"里的策略后,在此计算机重启时,自动启用设置的组策略。

"用户配置"的设置用来管理用户帐户,用于管理控制更多用户特定项目的管理策略。包括应用程序配置、桌面配置、应用程序分配、计算机启动和关机脚本运行等。

用户配置的选项基本涵盖了计算机配置选项。"用户配置"结点中的设置一般只应用到当前用户,如果用别的用户名登录计算机,设置就不适用了。一般情况下建议在"用户配置"结点下修改。

修改"用户配置"的设置后,当用户登录时,自动启用。

组策略配置主要分为软件设置、Windows 设置和管理模板三大类。

(1)软件设置

"计算机配置"和"用户配置"的"软件设置"文件夹都包含"软件安装"设置。此功能用于大面积分发部署软件到客户机上。"软件安装"设置有助于规定在组织内安装和维护应用程序的方式,例如安装、升级、修复、卸载等功能。

(2)Windows 设置

"计算机配置"和"用户配置"的"Windows 设置"文件夹都包含两个项目:"脚本"和"安全设置"。"启动/关闭"脚本是在计算机启动或关闭时运行;而"登录/注销"脚本是在用户登录或注销计算机时运行。

能为计算机配置的安全设置有：

①帐户策略：域中关于密码策略、帐户锁定策略以及 Kerberos 策略（Kerberos 是一种网络认证协议，通过密钥系统为客户机/服务器应用程序提供强大的认证服务）的计算机安全设置。

②本地策略：包括有关审计策略、用户权限分派以及安全选项。

③公钥策略：包括加密文件系统。

④软件限制策略：如果要定义软件限制策略，在"操作"菜单上，单击"创建软件限制策略"。

⑤IP 安全策略，在本地计算机：

安全服务器（需要安全）对所有 IP 通讯总是使用 Kerberos 信任请求安全。不允许与不被信任的客户端的不安全通讯。

客户端（仅响应）正常通信（不安全的）使用默认的响应规则与请示安全的服务器协商。只有与服务器的请求协议和端口通讯是安全的。

服务器（请求安全）对所有 IP 通讯总是使用 Kerberos 信任请求安全。允许与不响应请求的客户端的不安全通讯。

"用户配置"的"Windows 设置"中还包含另外两个组策略设置，它们分别是"Internet Explorer 维护"和"文件夹重定向"。

Internet Explorer 维护：可以管理并自定义运行客户端的 IE 浏览器。

（3）管理模板

"管理模板"文件夹中包含了所有基于注册表的组策略设置，包括对"Windows 组件"、"系统"和"网络"的设置等。

对"计算机配置"而言，"管理模板"还包含了打印机的组策略设置。"系统"设置还包含了"磁盘配额"、"网络登录"、"用户配置文件"和"Windows 文件保护"。

对"用户配置"而言，其"管理模板"还包含了另外的基于注册表的组策略设置，主要是针对用户的个性化定制，例如桌面等。

4.4.4 使用组策略配置用户环境

管理员通过使用组策略，定义用户初始的工作环境状态，可以将组策略应用于整个网络，或者只将其应用于指定的用户组和计算机组，可以降低用户环境设置的复杂性，同时可以减少用户错误配置环境的可能性，从而提高工作效率。此外，使用组策略将减少网络系统技术支持的工作量。

组策略的配置有三种定义，分别是激活、禁用、不配置。如果配置了"激活"，则此策略开始生效，如果配置了"不配置"，则此策略会继承上一级策略，并传递至子容器内。如果配置了"禁用"，则此容器下的任何对象和子容器的配置都为禁用，即使上层的策略是激活状态,也不会继承。

1.禁用"用户配置"或"计算机配置"策略

如果想知道当前系统中这两类策略分别有多少项被配置过,或者想禁止其中一类配置,则可以使用这样的方法:

在运行框中输入"gpedit.msc",打开组策略编辑器,右击左窗格目录树的根目录"本地计算机策略",在快捷菜单上选择"属性",打开"'本地计算机'策略属性"对话框,如图4-30所示。

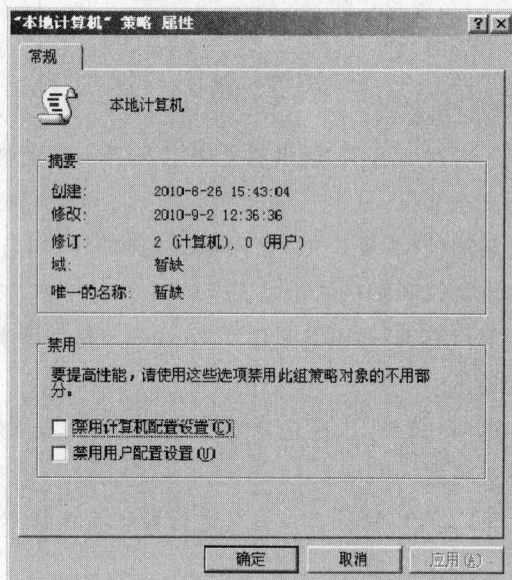

图4-30　"'本地计算机'策略属性"对话框

在该对话框的摘要中"创建"一栏显示了该组策略管理单元生成的时间,一般情况下它是操作系统的安装时间;而"修改"栏显示的是最后一次设置组策略的时间;"修订"一栏显示了计算机和用户两个分类中各自有多少策略被配置过;如果希望禁用其中的一类策略,可以在该对话框下方勾选相应的复选框。

2.计算机配置

(1)禁用关闭事件跟踪

默认情况下,Windows Server 2003为增强系统安全性启用了"关闭事件跟踪程序",当系统关机时总是要求用户输入系统关闭原因,并将其记录到系统日志中,可以根据该信息复查和跟踪系统运行状态。如嫌麻烦,系统管理员可禁用"关闭事件跟踪程序",其操作步骤如下:

在"运行"文本框中输入"gpedit.msc"回车,打开"组策略编辑器"窗口,展开"'本地计算机'策略"/"计算机配置"/"管理模板"/"系统"项,如图4-31所示,在右窗格的"设置"下,双击"显示'关闭事件跟踪程序'"项,打开其属性对话框,在"设置"选项卡中选择"已禁用"单选项,单击"确定"按钮。

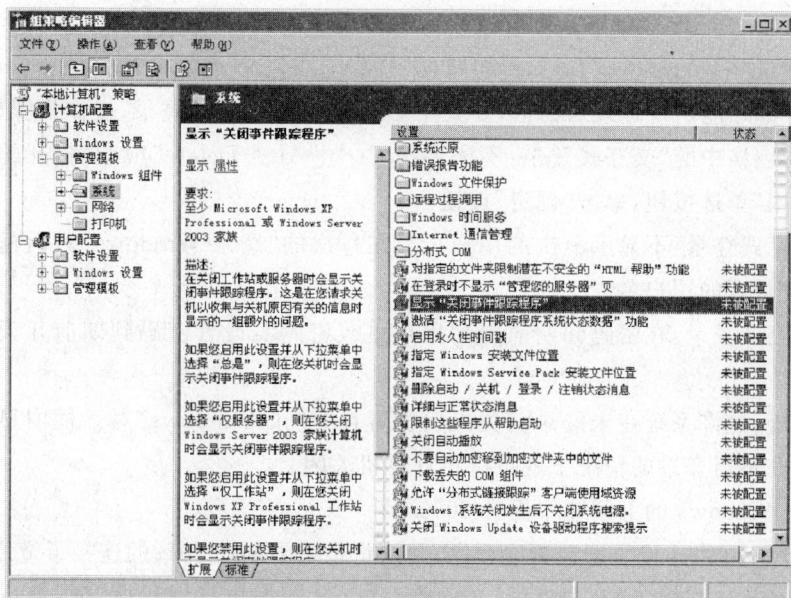

图 4-31　"组策略编辑器"窗口

(2)禁止自动播放功能

自动播放功能不仅对光盘驱动器起作用,也对其他驱动器起作用,自动播放功能很容易被恶意用户利用,成为攻击系统的安全漏洞,为此应禁用自动播放功能。

在图 4-31 中系统设置下,双击"关闭自动播放"项,打开其属性对话框,在"设置"选项卡中选择"已启用"单选按钮,然后在"关闭自动播放"下拉列表框中选择"所有驱动器"选项,单击"确定"按钮。

(3)设置计算机安全选项

在"'本地计算机'策略"下,展开"计算机配置"/"Windows 设置"/"安全设置"/"本地策略"/"安全选项"项,如图 4-32 所示。

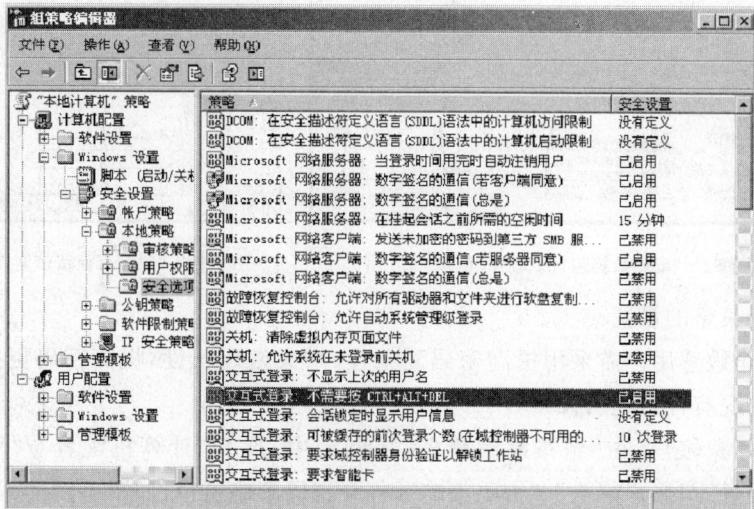

图 4-32　Windows 设置之安全选项窗口

①不需要按 Ctrl＋Alt＋Delete 登录

默认情况下，Windows Server 2003 操作系统在用户登录时，必须按 Ctrl＋Alt＋Delete 组合键才能出现登录对话框，要禁用 Ctrl＋Alt＋Delete 登录，操作步骤如下：

双击右窗格中的"交互式登录：不需要按 Ctrl＋Alt＋Delete"项，在打开的对话框中单击"已启用"单选按钮，单击"确定"按钮。

②"交互式登录：不显示上次的用户名"：在每次的"登录 Windows"对话框中都不显示上一次登录者的用户名。

③"交互式登录：在密码到期前提示用户更改密码"：设置密码到期前几天提示用户更改密码。

④"关机：允许系统在未登录前关机"：设置在"登录 Windows"对话框中显示"关机"按钮，以便在不需登录的情况下就可以将计算机关闭。

（4）让 Windows 的上网速率提升 20％

Windows 网络连接数据包调度程序，默认将系统限制在 80％ 的连接带宽之内。

展开"计算机配置"/"管理模板"/"网络"/"QoS 数据包计划程序"项，窗口如图 4-33 所示。

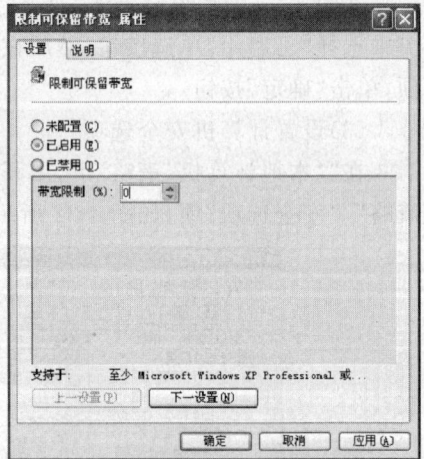

在右窗格双击"限制可保留带宽"策略，在属性对话框中，如图 4-34 所示，选中"已启用"单选按钮，并将"带宽限制（％）"值设置为 0，调整系统可保留的带宽比例。如果选择禁用或不设置此项，则系统使用默认带宽限制 20％。

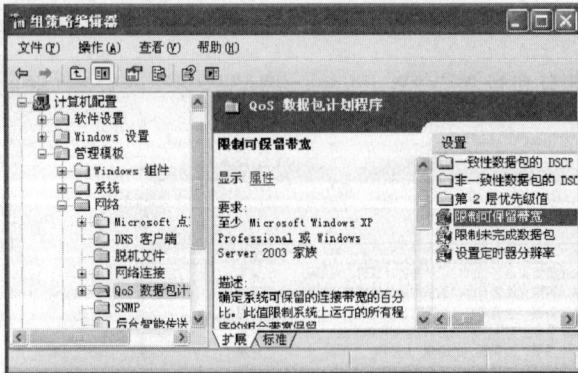

图 4-33　"QoS 数据包计划程序"窗口　　　　图 4-34　"限制可保留带宽属性"对话框

（5）密码策略的设置

对于安全敏感用户需采用提高密码复杂性、增大密码长度、提高密码更换频率等措施，可根据情况有针对性的设定：

对本地用户帐户，在"组策略编辑器"控制台中，展开"计算机配置"/"Windows 设置"/"安全设置"/"帐户策略"/"密码策略"，打开密码策略窗口，如图 4-35 所示。双击"密码必须符合复杂性要求"选项，单击"已启用"单选按钮，单击"确定"按钮，使配置更改生效。其他选项的配置方法相同。

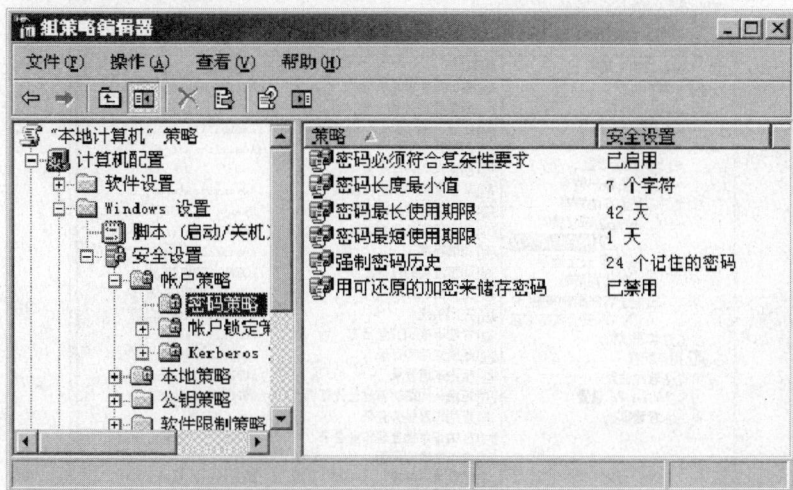

图 4-35　密码策略窗口

①密码长度最小值:0～14(0 表示不需要密码,域控制器默认为 7,独立服务器默认为 0)。

②密码最长使用期限:0～999 天(0 表示密码永不过期,默认为 42,最佳操作为 30～90 天)。

③密码最短使用期限:0～999 天(0 表示密码允许立即更改,其值小于密码最长使用期限)。

④强制密码历史:允许记住密码的个数,以避免用户在较短时间内使用相同的密码。其值为 0～24(域控制器默认为 24,独立服务器默认为 0)。

(6)帐户锁定策略

在某些情况下(如帐户受到黑客攻击),为保护帐户安全而将此帐户锁定,使之在一定时间内不能再次登录。

①帐户锁定阈值:确定造成用户帐户被锁定的登录失败尝试的次数。范围:0～999,默认值为 0,表示无法锁定用户。

②帐户锁定时间:确定锁定的帐户在自动解锁前保持锁定状态的分钟数。有效范围 0～99999 分钟,0 表示在管理员明确将其解锁前,该用户将被锁定。默认值为:无。只有指定了帐户锁定阈值时,该策略才有意义。

③复位帐户锁定计数器:确定在登录尝试失败之后计数器被复位为 0 之前,所需的分钟数。有效范围 0～99999 分钟。指定了帐户锁定阈值后,复位时间必须小于或等于帐户锁定时间。默认值为:无。只有指定了帐户锁定阈值时,该策略才有意义。

(7)用户权限指派

在实际网络应用中,根据实际工作中的应用需求为每个用户指派权限,使之能完成相应的工作。为用户指派权限的操作步骤是:

展开"计算机配置"/"Windows 设置"/"安全设置"/"本地策略"/"用户权限分配"项,列出能为用户指派的各项权限。如图 4-36 所示。

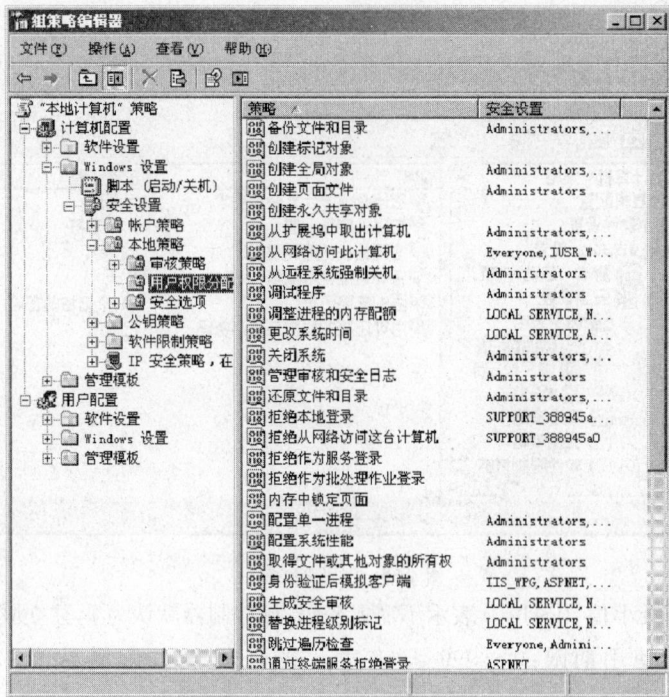

图 4-36　用户权限分配项

在右窗格双击要指派的权限,打开属性窗口,单击"添加用户或组"按钮,打开"选择用户或组"对话框,在文本框中输入用户名,连续单击"确定"按钮。

"用户权限分配"的几项权限:

①从网络访问此计算机:确定哪些用户和组能够通过网络连到该计算机。许多网络协议(如 HTTP)都要求该权利。默认为 Everyone(任何人)安全组授予权限。建议删除 Everyone 组。

②域中添加工作站:有此权限的用户可在域中创建 10 个工作站。默认 Authenticated Users(经过身份验证的用户)有此权限。建议只授予 Administrators 组。

③在本地登录:确定哪些用户能以交互方式登录到此计算机。

④通过终端服务允许登录:确定哪些用户具有作为终端服务客户登录的权限。建议只授予 Administrators 组。

⑤装载和卸载设备驱动程序:确定哪些用户有权安装和卸载设备驱动程序。建议只授予 Administrators 组。

3.用户配置

(1)个性化"任务栏和『开始』菜单"

在"组策略编辑器"控制台展开"用户配置"/"管理模板"/"任务栏和『开始』菜单"项,在右窗格中列出有关"任务栏和『开始』菜单"组策略配置项,如图 4-37 所示。

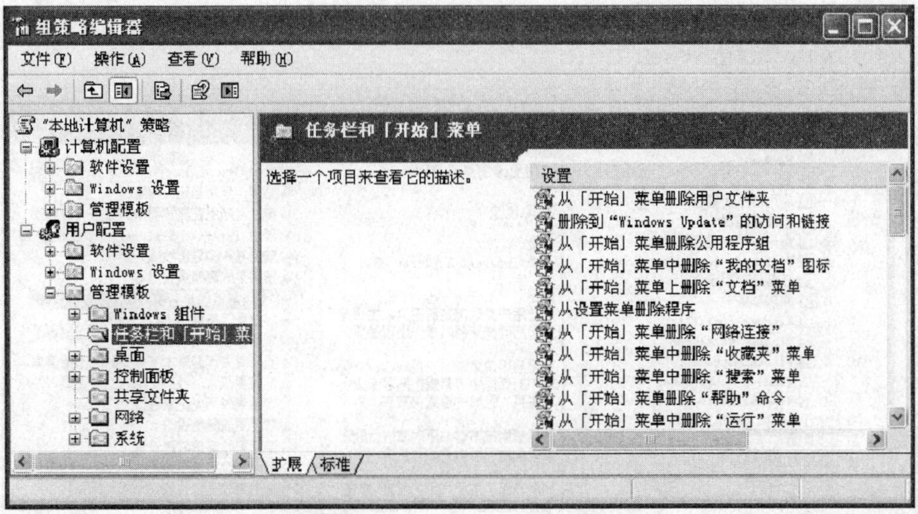

图 4-37　任务栏和'开始'菜单组策略配置项

①从『开始』菜单删除不需要的项

"删除到'Windows Update'的访问和链接",以防止用户连接到 Windows Update 网站;"删除『开始』菜单项目上的'气球提示'",以隐藏开始菜单和通知区域上的弹出式文本;"从『开始』菜单中删除'帮助'命令"等多种组策略配置项目来去掉不需要的菜单项。

②保护"任务栏和『开始』菜单"

如果不想随意让他人更改"任务栏和『开始』菜单"的设置,启用"阻止更改'任务栏和『开始』菜单'设置"和"阻止访问任务栏的上下文菜单"两个策略即可。

③保护个人文档隐私

Windows 系统可记录曾访问过的文件,方便用户下次打开该文件,如出于安全和性能的考虑,需要屏蔽此功能,只要在组策略窗口中的"任务栏和『开始』菜单"项中,启用"不要保留最近打开文档的记录"和"退出时清除最近打开的文档的记录"两个策略即可。

(2)IE 浏览器设置

想用好 IE 浏览器,必须配置好它。在 IE 浏览器的"Internet 选项"窗口中,提供了比较全面的设置选项,但没提供高级功能。

在"组策略编辑器"控制台中,展开"用户配置"/"管理模板"/"Windows 组件"/"Internet Explorer"项,打开"Internet Explorer"选项窗口,如图 4-38 所示。

①禁止修改 IE 浏览器的主页

如果不希望他人对自己设定的 IE 浏览器主页随意更改,双击并启用"禁用更改主页设置"策略。

②禁用"Internet 选项"控制面板

如不希望用户修改 IE 属性中的某些设置,可禁用"Internet 选项"的某些选项卡,展开"Internet 控制面板",在右窗中双击并启用"禁用常规页"、"禁用安全页"等组策略项。

图 4-38   IE 配置项

（3）隐藏"我的电脑"中指定的驱动器

如不想让用户在"我的电脑"和"Windows 资源管理器"中看到指定的驱动器图标，可将其隐藏起来。

展开"用户配置"/"管理模板"/"Windows 组件"/"Windows 资源管理器"项，如图 4-39 所示。启用"隐藏'我的电脑'中的这些指定的驱动器"，在列表框中选择驱动器。这样做只删除驱动器图标。用户仍可通过其他方式继续访问驱动器。

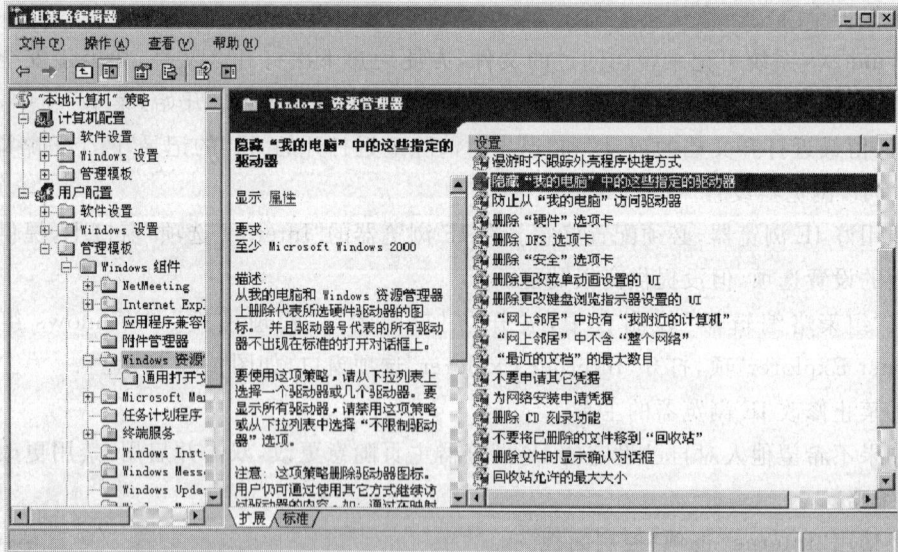

图 4-39   "Windows 资源管理器"项

（4）防止从"我的电脑"访问驱动器

如果想让用户在"我的电脑"或"Windows 资源管理器"中看到驱动器，但不能查看目录,同时也禁止使用运行对话框、镜像网络驱动器或 DIR 命令查看在这些驱动器上的目录,可以在"Windows 资源管理器"项下启用"防止从'我的电脑'访问驱动器"策略。

(5)禁止访问"控制面板"

展开"用户配置"/"管理模板"/"控制面板"项,启用"禁止访问控制面板"策略。此后用户不能使用 Control.exe 启动"控制面板","开始"菜单和"资源管理器"中将删除"控制面板"项。

(6)禁止更改显示属性

在"组策略编辑器"控制台中,展开"用户配置"/"管理模板"/"控制面板"/"显示"项,可根据需要启用"隐藏桌面选项卡"、"隐藏主题选项卡"、"隐藏保护程序选项卡"、"隐藏设置选项卡"等策略,来隐藏相关属性的选项卡,用户将无法再对桌面属性进行更改。

(7)禁用"添加/删除程序"

如想阻止其他用户安装或卸载程序,展开"用户配置"/"管理模板"/"控制面板",启用"添加/删除程序"策略,用户将无法运行"添加/删除程序"。

(8)禁止使用"命令提示符"

展开"用户配置"/"管理模板"/"系统"项,打开系统选项窗口,启用"阻止访问命令提示符"策略,并选择"停用命令提示符脚本处理"项。

(9)阻止访问注册表编辑器

为了防止他人修改注册表文件,可以在组策略中设置阻止访问注册表编辑器。展开"用户配置"/"管理模板"/"系统"项,启用"阻止访问注册表编辑工具"即可。

(10)为系统加锁

为避免初学者对注册表胡乱修改,或打开任务管理器随意结束某系统进程,或修改密码等,为可利用组策略为系统加锁。

①锁定注册表编辑器

展开"用户配置"/"管理模板"/"系统"项,启用"阻止访问注册表编辑工具"。

②锁定任务管理器

展开"用户配置"/"管理模板"/"系统"/"Ctrl＋Alt＋Del 选项"项,如图 4-40 所示,启用"删除'任务管理器'"等各项,使用户无法通过"任务管理器"随意结束某系统进程,或修改密码等。

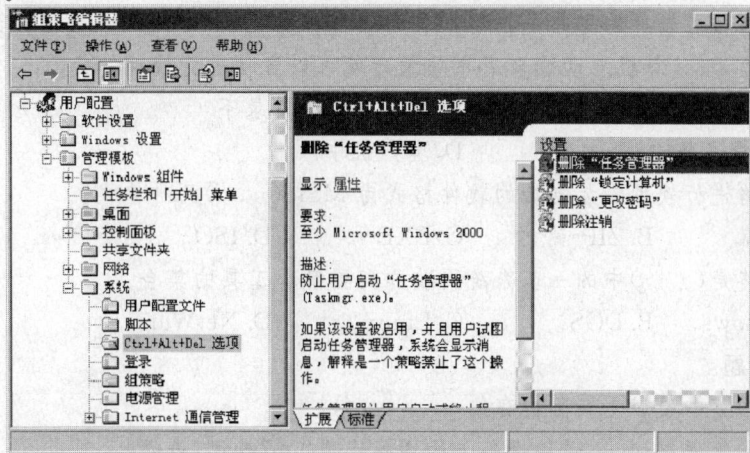

图 4-40　Ctrl＋Alt＋Del 选项窗口

实训：设置 Windows Server 2003 系统环境

实训目的：

通过本实训掌握如下内容：

1. 掌握系统设置

配置计算机，修改桌面，显卡、声卡及加速，修改 TCP/IP 属性、修改虚拟内存大小、修改系统启动时的等待时间等。

2. 熟悉利用组策略对系统进行设置

禁用关闭事件跟踪、禁止自动播放、修改登录方式、密码策略禁止修改 IE 主页等。

实训内容：

自拟实验步骤实现上述目的。

本章小结

本章介绍了安装完操作系统 Windows Server 2003 之后如何进行系统的设置，包括显卡、声卡、桌面的设置、硬件配置文件、环境变量设置等应用。

介绍了如何利用组策略配置和管理 Windows Server 2003 系统。利用组策略可以为用户进行个性化的配置，可以改善网络运行环境，可以进行用户权限指派以提高网络的安全。使用组策略可使工作站上的软件安装既容易又安全。

组策略分为计算机配置和用户配置，用户配置优先于计算机配置。在系统开机时组策略会自动启动配置。

习　题

一、选择题

1. Windows Server 2003 组策略无法完成（　　）工作。

A. 操作系统安装　　　　　　　　B. 控制面板设置

C. 计算机桌面环境的设置　　　　D. 操作系统版本更新

2. 组策略部署软件的思路是把要部署的软件存储在（　　）中，然后通过组策略告知用户或计算机，当计算机启动或者用户登录时就可以自动进行软件安装。

A. 文件服务器的共享文件夹　　　B. 服务器的根目录下

C. FTP 服务器中　　　　　　　　D. 客户机中

3. 组策略进行软件安装支持的软件格式为 MSI、（　　）两种格式。

A. ZAP　　　　　B. ZIP　　　　　C. EXE　　　　　D. ISO

4. 组策略是（　　）中的一套系统更改和配置管理工具的集合。

A. Windows　　　B. DOS　　　　　C. Linux　　　　　D. NetWare

二、填空题

1. 虚拟内存一般应是实际内存的＿＿＿＿＿＿倍。

2. 在设备管理中，如一硬件设备上的图标上有"×"标记，表示＿＿＿＿＿＿。

3. 默认情况下 Windows Server 2003 禁用了_____加速，不能较好地播放画质较好的多媒体文件。

4. 在"显示属性"对话框中，可以修改_____、屏幕保护程序、屏幕_____和颜色以及_____频率等。

5. 文件夹选项主要方便用户根据个人的需要_____在磁盘中的文件及文件夹信息。在"资源管理器"窗口的_____菜单中，单击"文件夹选项"，打开"文件夹选项"对话框。

6. 网络设置主要是主机 IP 地址的设置和_____等。

7. 在"Internet 协议（TCP/IP）属性"对话框中，可以指定_____地址以及 DNS 服务器_____的值。

8. 在"本地连接属性"对话框的_____选项卡中，可以设置 Windows Server 2003 系统中集成的 Internet 防火墙。

9. 组策略对各种对象中的设置进行管理和配置，远比_____注册表方便、灵活，功能也更加强大。

10. 在 Windows Server 2003 系统中，在"开始"菜单中，单击"运行"选项，在运行框中输入_____并确定，打开"组策略编辑器"。

11. 组策略包含两种不同的对象："计算机配置"和_____。

12. "_____"结点中的设置应用到整个计算机策略，在此处修改后的设置将应用到计算机中的所有用户。

13. "_____"结点中的设置一般只应用到当前用户。

三、简答题

1. 如何做才能"不显示隐藏的文件和文件夹"与"显示所有文件和文件夹"。

2. 在打开浏览器查询网上信息时，系统总是提示，是否需要将当前访问的网站添加到信任的站点中去；否则，就无法打开指定网页。如何解决此问题？

3. 打开组策略编辑器的命令是什么？怎样输入？

4. 组策略设置的两种类型是什么？如何使用？

第 5 章

文 件 系 统 管 理

本章学习目标

1. 熟悉不同的文件系统特性
2. 掌握使用 NTFS 文件权限
3. 掌握文件和文件夹共享
4. 理解如何使用 NTFS 文件系统压缩和加密磁盘上的数据

本章重点和难点

1. 重点：
(1) 文件系统
(2) 文件和文件夹权限
(3) 文件和文件夹共享
2. 难点：
文件和文件夹权限

在安装操作系统时必须先将硬盘进行格式化，此时要决定采用何种文件系统。那么什么是文件系统呢？各种文件系统有何不同呢？

前面章节已经简单介绍了 Windows Server 2003 采用的 NTFS 文件系统，那么为什么采用 NTFS 文件系统？ NTFS 文件系统是怎样保证文件的安全的呢？

5.1 Windows Server 2003 支持的文件系统

无论是用户数据，还是计算机系统程序和应用程序，都要以一定的形式和格式进行组织、保存和管理。文件系统是计算机组织、存取和保存信息的重要手段。

操作系统中负责管理和存储文件信息的软件机构称为文件管理系统，简称文件系统。在文件系统中，程序和数据都被看作文件，存放在磁盘或光盘等大容量存储介质上，从而做到对程序和数据的透明存取。

文件系统必须完成以下工作：

(1) 对磁盘等辅助存储空间进行统一管理，以便合理地存放文件。

(2) 提供一个对用户来讲可视化的文件逻辑结构，用户按照文件逻辑结构所给的方式进行信息的存取和加工，以便实现按名存取。

(3) 可以实现对存放在存储设备上的文件信息的查找。

(4) 实现对文件的共享和提供保护功能。

Windows Server 2003 支持三种文件系统：FAT16，FAT32 和 NTFS。

5.1.1　FAT 文件系统

FAT(File Allocation Table)文件分配表,包括 FAT16 和 FAT32 两种。FAT 是一种适合小卷集、对系统安全性要求不高、需要双重引导的用户应选择使用的文件系统。

1. FAT 文件系统简介

FAT 文件系统是一种最初用于小型磁盘和简单文件夹结构的文件管理系统,它向后兼容,最大的优点是适用于所有的 Windows 操作系统。

FAT16 是 DOS 使用的文件系统,文件分配表放在卷起始位置。Windows 2000/2003 等系统均支持 FAT16 文件系统。它最大可以管理 2GB 的磁盘分区。但每个分区最多只能有 65525 个簇(簇是磁盘空间的配置单位)。随着磁盘分区容量的增大,每个簇所占的空间将越来越大,对于 512MB~1023MB 的分区,簇大小为 16KB。文件是以簇为单位存储在磁盘上的,对于哪怕仅有几个字符的小文件,也要独占一个簇存储,剩余的簇空间全部闲置而造成磁盘空间的浪费。

FAT16 文件系统最好工作在容量低于 512MB 的卷上,因为 1GB 以上的卷,一个簇最大达 32KB,会导致磁盘空间的浪费。

FAT32 是 FAT16 的增强版,从 Windows 95 以后开始流行,可支持大到 32GB 的磁盘分区。FAT32 使用的簇比 FAT16 小,在不超过 8GB 的卷中,簇为 4KB,有效地节约了磁盘空间。但是由于文件分配表的扩大,FAT32 的运行速度比 FAT16 要慢。

2. FAT 文件系统的优点

(1)文件系统所占容量与计算机的开销都少。

(2)支持各种操作系统,具有可移植性。

(3)方便用于传送数据。

3. FAT 文件系统的缺点

(1)容易受到损害:FAT 文件系统损坏时,计算机就会瘫痪或者不正常关机。

(2)单用户:不保存文件的权限信息;只包含隐藏、只读等公共属性,无安全防护措施。

(3)没有防止碎片的最佳措施:以磁盘的第一个可用扇区为基础分配空间,会增加碎片。

(4)文件名长度受限:文件名不能超过 8 个字符,扩展名不能超过 3 个字符。

5.1.2　NTFS 文件系统

1. NTFS 简介

NTFS(New Technology File System)文件系统提供了 FAT 文件系统所没有的安全性、可靠性和兼容性。其设计目标就是在大容量的硬盘上能够很快地执行读、写和搜索等文件操作,甚至包括像文件系统恢复这样的高级操作。NTFS 增大了分区或卷,可以达到 2TB。NTFS 文件系统包括了文件服务器和高端个人计算机所需的安全特性。它还支持对于关键数据访问控制和私有权限。

NTFS 文件和文件夹无论共享与否都可以被赋予权限,但是,当用户从 NTFS 卷移动或复制文件到 FAT 卷时,NTFS 文件系统权限和其他特有属性将会丢失。

2.NTFS 文件系统的优点

(1)更为安全的文件保障,提供文件加密,能够大大提高信息的安全性。NTFS 文件使用加密文件系统(EFS)来保证文件和文件夹的安全。启用 EFS,文件和文件夹可以为单个或多个用户的使用而加密,保证了数据的保密性和完整性。

(2)可以赋予单个用户或组中的多个用户对单个文件或者文件夹的访问权限。这些权限可以是"读取"、"读写"或"拒绝"等。

(3)NTFS 文件系统中设计的恢复能力无需用户在 NTFS 卷中运行磁盘修复程序。在系统重新启动时,NTFS 使用变更日志跟踪记录文件的变化。如果出现坏区,NTFS 动态地重新映射有坏区的簇,并为数据分配新的簇。

(4)更好的磁盘压缩功能,可以在 NTFS 卷中压缩单个文件和文件夹。

(5)支持磁盘配额。在 NTFS 文件系统下可以进行磁盘配额管理。磁盘配额是指管理员可分配和限制用户所能使用的磁盘空间,每个用户只能使用最大配额范围内的磁盘空间。设置磁盘配额后,还可以对每个用户的磁盘使用情况进行跟踪和控制。

(6)使用较小的簇来高效地管理磁盘空间,可以指定使用的簇大小,如图 5-1 所示,用户可以指定的簇的尺寸是 512B～64KB,默认为 4KB,减少了对磁盘空间的浪费。

簇越大浪费空间的可能性会越大。但簇尺寸越大,同卷的簇数就越少,系统管理开销越小,效率越高。

(7)支持活动目录和域,域控制器需要使用 NTFS 文件系统。

(8)支持稀疏文件,稀疏文件在文件中留有很多空余空间,以备将来插入数据用。这些空余空间被 ASCII 码的 NULL 字符占据,这些空间相当大,而且并不分配相应的磁盘块。

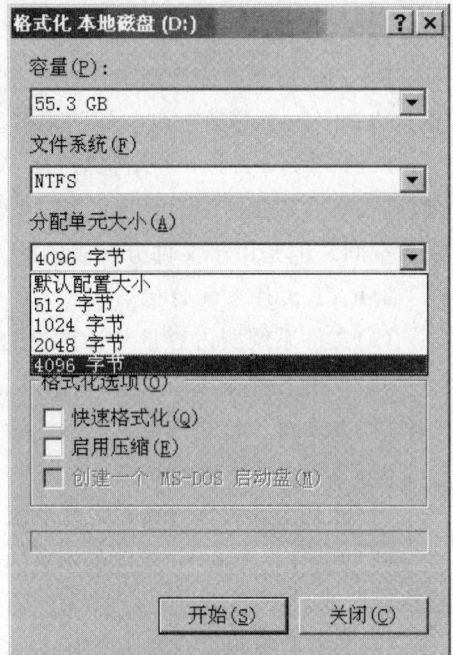

图 5-1 格式化磁盘时指定簇的大小

3.NTFS 的安全特性

(1)许可权:定义用户或组可以访问哪些文件或记录,并为不同的用户提供不同的访问等级。

(2)审计:可将与 NTFS 安全有关的事件记录到安全记录中,可利用"事件查看器"进行查看。

(3)拥有权:记录文件的所属关系,创建文件或目录的用户拥有对它的全部权限;管理员或个别具有相应许可的人可以接受文件或目录的拥有权。

（4）可靠的文件清除：NTFS 会回收未分配的磁盘扇区中的数据，对这种扇区的访问将返回 0 值。

（5）上次访问时间标记功能。

（6）自动缓写功能：基于记录的文件系统，记录文件和目录的变化及在系统失效情况下如何取消（undo）和重作（redo）这些变更。

（7）热修复功能：当扇区发生写故障时，NTFS 会自动进行检测，把有故障的簇加上不能使用标记，并写入新簇。

（8）磁盘镜像功能。

（9）有校验的磁盘条带化。

（10）文件加密。

5.2　NTFS 文件系统的权限

权限定义了授予用户、组和计算机访问对象时所能做的操作级别。对象的访问权限取决于对象的类型。Windows Server 2003 以用户和组帐户为基础来实现对文件的访问许可权。用户必须获得明确的授权才能访问相应的文件和文件夹。

5.2.1　NTFS 文件权限类型

NTFS 权限分为标准权限和特别权限两大类。

1. 标准 NTFS 权限

Windows Server 2003 为了简化管理，将一些常用的最一般的权限组合起来并内置到操作系统中形成标准权限，可用标准权限会因安全设置的对象类型不同而不同。

（1）对于文件，标准 NTFS 权限分别为：读取、写入、读取和运行、修改、完全控制。

在"组成用户名称"列表框中，选择一个用户或组，如 USERS，下面框中列出其权限：

①读取（Read）：此权限允许用户读取文件内的数据、查看文件的属性、查看文件的所有者、查看文件的权限。

②写入（Write）：此权限可以将文件覆盖、改变文件属性、查看文件的所有者、查看文件的权限等，一般跟"读取"权限一起赋予。

③读取和运行（Read&Execute）：除了具有"读取"的所有权限，还具有运行应用程序的权限。

④修改（Modify）：此权限除了拥有"写入"、"读取和运行"的所有权限外，还能够更改文件内的数据、删除文件、改变文件名等。

⑤完全控制（Full Control）：拥有所有的 NTFS 文件的权限，也就是拥有上面所提到的所有权限，此外，还拥有"修改权限"和"取得所有"权限。

如果在查看对象的权限时复选框为灰色，则对象的权限是继承了父对象的权限。有关权限继承性将在后面讲解。

（2）对于文件夹，标准 NTFS 权限分别为：读取、写入、列出文件夹目录、读取和运行、修改、完全控制。

① 读取：允许用户在文件夹中查看文件和子文件夹，查看文件夹属性，查看文件夹的所有权和文件夹的访问权限。

②写入：此权限可以在文件夹内添加文件和子文件夹，改变文件夹属性、查看文件夹的所有者、查看文件夹的权限等。

③列出文件夹目录：此权限除了拥有"读取"的所有权限外，还具有"遍历子文件夹"的权限，但不能在此文件夹下写入（不能创建新对象）。该权限只能被文件夹继承，而不能被文件继承。

④读取和运行：拥有读取的所有权限，同时可以运行文件夹下的可执行文件，和"列出文件夹目录"的权限一样，只是在权限的继承方面有所不同，"列出文件夹目录"的权限只由文件夹来继承，而"读取和运行"是由文件夹和文件来同时继承。

⑤修改：除了"读取和运行"和"写入"的权限，还可以添加和删除子文件夹、文件，改变子文件夹名等。

⑥完全控制：允许用户修改权限，取得所有权，删除子文件夹和文件，执行所有其他 NTFS 文件夹访问权限所允许的操作。

2. 特殊 NTFS 权限

特殊 NTFS 权限是更详细的权限列表，包含了在各种情况下对资源的访问权限，其规定约束了用户访问资源的所有行为。对于特殊的 NTFS 权限，只需了解其中的两个使用比较频繁的权限："更改权限"和"取得所有权"。其他的权限大多是组合成标准 NTFS 权限在使用。"更改权限"其实质是赋予用户可以更改这个文件某些权限的权限。拥有这个权限才可以"取得所有权"。

5.2.2　NTFS 权限应用原则

随着网络环境下的共享文件和文件夹的创建，可能会出现资源许可权冲突。某些组可能允许访问某种资源，而其他组的成员被拒绝访问它，有时也可能出现重复的许可。

Windows Server 2003 按以下方式确定访问权：

1. 权限的累加性

用户对每个资源的有效权限是其所有权限的总和，即权限相加，把所有的权限加在一起作为该用户的权限。文件夹的权限嵌套是两者相加取其大的原则，没有的话则累加，但如果发生此文件夹被共享，则共享权限和文件夹权限两者取其小。

2. 文件权限超越文件夹权限

当用户或组对某个文件夹以及该文件夹下的文件有不同的访问权限时，用户对文件的最终权限是用户被赋予访问该文件的权限。例如，共享文件夹允许完全控制而文件允许只读,则该文件为只读。

3.对资源的拒绝权限优先于所有其他的权限

例如,当用户同时在两个组,一组对某一个资源的权限被设为拒绝访问,另一组对该资源有读取权,则用户最后的权限是无法访问该资源。

4.NTFS 权限的继承

默认情况下,分配给父文件夹的权限可以被其中的子文件夹和文件自动继承。

5.2.3　NTFS 文件权限管理

通过 NTFS 文件访问权限管理对文件/文件夹的访问。

1.查看文件与文件夹的访问许可权

在 Window 资源管理器中,右击选定的文件或文件夹,打开快捷菜单,选择"属性"命令,打开"属性"对话框。文件夹的属性与文件的属性中的选项不同,如图 5-2 与图 5-3 所示。

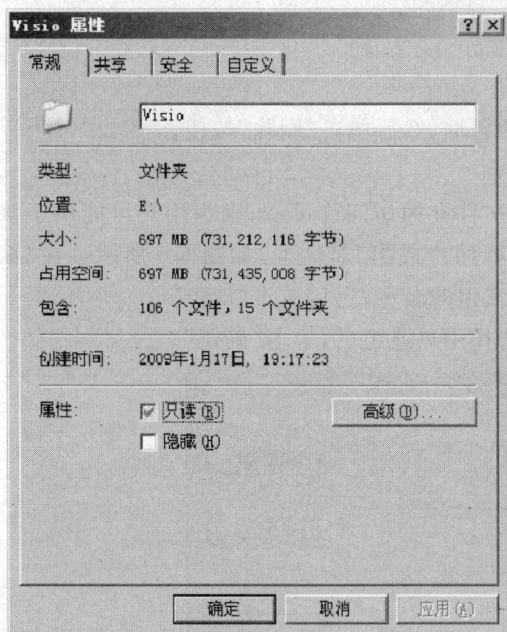

图 5-2　文件夹的属性

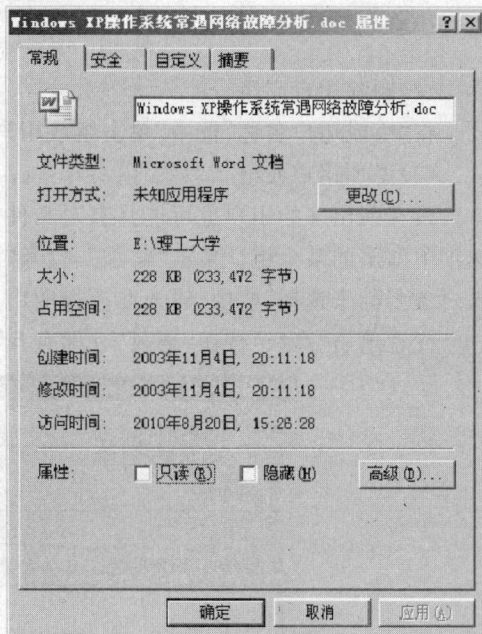

图 5-3　文件的属性

2.修改文件或文件夹的访问许可权

要更改文件或文件夹的权限,必须具有对它的更改权或拥有权。

(1)修改用户或组的标准权限

选中"属性"对话框的"安全"选项卡,如图 5-4 所示,在"组或用户名称"列表框中,选中组或用户,如 Administrators 组,在"Administrators 的权限"框中选择相应权限的"允许"或"拒绝"复选框。

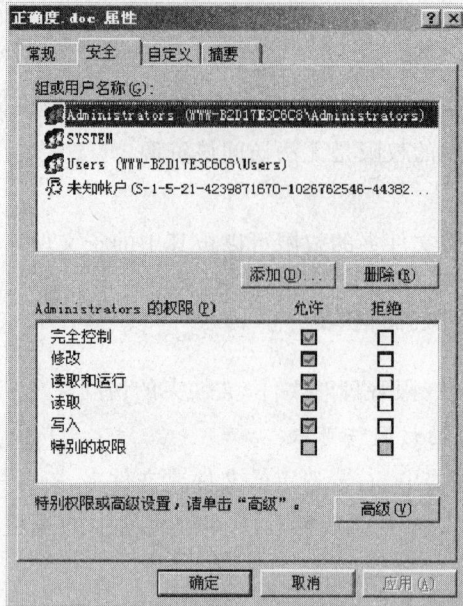

图 5-4　"属性"对话框的"安全"选项卡

（2）删除用户或组

在"组或用户名称"框中，单击组或用户的名称，然后单击"删除"按钮。

（3）添加用户或组

没有列出来的用户也可能具有对文件或文件夹的访问许可权，因为用户可能属于该选项中列出的某个组。单击"添加"，打开"选择用户或组"对话框，如图 5-5 所示。在"输入对象名称来选择"栏中，输入要授权的用户或组的名称，然后单击"确定"。

或者单击"高级"按钮，通过"立即查找"选择用户或组后，单击"确定"。

图 5-5　"选择用户或组"对话框

注意：将文件的访问许可权分配给用户，最好先创建组，把许可权分配给组，然后把用户添加到组中。这样需要更改的时候只需要更改整个组的访问许可权，而不必逐个修改每个用户。

3.设置 NTFS 特殊权限

(1)删除继承权限

在删除用户时,如果弹出一个"安全"提示,如图 5-6 所示,指出该用户从其父系继承权限,无法删除此对象,要删除必须阻止对象继承权限。

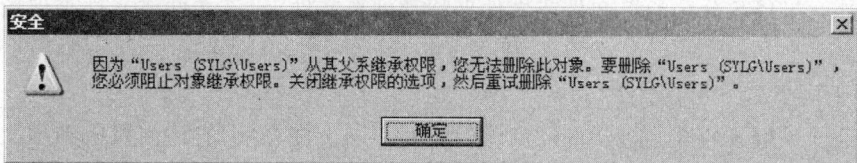

图 5-6　安全提示

这时,需要在"文件属性"对话框的安全选项卡中,单击"高级"按钮。在弹出的如图 5-7 所示的"高级安全设置"对话框中,清除"允许父项的继承权限……"复选框。在弹出的"安全"框中,单击"删除"按钮,将删除以前从父项继承的权限项目,并只保留那些明确定义的权限,单击"确定"。

(2)查看与修改"特别的权限"

如需查看或修改现有的组或用户的"特别的权限",在文件的"高级安全设置"对话框的"权限"选项卡的"权限项目"框中,选中用户或组的名称,然后单击"编辑"按钮,打开文件的"权限项目"对话框,如图 5-8 所示。

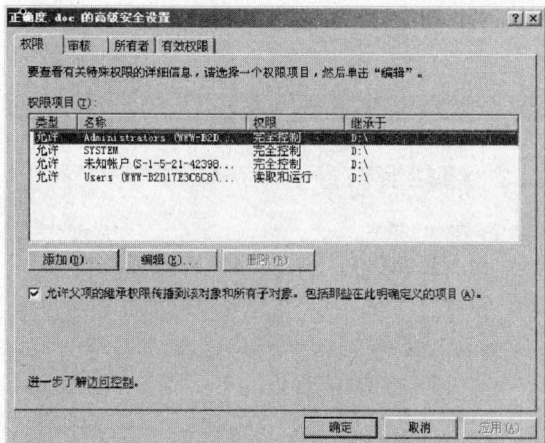

图 5-7　文件的"高级安全设置"对话框

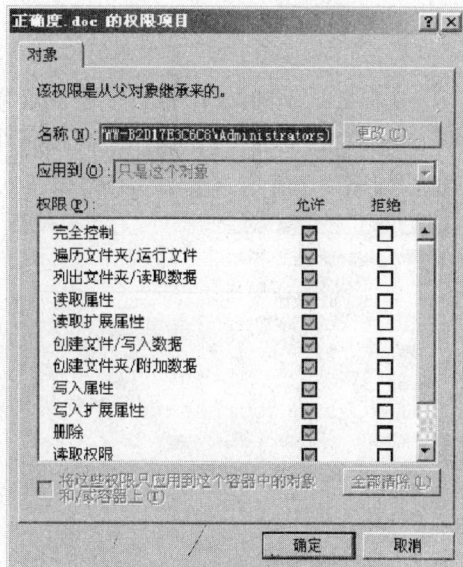

图 5-8　文件的"权限项目"对话框

①在"权限"列表框中,选择"允许"或"拒绝"复选框。

②在"应用到"下拉列表中,单击想应用这些权限的文件夹或子文件夹。

③如需配置安全选项使其子文件夹和文件不继承这些访问权限,清除"将这些权限只应用到这个容器中的对象和/或容器上"复选框。

4.复制或移动文件时,NTFS 权限的变化

(1)同一 NTFS 分区

在同一 NTFS 分区上将文件复制到不同文件夹,它将继承新文件夹的用户访问权限,操作者必须有目的文件的写入权限,才能复制文件或文件夹。

在同一 NTFS 分区上将文件或文件夹移动到新文件夹,该文件或文件夹保留原来的权限。

(2)不同 NTFS 分区

在不同 NTFS 分区上将文件复制(移动)到不同文件夹,它的访问权限和原文件夹的访问权限不同,它将继承新文件夹的访问权限。

(3)不同分区

因为 FAT 文件系统没有 NTFS 权限设置,当将文件从 NTFS 分区复制或移动到 FAT 分区时,原文件的所有 NTFS 权限设置都将消失。

5.3　文件压缩

当安装好 Windows Server 2003 并应用 NTFS 文件系统之后,就可以使用数据压缩功能了。数据压缩是 NTFS 文件系统的内置功能,当用户或应用程序使用压缩过的数据时,操作系统会自动在后台对数据进行解压缩,无需人工干预。利用这项功能可以节省一定的硬盘空间。

1. NTFS 压缩

选择要压缩的文件夹,右键单击选择"属性",打开如图 5-9 所示对话框,在"常规"选项卡中,单击"高级"按钮,打开"高级属性"对话框,选中"压缩内容以便节省磁盘空间"复选框,如图5-10所示。单击"确定"按钮。

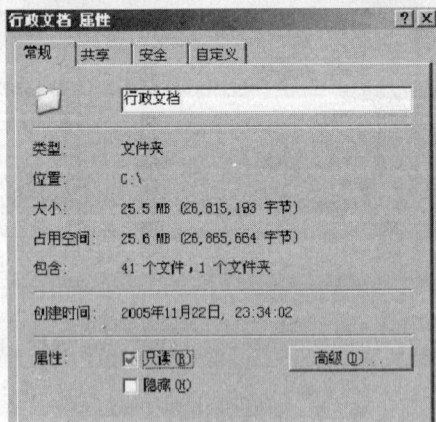

图 5-9　"文件夹属性"对话框　　　　　图 5-10　"高级属性"对话框

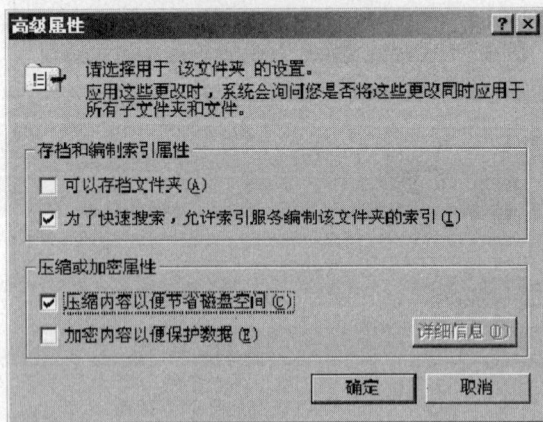

弹出"确认属性更改"对话框,作压缩选择。如图 5-11 所示,单击"确定"按钮。

要想将已经设置为压缩的文件或文件夹解除压缩设置,只要再在"高级属性"对话框中将设置压缩的单选框取消即可。

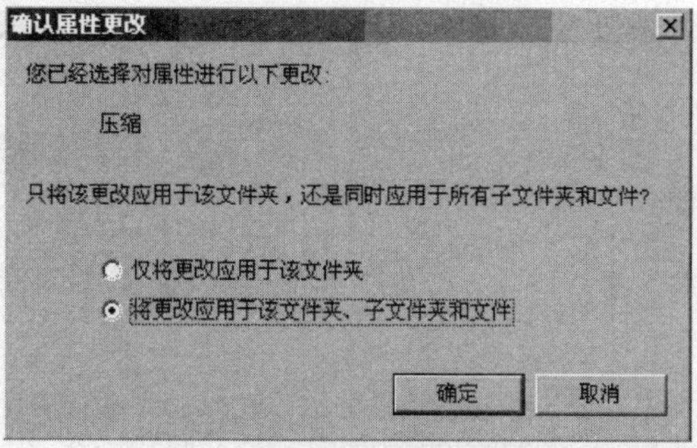

图 5-11　"确认属性更改"对话框

注意： NTFS 压缩不能用于超过 4KB 的簇。

2. 复制和移动由 NTFS 文件系统压缩的文件

(1)当在同一个 NTFS 分区中或在不同的 NTFS 分区间移动、复制文件或文件夹时，文件或文件夹会继承目标位置的文件夹的压缩状态。

(2)当把压缩过的文件或文件夹复制或移动到非 NTFS 分区上时，文件或文件夹会自动解除压缩状态。

5.4　文件加密

若要保护文件的访问，可以通过使用用户权利及权限来实现。然而，如果入侵者能够得到用户的磁盘驱动器，他可以在其他计算机上安装该驱动器，然后在该机的操作系统平台上用管理级特权访问存储在驱动器上的数据。为了防止这种情况发生，Windows Server 2003 内置了 EFS (Encrypting File System) 数据加密。其加密和解密过程对应用程序和用户而言是完全透明的。另外 Windows Server 2003 内置了数据恢复功能，可由管理员恢复被另一个用户加密的数据，保证了数据在需要时始终可用。

加密文件系统(EFS)只能在 Windows Server 2003 的 NTFS 分区上实现，允许将数据以加密的形式存在磁盘上。当用户或应用程序将文件写入磁盘时，文件会自动加密后再写入磁盘。

只有授权用户有权读取加密文件，系统会将文件从磁盘内读出、自动解密，而存储在磁盘内的文件仍然处于加密状态。

右击要加密的文件夹，选择"属性"，在"属性"对话框的"常规"选项卡中，单击"高级"按钮，选中"加密内容以便保护数据"复选框，单击"确定"，弹出"确认属性更改"对话框，如图 5-12 所示；选择后，单击"确定"完成加密操作。

注意： 实施压缩或者加密的文件夹，在资源管理器中用不同的颜色显示。数据加密和数据压缩功能不能同时进行，二者只能选其一。

如果选择的要加密的文件不在加密的文件夹中，由于在修改该文件时会将其解密，因此会弹出"加密警告"对话框，如图 5-13 所示，选择后单击"确定"按钮。

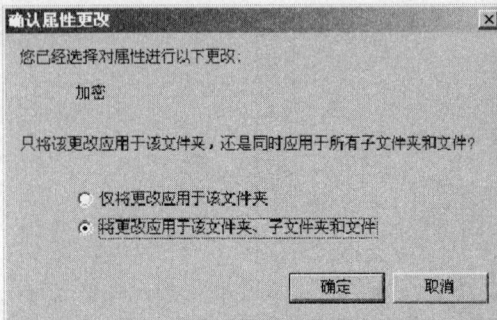

图 5-12 加密属性更改   图 5-13 "加密警告"对话框

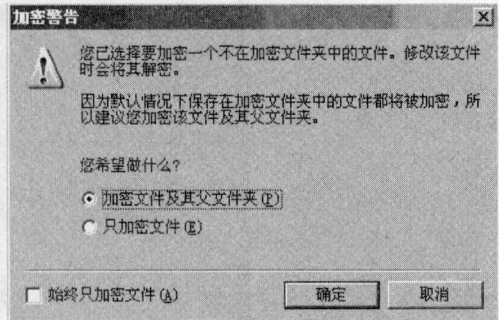

如要将一个已设为加密属性的文件夹解除加密,可按前述操作,在"高级属性"对话框中,将原"加密内容以便保护数据"选项取消,此时弹出解密"确认属性更改"对话框,选中某单选项单击"确定"即可。

5.5 共享文件夹

共享某个文件夹是将该文件夹设置为允许多个用户通过网络同时访问。文件夹共享后,用户能够访问共享文件夹下所有的文件和子文件夹。共享文件夹可以包含应用程序、公共数据或用户的个人数据。

5.5.1 设置文件夹共享

要设置文件夹共享,须拥有对文件夹完全控制的权限。

(1)利用"资源管理器"创建共享文件夹

选择要共享的文件夹,右键单击后选择"属性"或"共享和安全",在"属性"对话框中,选择"共享"选项卡,如图 5-14 所示,选择"共享此文件夹"选项,并配置选项内容:

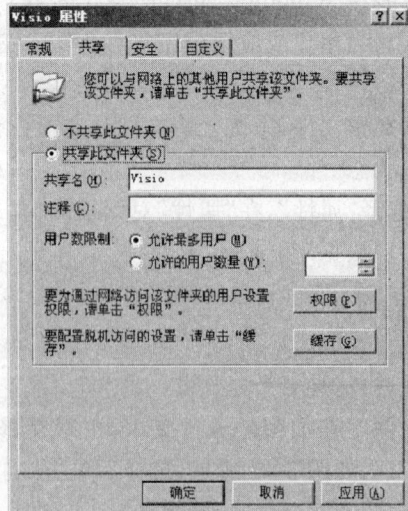

图 5-14 "属性"对话框的"共享"选项卡

共享名:输入用户在远程位置用于连接到该文件夹的名称。默认的共享文件夹名就是文件夹的名称。

注释:对共享文件夹的描述,也可以不填写。

用户数限制:输入能够同时连接到共享文件夹的用户数量。

权限:对通过网络访问共享文件夹的用户设置权限。默认情况下,对于新建的共享文件夹,Everyone 组成员具有"读取"权限。

共享文件夹的标志为小手托着的文件夹。

(2)利用"计算机管理"创建共享文件夹

在"管理工具"的"计算机管理"控制台树中,展开"共享文件夹",选择"共享",如图 5-15 所示。在窗口的右边显示出了计算机中所有共享文件夹的信息,如果要建立新的共享文件夹,可通过选择主菜单"操作"中的"新建共享",打开"共享文件夹向导",单击"下一步",根据向导的提示逐步操作。

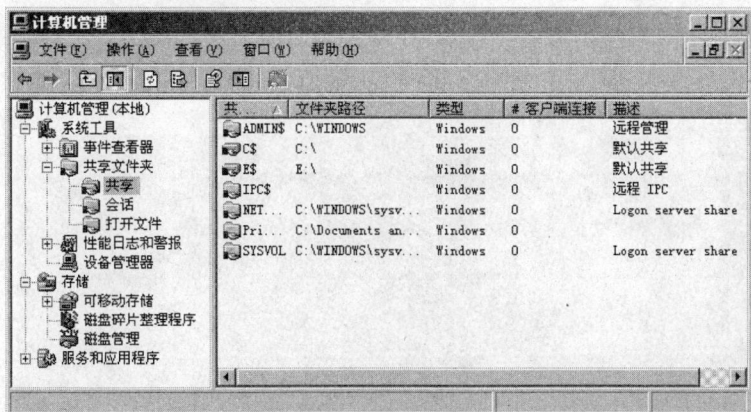

图 5-15　计算机管理共享界面

输入文件夹路径或单击"浏览"按钮选择文件夹,单击"下一步",打开"权限"对话框,用户根据自己的需要设置网络用户的访问权限,如图 5-16 所示。或者选择"使用自定义共享和文件夹权限"选项,单击"自定义"按钮,打开"自定义权限"对话框,如图 5-17 所示,添加组和用户并设置相应的权限。

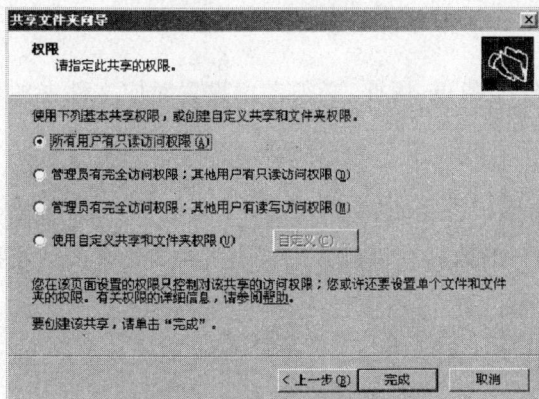

图 5-16　共享文件夹向导权限选择

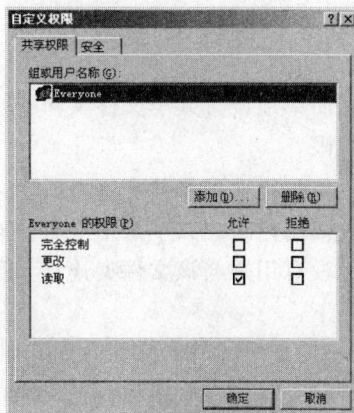

图 5-17　"自定义权限"对话框

5.5.2　系统默认共享文件夹

为便于管理员执行日常管理,在安装操作系统时,会自动隐藏共享的某些文件夹:

(1)C＄、D＄　系统根目录和每个分区的根目录。

(2)ADMIN＄　计算机远程管理期间使用的资源。即系统根文件夹 C:\Winnt。

(3)Print＄　打印机资源。

(4)IPC＄　(Internet Process Connection)是为了让进程间通信,通过提供可信任的用户名和口令而开放的命名管道,连接双方可以进行数据加密交换。

(5)SYSVOL　对 WINDOWS\sysvol\sysvol 的访问(域控制器使用的资源,传递组策略使用)。

(6)NETLOGON　对 WINDOWS\sysvol\scripts 的访问(域控制器使用的资源,传递脚本使用)。

这里＄是表示对用户隐藏共享资源,在网上邻居中无法看到。

在 DOS 提示符下,输入 net share,回车,可以查看本地的共享资源,如图 5-18 所示。

```
C:\WINDOWS\system32\cmd.exe

Microsoft Windows [版本 5.2.3790]
<C> 版权所有 1985-2003 Microsoft Corp.

C:\Documents and Settings\Administrator>net share

共享名        资源                                    注释

D$            D:\                                     默认共享
IPC$                                                  远程 IPC
ADMIN$        C:\WINDOWS                              远程管理
C$            C:\                                     默认共享
NETLOGON      C:\WINDOWS\sysvol\sysvol\sylg.local\SCRIPTS
                                                      Logon server share
sharefile     D:\sharefile
SYSVOL        C:\WINDOWS\sysvol\sysvol                Logon server share
命令成功完成。

C:\Documents and Settings\Administrator>
```

图 5-18　查看共享资源

5.5.3　管理共享文件夹

简单地设置共享文件夹可能会带来安全隐患,因此,必须考虑设置对应文件夹的访问权限。

1. 停止共享文件夹

当用户不想共享某个文件夹时,可以停止对其的共享。在停止共享之前,应该确定已经没有用户与该文件夹连接,否则该用户的数据有可能丢失。停止对文件夹的共享操作如下:

(1)在"计算机管理"应用程序窗口中,选择要停止共享的文件夹。

(2)单击右键,选择"停止共享"。

(3)在弹出的对话框里,单击"确定"按钮即可。

也可以通过如下的方法停止对文件夹的共享：

(1)使用"我的电脑"或"资源管理器"，选定已经设为共享的文件夹。

(2)右击该文件夹，选择"共享"命令，打开属性页中"共享"属性卡。

(3)选择"不共享该文件夹"，单击"确定"按钮即可。

2.修改共享文件夹的属性

在工作中有时需要更改共享文件夹的属性，如更改共享的用户个数、权限等。可以按照以下步骤进行：

(1)在"计算机管理"窗口的右侧窗口中，选择要修改属性的共享文件夹，在快捷菜单中选择"共享"项；也可以在资源管理器中，右击该文件夹，选择"属性"，在"属性"对话框中修改相应设置。

(2)选择"共享"选项卡，用户可以根据自己的需要设置允许多少用户同时访问该共享文件夹，可以选择"共享权限"及缓存设置。

(3)可以通过"安全"选项卡，修改组和用户的共享访问许可，或该文件/文件夹访问许可的设置。

(4)单击"确定"按钮即可使配置生效。

一个共享文件可以通过单击"新建共享"按钮建立多个共享名。这样可以针对更多用户设置不同的访问权限。

3.映射网络驱动器

为了使用方便，可以将经常使用的共享文件夹映射为本地计算机的一个驱动器。

(1)映射

①双击"我的电脑"，选择"工具"中的"映射网络驱动器"，打开"映射网络驱动器"对话框，如图 5-19 所示。

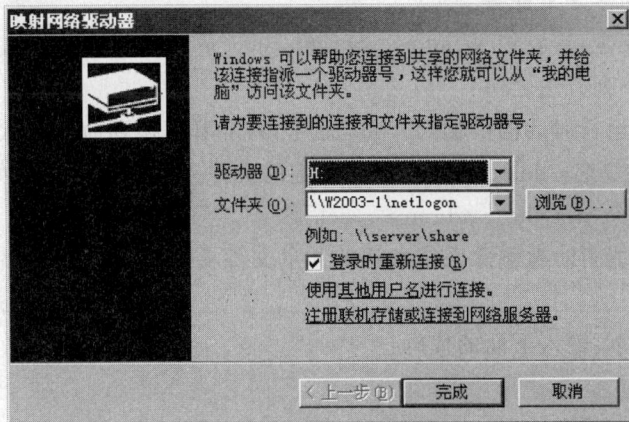

图 5-19 映射网络驱动器

②在"驱动器"下拉列表框中，选择一个本机没有的盘符作为共享文件夹的映射驱动器符号。在文件夹框中输入要共享的文件夹名及路径；或者点击"浏览"按钮打开"浏览文件夹"对话框，选择要映射的文件夹。

③如果需要下次登录时自动建立同共享文件夹的连接，选定"登录时重新连接"复选框。

④单击"完成",即可完成对共享文件夹到本机的映射。

打开"我的电脑",将发现本机多了一个驱动器符,通过该驱动器可以访问该共享文件夹,如同访问本机的物理磁盘一样。例如"H"驱动器实际上是网络上 W2003-1 计算机的一个共享文件夹到本机的一个映射,如图 5-20 所示。

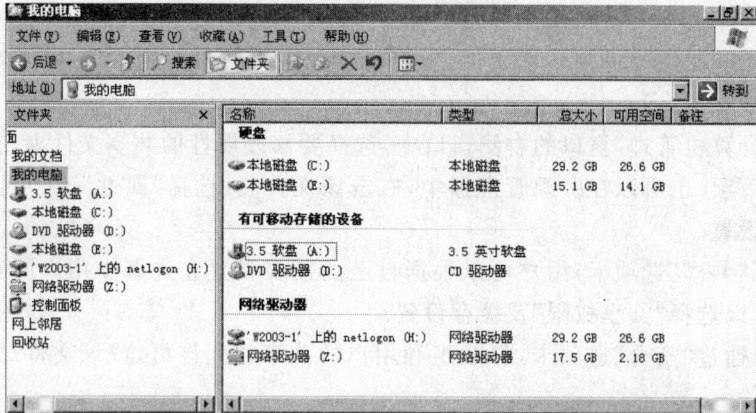

图 5-20　通过映射的驱动器访问共享文件夹

(2)断开网络驱动器

右击"我的电脑",选择"断开网络驱动器",在出现的对话框中选择要断开的网络驱动器,单击"确定"即可。

4.打开默认的共享文件夹

在知道该系统的管理员密码后,可通过"\\计算机名\共享文件夹名",打开系统的指定文件夹。

5.禁止默认的共享文件夹

为加强系统安全,需要将 Windows Server 2003 系统默认的共享文件夹从系统中消除共享。可使用下列方法之一:

(1)在系统的运行对话框中输入"cmd"命令,将屏幕切换到命令行状态。输入字符串命令"net share 共享名 /delete",就可以将指定的文件夹共享删除。例如,想删除远程管理共享,可执行命令"net share admin $ /del"。

这种方法,只能暂时地删除系统默认的共享文件夹,重新启动系统后,这些默认共享又会出现。

(2)打开记事本,输入下面的代码:

```
@echo off
net share c $ /delete
net share d $ /delete
net share ipc $ /delete
net share admin $ /delete
```

完成代码输入后,执行"文件→保存"命令,将其保存为"delshare. bat"。

在资源管理器窗口中,为"delshare. bat"文件创建一个快捷运行方式,并将该快捷方式拖动到"开始"菜单的"启动"选项里。

重新启动计算机系统,就自动将系统所有的隐藏共享文件夹全部取消共享,从而将系统安全隐患降至最低。

(3)修改注册表,将默认共享一次性清除。

禁止自动打开默认共享,依次展开 HKEY_LOCAL_MACHINE\SYSTEM\CurrentControlSet\Services\lanmanserver \parameters 分支,将右侧窗口中的 DWORD 值"AutoShareServer"设置为 0。

如找不到,则新增以下 DWORD 键值:AutoShareServer,值为"0"。

如果要禁止 ADMIN $ 共享,可以在同样的分支下,将右侧窗口中的 DWORD 值 "AutoShareWks"设置为 0。

如找不到,新增以下 DWORD 键值:AutoShareWks,值为"0"。

如果要禁止建立空连接以防范 ipc $ 入侵,可以在注册表编辑器中依次展开 HKEY_ LOCAL _MACHINE\SYSTEM\CurrentControlSet\Control\Lsa 分支,将右侧窗口中的 DWORD 值"restrictanonymous"设置为"1"。

重启计算机,使用 net share 命令查看。

注意:使用修改注册表键值方法是无法取消 IPC $ 隐藏共享的。

实训:文件夹共享与文件压缩

实训目的:

(1)熟练掌握文件系统特点

(2)掌握文件夹共享及其权限

(3)熟练文件压缩和加密

实训内容:

1.共享文件夹的基本操作

(1)共享文件夹的设置

(2)共享权限的指派

①查看共享文件夹的当前权限。

②删除用户对目录文件夹的权限。

③为用户或用户组指派文件夹权限。

④在 C 盘根目录创建名称为 test 的文件夹,设置其共享名称为"test",同时让管理员拥有对于该文件夹的"完全控制"权限。

(3)使用映射网络驱动器与共享文件夹连接

2.NTFS 权限的基本操作

3.NTFS 文件压缩

4.NTFS 文件加密

5.在 C 盘根目录创建名称为 test1 的文件夹,在该文件夹中创建名称为 wangluo 的记事本文档,首先将 test1 文件夹加密,然后对加密的文件夹压缩,观察会有什么结果?

本章小结

本章主要讲述了 Windows Server 2003 支持的文件系统 FAT 和 NTFS，重点讲述了 NTFS 的概念、优点及其权限的使用和分配，在构建 Windows Server 2003 域方式网络环境时，建议尽可能使用 NTFS 格式以保存域内的活动目录信息，同时也可以更好地应用 NTFS 系统的压缩和加密的特性。

Windows Server 2003 文件和文件夹的访问许可权设计增加了服务器的安全性，合理规划、配置文件及文件夹的访问许可。还介绍了管理默认共享文件夹以便操作的方便及保证系统的安全性。

习 题

一、选择题

1. 公司将公告信息放于一个文件夹中，全公司员工都可查看，但只有管理员能修改。对该文件夹实现这个目标的策略是对 everyone 组分配该文件夹共享权限为（ ）。

A. 读取　　　　　B. 写入　　　　　C. 完全控制　　　　D. 修改

2. 下列选项哪些不是系统默认共享文件夹（ ）？

A. C $　　　　　B. ADMIN $　　C. E $　　　　　　D. IPC $

3. 在以下文件系统中，能使用文件访问许可权的是（ ）。

A. FAT　　　　　B. NTFS　　　　C. FAT32　　　　D. EXT

4 下列说法中错误的是（ ）

A. 文件或文件夹在同一个 NTFS 卷移动，则该文件或文件夹继承目标文件夹的权限。

B. 文件或文件夹在同一个 NTFS 卷移动，则该文件或文件夹保持它自己原有的权限。

C. 文件或文件夹被移动到其他 NTFS 卷，该文件或文件夹将会丢失其原有权限，并继承目标文件夹的权限。

D. 文件或文件夹移动到非 NTFS 分区，所有权限丢失。

二、填空题

1. Windows Server 2003 支持以下三种文件系统：_____、_____、_____。

2. _____中负责管理和存储文件信息的软件机构称为文件管理系统，简称文件系统。

3. FAT16 文件系统最大可以管理_____的磁盘分区。

4. FAT32 是 FAT16 的增强版，从 Windows 98 开始流行，可支持大到_____GB 的磁盘分区。

5. FAT 文件系统文件名长度受限：文件名不能超过_____个字符，扩展名不能超过_____个字符。

6. 当用户从 NTFS 卷移动或复制文件到_____卷时，NTFS 文件系统权限和其他特有属性将会丢失。

7. 对于文件，标准 NTFS 权限分别为：读取、写入、读取和运行、修改、_____。

8. 默认情况下，分配给父文件夹的权限可以被其中的_____和文件自动继承。

三、简答题

1.特殊权限和标准权限的区别是什么?

2.FAT 和 NTFS 的区别是什么?

3.创建共享文件夹有几种方法,分别如何实现?

4.共享权限都包括哪些?

5.文件加密之后,在使用的时候需要解密吗? 为什么?

第6章

磁 盘 管 理

本章学习目标

1. 了解磁盘管理的基本知识
2. 理解并掌握分区和卷的基本知识
3. 熟练掌握磁盘管理的各种方法
4. 理解磁盘配额的概念

本章重点和难点

1. 重点

(1) 分区、卷、簇

(2) 磁盘管理

2. 难点

动态磁盘

现在计算机中的磁盘容量越来越大,怎么管理偌大的磁盘呢? 在使用计算机的过程中,如何防止有人偷窥磁盘中的资料呢?

磁盘管理是使用计算机时的一项常规任务,Windows Server 2003 的磁盘管理任务是以一组磁盘管理应用程序的形式提供给用户的,它们位于"计算机管理"控制台中,主要功能是磁盘分区和卷的管理、磁盘配额和磁盘的日常维护管理。

6.1 磁盘管理概述

磁盘管理是管理服务器时需要执行的任务之一,是帮助网络管理员管理数据存储和磁盘空间的实用工具。

6.1.1 相关术语

要深入理解磁盘管理的概念和管理方法,首先需要了解相关术语,避免在以后的使用中出现概念混淆的错误。

1. 物理磁盘

物理磁盘是指用户使用的"真实的磁盘",也就是我们初装机器或者购买机器时所带的硬盘,一般标识为 DISK0。

2. 磁盘分区

磁盘分区是指物理磁盘空间中分割成的多个能够被格式化和单独使用的逻辑单元。不同分区内可使用不同的文件系统格式。

创建分区时,设置了硬盘的各项物理参数,例如开始磁头号、磁道号、结束磁头号等,指定了硬盘主引导记录 MBR(Master Boot Record)和引导记录备份的存放位置。

3.格式化

格式化是指对磁盘或磁盘中的分区（Partition）进行的一种初始化操作,这种操作通常会导致现有的磁盘或分区中所有的文件被清除。格式化通常分为低级格式化和高级格式化。如果没有特别指明,对硬盘的格式化通常是指高级格式化。

低级格式化:就是将空白的磁盘划分出柱面和磁道,再将磁道划分为若干个扇区,每个扇区又划分出标识部分(ID)、间隔区(GAP)和数据区(DATA)等。低级格式化只能在DOS 环境下完成。它只针对一块硬盘而不支持单独的某一个分区。

高级格式化:清除硬盘上的数据,生成引导信息,初始化 FAT 表,标注逻辑坏道等。

快速格式化:仅仅是重置硬盘分区表,把所有扇区标记为空闲可用。

6.1.2　磁盘管理器

磁盘管理是以一组磁盘管理应用程序的形式提供给用户的,它们位于"计算机管理"控制台中,它包括查错程序和磁盘碎片整理程序以及磁盘整理程序。可以通过以下操作启动磁盘管理工具:

单击"开始"/"程序"/"管理工具"/"计算机管理",打开"计算机管理"窗口,如图6-1所示。

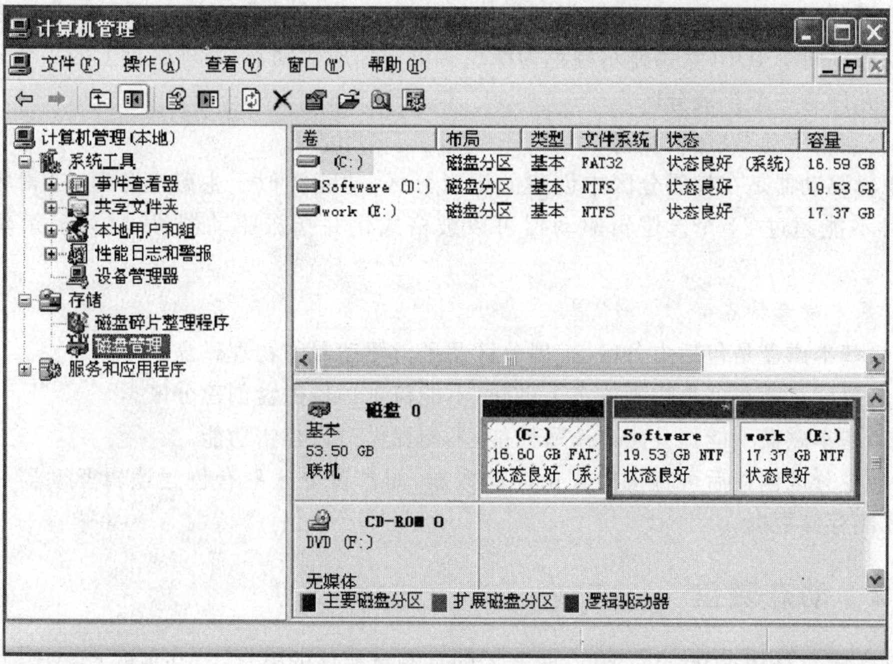

图 6-1　"计算机管理"窗口

展开"存储"选项,单击"磁盘管理",窗口右侧有两个窗格称为"顶端"、"底端",都可以显示磁盘信息。"底端"窗口中以图形方式显示了当前计算机系统安装的物理磁盘,磁盘的物理大小以及当前分区的结果与状态。"顶端"以列表的方式显示了磁盘的属性、状态、类型、容量、空闲等详细信息。

6.2　磁盘类型

安装了 Windows Server 2003 操作系统的磁盘可以划分为基本磁盘和动态磁盘两种类型。

6.2.1　基本磁盘

基本磁盘是 Windows Server 2003 支持的默认磁盘类型,与其他操作系统兼容,以分区方式组织和管理磁盘空间。一块基本磁盘只能包含 4 个分区,默认显示颜色为深蓝色。

1. 磁盘分区的类型

(1)主分区

磁盘主分区是用来存放启动操作系统文件的分区,是标记为由操作系统使用的一部分物理磁盘。硬盘中第一主分区是引导分区。每个磁盘最多可以有 3 个主分区。

(2)扩展分区

扩展分区是从硬盘的可用空间上创建的分区,可以将该分区的空间再划分为多个逻辑驱动器。每个 IDE(默认显示颜色为绿色。电子集成驱动器)物理磁盘上的 4 个分区中最多只允许有一个扩展分区。

(3)逻辑驱动器(逻辑磁盘)

逻辑驱动器是在扩展分区中创建的逻辑分区,功能类似于主磁盘分区,逻辑驱动器的数目不能超过 24 个。逻辑驱动器可以被格式化并指派驱动器号,默认显示颜色为蓝色。

2. 基本磁盘特点

(1)基本磁盘是包括主分区、扩展分区及逻辑驱动器的物理磁盘。

(2)分区只能在一个物理磁盘上创建,不能跨越物理磁盘创建分区。

(3)基本磁盘不能提升磁盘读写性能,不能提供磁盘容错功能。

(4)主分区创建后可直接格式化存储数据,而扩展分区只有创建逻辑驱动器并格式化后才能存储数据。

6.2.2　动态磁盘

动态磁盘是从 Windows 2000 时开始的具有新特性的磁盘,与基本磁盘相比,它提供了更加灵活的管理和使用特性。

1. 动态磁盘与基本磁盘相比的优越性

(1)动态磁盘不使用分区或逻辑驱动器的概念,而是使用卷来称呼动态磁盘上的可划分区域。以卷的形式组织磁盘空间,可提升磁盘读写性能和提供磁盘容错功能。

(2)在基本磁盘中分区是不可跨越磁盘的。然而,使用动态磁盘,可以将数块磁盘中的空余磁盘空间扩展到同一个卷中来增大卷的容量。

（3）动态磁盘没有卷数量的限制，只要磁盘空间允许，可以在动态磁盘中任意建立卷。

（4）基本磁盘的读写速度由硬件决定，难以提升磁盘效率。然而对于动态磁盘，可以创建带区卷来同时对多块磁盘进行读写，显著提升了磁盘效率。

（5）基本磁盘没有容错功能，如果没有及时备份而遭遇磁盘受损，损失会是巨大的。若在动态磁盘上创建镜像卷，所有内容自动实时被镜像到镜像磁盘中，即使遇到磁盘受损也不必担心数据损失。还可以在动态磁盘上创建带有奇偶校验的带区卷，在提高性能的同时为磁盘增加了容错性。

2. 动态磁盘分类

动态磁盘支持简单卷、跨区卷、带区卷、镜像卷和有奇偶校验的带区（RAID5）卷五种卷类型。

RAID（Redundant Array of Independent Disks，独立磁盘冗余阵列），最初的研制目的是组合小的廉价磁盘来代替大的昂贵磁盘，以降低大批量数据存储的费用。

（1）简单卷（Simple volume）

简单卷是创建在动态磁盘上的单一的卷，可以在动态磁盘的未分配空间上创建简单卷。只有一个磁盘时只能创建简单卷，简单卷不像分区那样，它没有空间大小限制，也没有对在单个磁盘上可创建卷的数量限制。

在磁盘管理系统中，简单卷显示为橄榄色。

（2）跨区卷（Spanned volume）

跨区卷是一个包含多块磁盘上的空间的卷（至少需要两块硬盘，最多 32 块磁盘），向跨区卷中存储数据信息的顺序是存满第一块磁盘再逐渐向后面的磁盘中存储，一个时间只能向一个磁盘写数据。跨区卷可以扩展容量，每个成员的容量大小可以不同，但不能包含系统卷与启动卷。

在磁盘管理系统中，跨区卷显示为紫色。

（3）带区卷（Striped volume）

由两个或多个磁盘中未使用的空间组成的卷（至少需要两块硬盘，最多 32 块磁盘），这个类型卷上的数据交替且平均地分配到各个物理磁盘中，该卷也称"RAID0"。带区卷每个成员大小相同。

在向带区卷中写入数据时，数据被分割成每部分大小相同的数据块（64KB），同时向阵列中的各块磁盘写入不同的数据块，如图 6-2 所示。

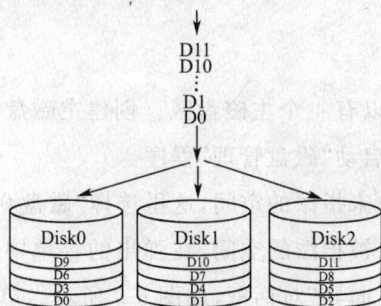

图 6-2　带区卷原理示意图

在磁盘管理系统中,带区卷默认显示为军队蓝色。

(4)镜像卷(Mirrored volume)

镜像卷(又称 RAID1)可以由两种方式构成:一种是由一个磁盘上的简单卷和一个动态磁盘上的未使用空间组成;另一种是由两个动态磁盘的未使用空间组成。不过这两个成员都必须具有相同的容量。它可以包含系统卷和启动卷。

镜像卷磁盘空间利用率为 50%,因此,比起不镜像的磁盘来,存储成本要高。

镜像卷默认显示为砖红色。

(5)RAID5 卷

RAID5 卷是一种含有奇偶校验的带区卷,该卷至少含 3 块磁盘。在 RAID5 卷中,Windows Server 2003 通过为这个卷中的每个磁盘分区增加了一个奇偶信息以实现容错功能。

写入时,数据被分割成数据块,同时向阵列中的每一磁盘写入不同的数据块,包含一个奇偶校验数据块。当任意一块磁盘出错误时,系统根据其他磁盘上的数据和奇偶校验信息来重建出现故障的磁盘上的数据。

软件实现 RAID5 卷时,有一些限制条件。首先,RAID5 卷至少需要 3 个磁盘驱动器,最大支持 32 个驱动器。其次,软件级别的 RAID5 卷不能含有启动分区和系统分区。

由于需要进行奇偶校验计算,RAID5 卷上的写操作比镜像卷要慢。而 RAID5 卷数据是分布在多个驱动器上的,它比镜像卷的读性能要好,尤其是具有多个控制器的时候。

RAID5 卷增加磁盘数目可以增大磁盘空间的利用率。

目前越来越多的主板都添加了板载 RAID 芯片直接实现 RAID 功能,即芯片组集成。

RAID5 卷默认显示为青色。

6.3　创建分区与卷

6.3.1　创建分区

1.创建主磁盘分区

一台基本磁盘内最多可以有 4 个主磁盘区。创建主磁盘分区步骤如下:

(1)在"计算机管理"中,启动"磁盘管理"程序。

(2)选取基本磁盘中一块未指派的空间,这里选择"磁盘 0"。

(3)用鼠标右击该磁盘未被指派的空间,在弹出的菜单中选择"新建磁盘分区"选项,弹出"欢迎使用新建磁盘分区向导"对话框,如图 6-3 所示。单击"下一步"按钮。

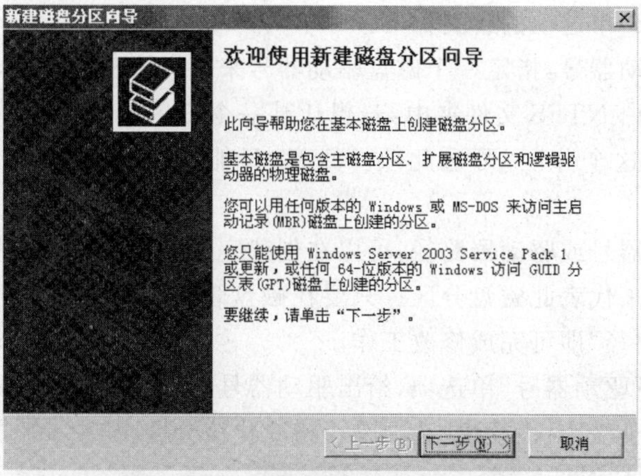

图 6-3　"欢迎使用新建磁盘分区向导"对话框

（4）在"选择分区类型"对话框中，选择"主磁盘分区"选项，如图 6-4 所示，单击"下一步"按钮。

（5）在"指定分区大小"对话框中，输入想要分配给该主磁盘分区的磁盘容量，例如指定该分区的容量为 15000 MB，如图 6-5 所示，单击"下一步"按钮。

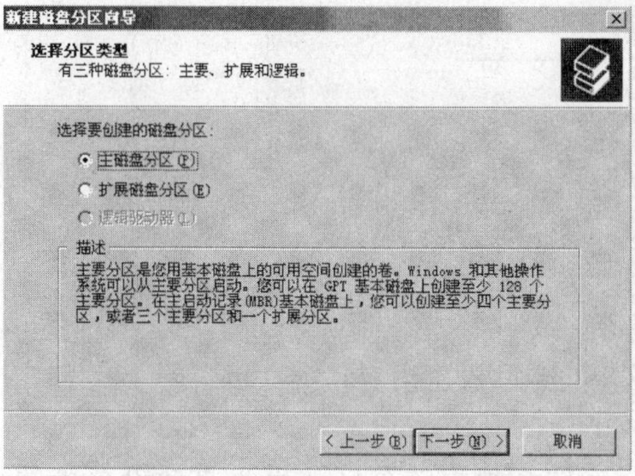

图 6-4　"选择分区类型"对话框

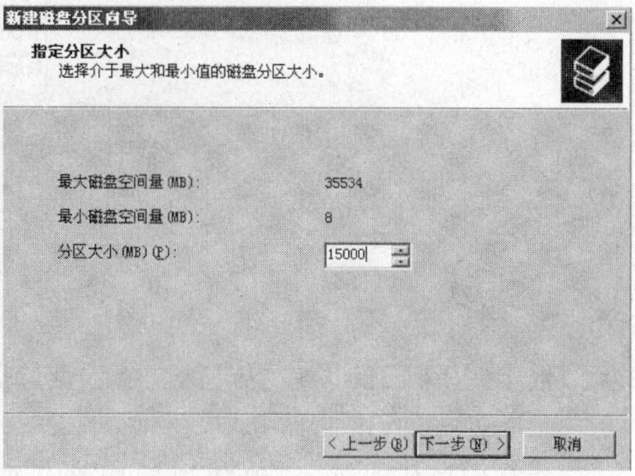

图 6-5　"指定分区大小"对话框

（6）在"指派驱动器号和路径"对话框中，如图 6-6 所示，完成其中的单选项选择。

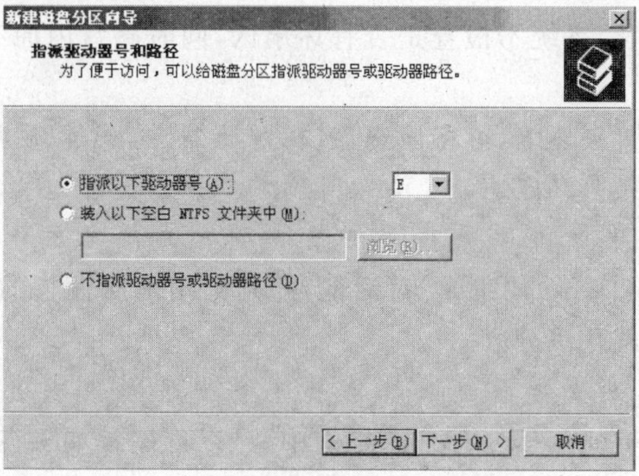

图 6-6　"指派驱动器号和路径"对话框

该对话框中三个单选项的含义如下：

①指派以下驱动器号：指定一个磁盘驱动器号来代表该磁盘分区，例如 E。

②装入以下空白 NTFS 文件夹中：若想让某一个分区消失不见，而打开某一文件夹的时候却是在访问这个分区，可选此项。注意：只能在 NTFS 卷的空文件夹上使用此选项。

③不指派驱动器号或驱动器路径：可以在创建完分区以后再指定磁盘驱动器号或者利用一个空文件夹来代表此磁盘分区。只要在磁盘管理窗口中右击选择相应分区，选择"更改驱动器名和路径"即可完成修改工作。

选择"指派以下驱动器号"单选项，给出驱动器号，单击"下一步"按钮。

（7）在"格式化分区"对话框中，选择是否格式化该分区，如图 6-7 所示。

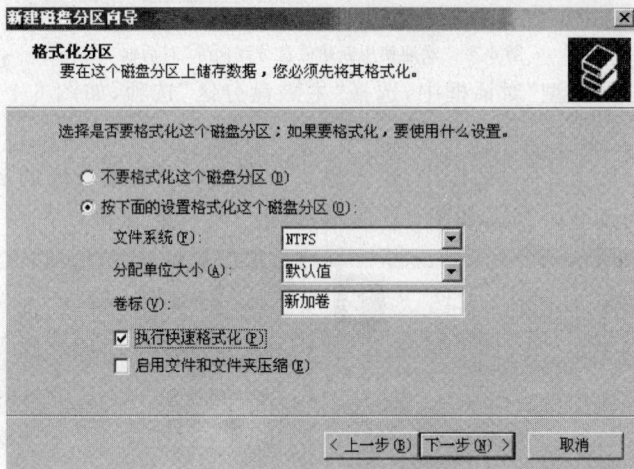

图 6-7   "格式化分区"对话框

选中"按下面的设置格式化这个磁盘分区"单选项，设置内容：

①文件系统：可选择 FAT32 或 NTFS。

②分配单位大小：一般建议选用默认值，系统会根据该分区的大小自动设置簇的大小。

③卷标：为该磁盘分区设置一个名称。

④执行快速格式化：系统不检查是否有坏扇区，同时磁盘内原有文件不会真正地被删除。

⑤启用文件和文件夹压缩：可将该磁盘设为"压缩磁盘"，以后添加到该磁盘分区中的文件及文件夹都会被自动压缩。

单击"下一步"按钮。

（8）系统显示安装向导的"完成"对话框，并列出用户所设置的所有参数。单击"完成"按钮，系统开始格式化该分区。

2.创建扩展磁盘分区

在基本磁盘还没有使用（未指派）的空间中，可以创建扩展磁盘分区，一个基本磁盘中只能创建一个扩展磁盘分区。扩展分区创建后，可在该分区中创建逻辑磁盘驱动器，并给每个逻辑磁盘驱动器指派驱动器号。创建扩展磁盘分区步骤与创建主磁盘分区前部分步骤基本相同。

在基本磁盘中选取一块未被指派的空间,右击该空间,选择"新建磁盘分区"。在"选择分区类型"对话框中选择"扩展磁盘分区"指定该分区的容量。完成扩展磁盘分区的创建过程。

3.新建逻辑驱动器

创建完成扩展磁盘分区后,就可以将该分区切割成一块或数块,每一块就是一个逻辑驱动器,给逻辑驱动器指派驱动器号并按一定格式格式化后,该逻辑驱动器就可用来存储数据了,其创建过程如下:

(1)右击扩展磁盘分区,弹出菜单,如图 6-8 所示,选择"新建逻辑驱动器",弹出"新建磁盘分区向导"对话框,单击"下一步"。

(2)出现"选择分区类型"对话框,选择"逻辑驱动器"单选项,如图 6-9 所示,单击"下一步"。后面的步骤与建立主磁盘分区相似:"指定分区大小"、"指派驱动器号和路径"、"格式化分区"等。

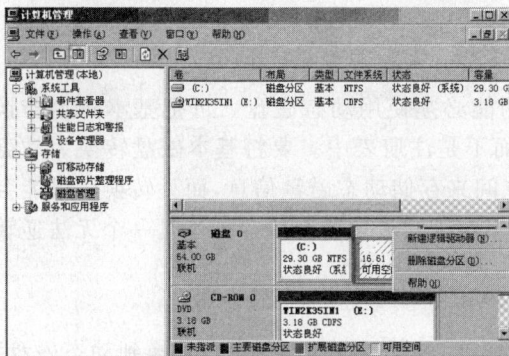

图 6-8　右击扩展分区的快捷菜单　　　　　图 6-9　选择分区类型

格式化结束,逻辑驱动器创建完成。

4.指定"活动"的磁盘分区

计算机启动时,磁盘内的 MBR 读取"活动分区"内的引导扇区,并将控制权交给引导扇区,引导扇区负责启动操作系统。如果计算机中安装了多套不同操作系统,启动时会自动启动被设为"活动"的磁盘分区内的操作系统。

例如当前第一个磁盘分区为驱动器 C,安装了 Windows Server 2003 操作系统,第二个磁盘分区为驱动器 D,安装了 UNIX 系统;如果第一个磁盘分区 C 被设为"活动",则计算机启动时就会启动 Windows Server 2003。若在下一次启动时用户想启动 UNIX,则需要将第二个磁盘分区 D 设为"活动"。

用来启动操作系统的磁盘分区必须是主磁盘分区,并且要将主磁盘分区设为"活动"的磁盘分区。要指定"活动"的磁盘分区,通过鼠标右击要修改的主磁盘分区,选择"将磁盘分区标为活动的"菜单项即可,如图 6-10 所示。

注意:由于微软引入了 NTLDR(多启动管理器),所以安装有双系统的计算机尽管将系统装在了逻辑分区上,也照样能启动。

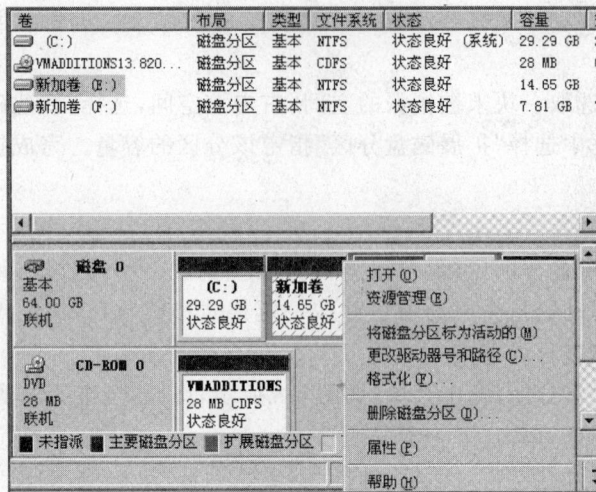

图 6-10　"设置活动分区"对话框

6.3.2　转换成动态磁盘

要提升磁盘读写性能及提供磁盘容错功能必须使用动态磁盘。可把基本磁盘转换到动态磁盘。动态磁盘信息存储在磁盘中,而不是注册表中。要将基本磁盘转换为动态磁盘,基本磁盘上至少要有 1MB 未划分的空间来存储动态磁盘信息,而且转换后可能会导致 Windows Server 2003 之外的其他操作系统无法读取整个磁盘。这是一个无法逆转的单向过程。

基本磁盘转换到动态磁盘的步骤如下:

(1)在"磁盘管理"中,右击要转换的基本磁盘,单击快捷菜单中的"转换到动态磁盘"项,如图 6-11 所示。

(2)在"转换为动态磁盘"对话框中,选择想转换的磁盘,如图 6-12 所示。如果想转换的磁盘中包含启动、系统分区或使用中的页面文件,需要重新启动计算机来完成转换过程。在转换之前,建议备份要转换的磁盘中的所有文件,虽然正常的转换过程不会损坏任何文件,但是当转换过程中出现问题时,备份就很有用了。

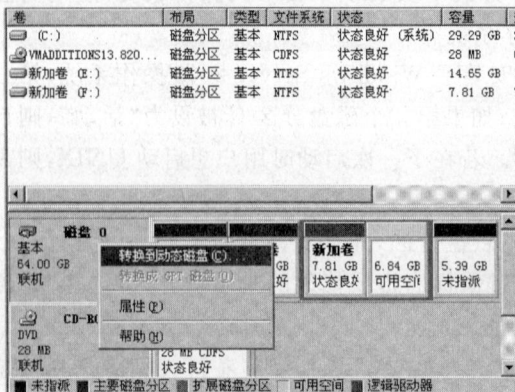

图 6-11　转换到动态磁盘

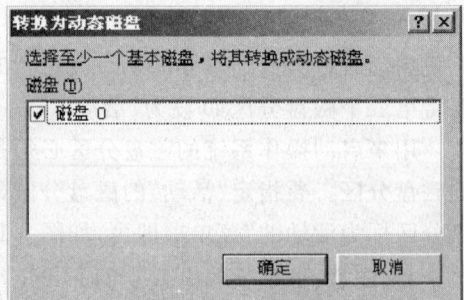

图 6-12　"转换为动态磁盘"对话框

一旦磁盘被转换成动态磁盘后,如果需要转回普通磁盘,全部数据将会丢失。

转换完成后,原系统、启动分区和主分区以及原扩展分区中的逻辑盘将成为"简单卷",而空余空间将成为"未分配的空间"。

6.3.3　动态磁盘卷的创建方法

在 Windows Server 2003 操作系统中,动态磁盘采用了以卷的形式组织和管理磁盘空间。

简单卷是动态卷中的最基本单位,它的地位与基本磁盘中的主磁盘分区相当。可以从一个动态磁盘内选择未指派空间来创建简单卷,并且在必要的时候可以将该简单卷扩展。

简单卷可以被格式化为 FAT32 或 NTFS 文件系统,但是,如果要扩展简单卷,则必须将其格式化为 NTFS 的格式。

1. 新建卷

(1)启动"计算机管理"控制台,选择"磁盘管理",右击动态磁盘上的一块未指派的空间,在弹出的菜单中选择"新建卷"选项,如图 6-13 所示。

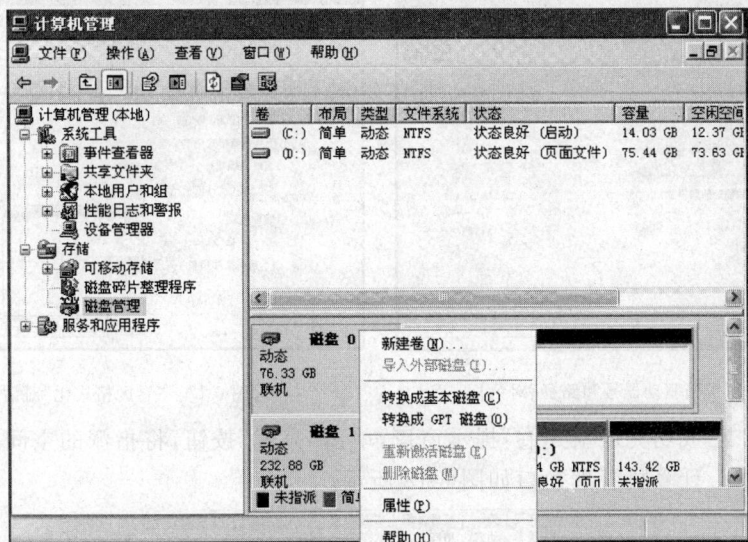

图 6-13　选择"新建卷"选项

(2)在弹出的"选择卷类型"对话框中,给出 5 种卷的类型,选择"简单",如图 6-14 所示,单击"下一步"按钮。

(3)弹出"选择磁盘"对话框,可添加动态磁盘,在左侧"可用"磁盘列表中选择磁盘,如磁盘 1,单击"添加"按钮,如图 6-15 所示。单击"下一步"按钮。

图 6-14 "选择卷类型"对话框

图 6-15 "选择磁盘"对话框

（4）弹出"指派驱动器号和路径"对话框，选择后，如图 6-16 所示，单击"下一步"按钮。

（5）弹出"卷区格式化"对话框，在存储数据之前必须格式化磁盘分区，选择文件系统为 NTFS，分配单位大小即"簇"的大小为"默认值"，卷标为"简单卷 1"，选中"执行快速格式化"复选框，如图 6-17 所示，单击"下一步"按钮。

图 6-16 "指派驱动器号和路径"对话框

图 6-17 "卷区格式化"对话框

（6）弹出"已成功完成新建卷"提示窗口，单击"完成"按钮，将指派的空间格式化后加入到新加卷中。计算机管理窗口如图 6-18 所示。

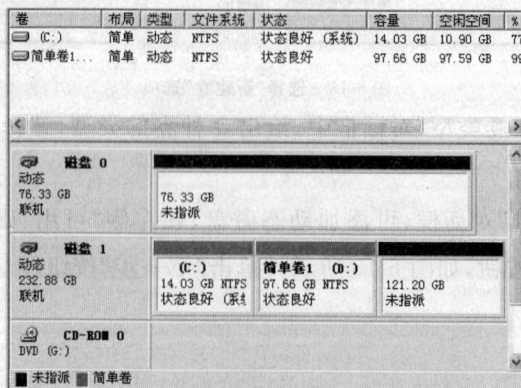

图 6-18 磁盘管理窗口显示的简单卷

2.扩展简单卷

对于 NTFS 格式的简单卷,容量可以扩展。可将其他的未指派的空间合并到简单卷中。这些未指派空间仅限于本磁盘,若选用了其他磁盘上的空间,则扩展之后就变成了跨区卷。

扩展简单卷时只能扩展无系统的卷及使用 NTFS 文件系统格式化的卷。

(1)在磁盘管理器上右击某一动态磁盘的卷如"磁盘 1"的简单卷 1(D:),在快捷菜单中选"扩展卷",打开"扩展卷向导"对话框,单击"下一步",打开"选择磁盘"对话框。

(2)在"指定卷大小"对话框中设置简单卷的大小,单击"下一步"按钮,弹出"选择磁盘"对话框,在本动态磁盘中未指派的空间中,选择作为扩展部分的空间量,如图 6-19 所示。

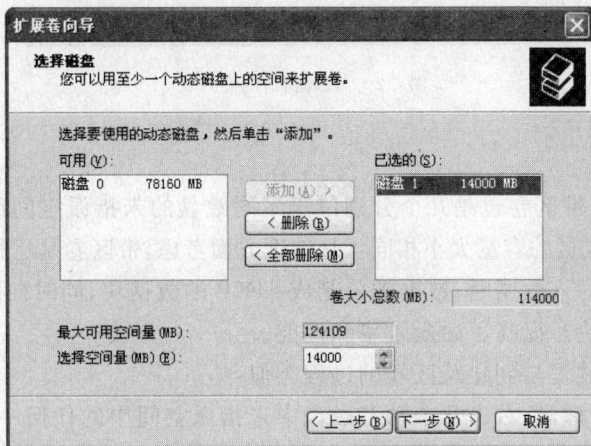

图 6-19 "选择磁盘"对话框

(3)单击"下一步"按钮,出现"完成卷扩展向导"对话框,单击"完成"按钮。

在"磁盘管理器"中可见到扩展后的结果。在磁盘 1 上又增加了一部分简单卷。

3.创建跨区卷

跨区卷是几个位于不同物理磁盘的未指派空间组合成的一个逻辑卷。创建跨区卷的过程如下:

(1)在磁盘管理器上,右击动态磁盘中的未指派空间,在弹出菜单中选择"新建卷",打开"新建卷向导"对话框,单击"下一步"。出现"选择卷类型"对话框,选择"跨区卷"。

(2)单击"下一步",在如图 6-15 的"选择磁盘"对话框中,选择加入跨区卷的磁盘,并设置好每个磁盘加入的空间大小。

(3)单击"下一步",与创建简单卷类似,指派驱动器号和路径以及格式化设置。

完成上述操作,在管理窗口的卷列表中可以看到相应卷的"布局"为"跨区",如图6-20所示。

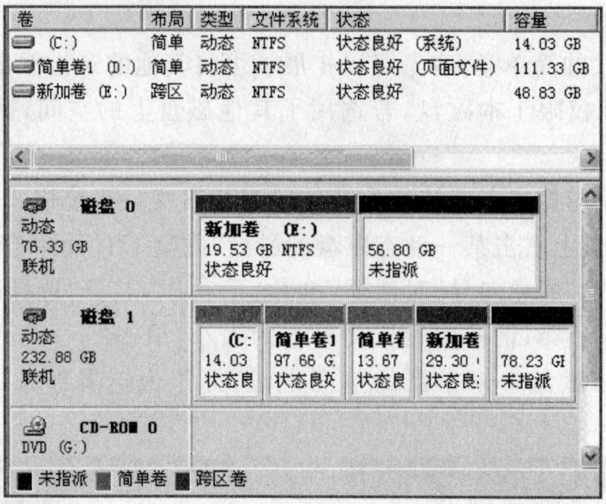

图 6-20　管理窗口的卷列表

4.创建带区卷

与跨区卷类似,带区卷也是几个分别位于不同磁盘的未指派空间组合成的一个逻辑卷。带区卷的每个成员的容量大小相同。从速度方面考虑,带区卷是运行速度最快的卷。

在向带区卷中写入数据时,数据被分割成 64KB 的数据块,同时向阵列中的每一块磁盘写入不同的数据块。提高了磁盘效率和性能。

创建带区卷的过程与创建跨区卷的过程类似:

(1)打开磁盘管理器,右击几个动态磁盘中未指派空间中的任何一个,在弹出菜单中选择"新建卷",打开"新建卷向导",单击"下一步",在打开的如图 6-12 所示的"选择卷类型"对话框中,选择"带区卷",单击"下一步"。

(2)在如前图 6-15 的"选择磁盘"对话框中,选择加入带区卷的磁盘,参与带区卷的空间必须一样大小。

(3)单击"下一步",类似于创建简单卷,接着要指派驱动器号和路径以及格式化设置。

完成上述操作,在管理窗口的卷列表中可以看到磁盘 0 的 19.64GB 的新加卷 F:与磁盘 1 的 19.64GB 的新加卷的"布局"为"带区",如图6-21所示。

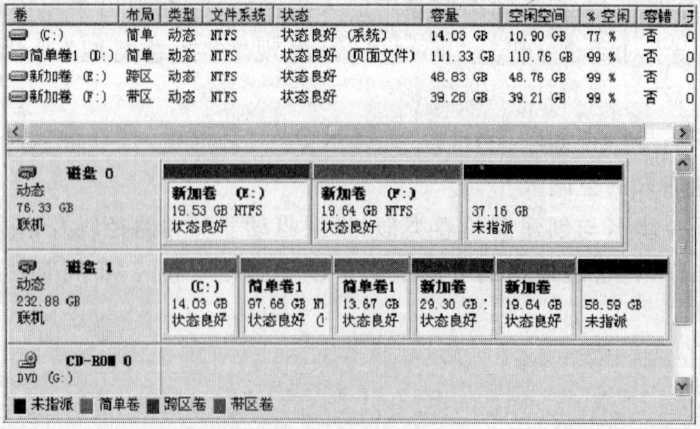

图 6-21　管理窗口的卷列表

5. 创建镜像卷

镜像卷又称 RAID1,也就是数据的冗余。在整个镜像过程中,只有一半的磁盘容量是有效的(另一半磁盘容量用来存放同样的数据)。RAID1 首先考虑的是安全性,容量减半、速度不变。

镜像卷是由一个动态磁盘内的简单卷和另一个动态磁盘内的未指派空间组合而成,给予一个逻辑磁盘驱动器号。这两个区域存储完全相同的数据,当一个磁盘出现故障时,系统可以使用另一个磁盘内的数据,因此,它具备容错的功能,效率只有 50%。它可以包含系统卷和启动卷。

系统卷:一个包含用来在 X86 计算机上用 BIOS 装载 Windows 的硬件指定文件的卷。

启动卷:包含 Windows 操作系统及其支持文件的卷。启动卷可以是系统卷。

镜像卷的创建类似于前面带区卷的创建过程。

(1)打开"计算机管理"控制台,选择"磁盘管理",右击几个动态磁盘中未指派空间中的任何一个,在弹出的菜单中选择"创建卷",打开"创建卷向导",单击"下一步"。

出现"选择卷类型"对话框,选择"镜像卷",单击"下一步"。

(2)在"选择磁盘"对话框中,选择加入镜像卷的磁盘,参与镜像卷的两磁盘空间必须一样大小,单击"下一步"。

(3)类似于创建简单卷,接着要指派驱动器号和路径以及格式化设置。

完成上述操作,在管理窗口的卷列表中可以看到磁盘 0 的 37.16GB 的新加卷 H:与磁盘 1 的 37.16GB 的新加卷的"布局"为"镜像","开销"为 50%,如图 6-22 所示。

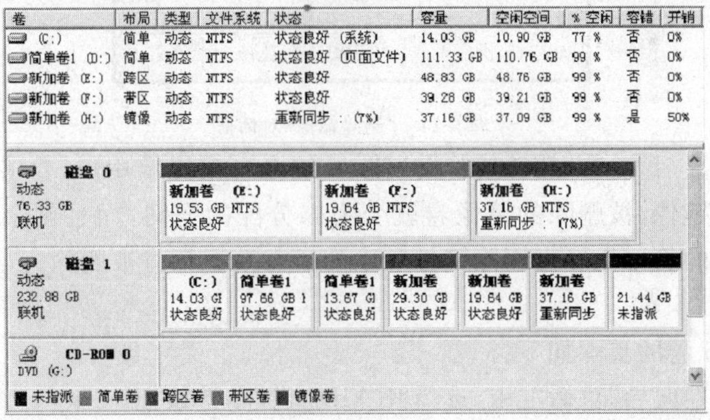

图 6-22 管理窗口的卷列表

如果想单独使用镜像卷中的某一个成员,可通过下列方法之一实现:

(1)中断镜像

因为镜像卷毕竟只是使用了一半的磁盘空间,当磁盘空间较紧,不想使用镜像卷时,可以中断原来所创建的镜像卷,把镜像卷分成两个独立的卷。具体方法如下:

①进入"磁盘管理"界面,在要中断镜像副本之一的镜像卷上单击右键,然后选择"中断镜像卷"选项,此时系统会弹出提示框,如图 6-23 所示。

图 6-23　中断镜像卷提示框

②单击"是"按钮,系统即自动中断镜像。此时原来组成镜像卷的两个卷副本就会成为两个单独的简单卷。这些卷不再具备容错能力。

(2)删除镜像

"删除镜像"与前面介绍的"中断镜像"有些类似,但不完全一样。中断只是中断两个磁盘卷的镜像关系,而此处的删除镜像卷是针对某一镜像卷进行的。具体方法如下:

①在"磁盘管理"界面中,在要删除的镜像卷上右击,然后选择"删除镜像"选项,弹出如图 6-24 所示对话框。在这个对话框中选择删除镜像卷所在磁盘。

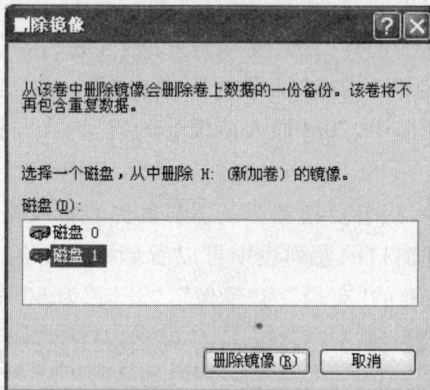

图 6-24　"删除镜像"对话框

②选择好磁盘后,单击"删除镜像"按钮,系统会再次提示用户,要求用户确认。一旦从镜像卷中删除镜像,被删除的镜像卷就变为未分配的空间,而且剩余的镜像卷变成不再具备容错能力的简单卷。已删除镜像卷中的所有数据都将被删除。

6.创建 RAID5 卷

创建 RAID5 卷的步骤如下:

(1)在"新建卷向导"对话框中,选择"RAID5 卷"单选按钮。

(2)单击"下一步"按钮,打开"选择磁盘"对话框,系统默认会以其中容量最小的空间为单位,用户也可以自己设定容量。

(3)单击"下一步"按钮。类似前面创建其他动态卷,指派驱动器号和路径、设置格式化参数之后,即可完成 RAID5 卷的创建。创建完成后在管理窗口中可以看到"布局"属性为"RAID5"的逻辑卷。

6.4　磁盘管理操作

磁盘管理是 Windows Server 2003 操作系统中最基本和最重要的系统管理任务之

一,磁盘管理直接影响系统性能。常用的磁盘管理任务包括更改驱动器名和路径、转换磁盘分区的类型、磁盘重新格式化、磁盘远程管理和磁盘碎片整理等。

6.4.1　更改驱动器号与路径

系统管理员可以根据需要修改逻辑驱动器号,可使用 C~Z 24 个字符(A 和 B 保留)。

在"计算机管理"控制台中,选择"磁盘管理"。在详细资料窗口中,右击需要更改号或路径的驱动器(如 F 盘),从弹出的快捷菜单中单击"更改驱动器号和路径"命令,打开"更改驱动器号和路径"对话框,进行修改,如图 6-25 所示。

注意:不要轻易改变驱动器号,因为改变后可能有一些程序不能运行。

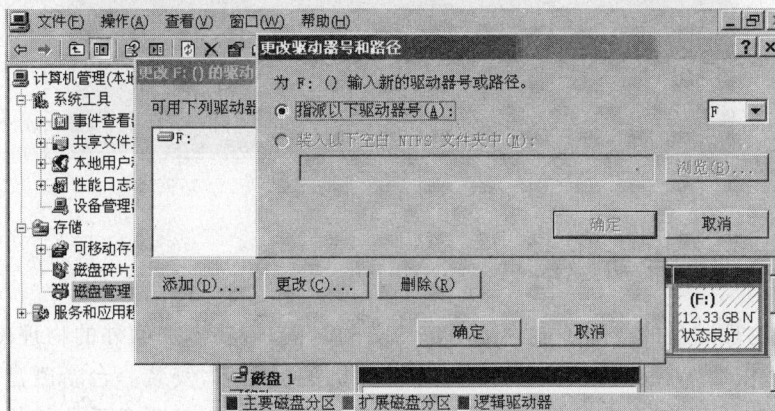

图 6-25　更改驱动器号和路径

用户还可以将一个分区映射为一个文件夹。

(1)只能将驱动器映射装入到 NTFS 空文件夹即可,驱动器路径指定后不能修改,要想修改驱动器路径只能删除以前的映射,重新指定新的驱动器路径才能实现。

(2)用户还可通过单击更改某驱动器号和路径对话框中的"删除"按钮来删除选定的驱动器号,以隐藏驱动器。

6.4.2　格式化与转换文件系统类型

1.磁盘分区格式化

在"计算机管理"控制台中,选择"磁盘管理"选项。在详细资料窗格中右击需要格式化的驱动器。从弹出的快捷菜单中单击"格式化"命令,打开"格式化"对话框。在"卷标"文本框中输入驱动器卷标名。进行必要的格式化选项选择。

单击"确定"按钮,完成修改磁盘驱动器文件系统类型和格式化磁盘的所有操作。

只有选择 NTFS 系统时才可激活"启动文件和文件夹压缩"选项。

2.转换文件系统类型

可以使用命令 convert 将 FAT32 文件系统转换为 NTFS 文件系统。如将 D 盘的 FAT32 文件系统转成 NTFS 系统,操作方法如下:

选择"命令提示符",在 DOS 系统下输入命令 CONVERT D:/FS:NTFS。

如图 6-26 所示。这样可以将 D 盘的 FAT32 文件系统转换为 NTFS,但是这个命令不能将 NTFS 文件系统转换为 FAT 格式。

在更改一个分区的文件系统前,用户应该备份分区上的信息。

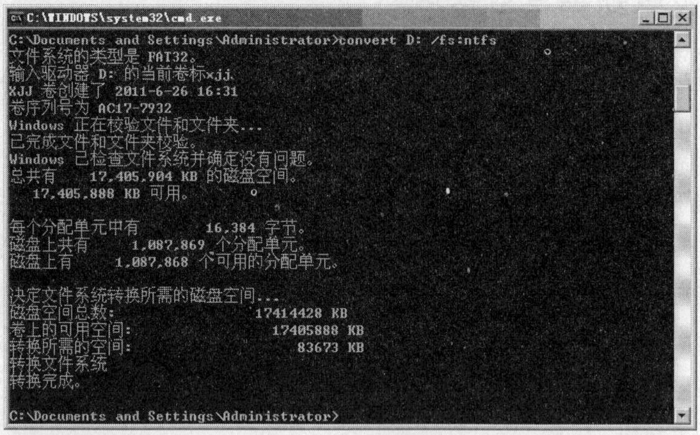

图 6-26　文件系统类型转换

6.4.3　添加一台新磁盘

当一个物理磁盘的空间不能满足用户需求的时候,需要添加额外的物理磁盘以便于使用,如果将安装 Windows Server 2003 的计算机关机之后,安装一台新磁盘,则在该计算机重新启动时,系统会自动检测到这台新磁盘,并且自动更新磁盘系统的状态,这台磁盘也会出现在磁盘管理控制台中,不需要执行其他操作。

如果要在一台支持"hot swapping(热插拔)"功能的计算机内添加或删除一台磁盘,则可以在不停机状态下,直接将磁盘插入计算机内或从计算机内拔出,但是需要在磁盘管理控制台中做相应设置:右击"磁盘管理",在弹出的菜单中选择"重新扫描磁盘"来更新磁盘状态。一般情况下,扫描后不需要重新启动计算机。

如果将另外一台计算机内的磁盘移动、安装到本地计算机中,系统一般能够自动将这台磁盘接入计算机,可以正常访问这台磁盘。但当无法自动导入时,也即在磁盘管理控制台中该磁盘的状态显示为"外部",则需要用户自己将其转入本地计算机内,操作步骤如下:

(1)从另一台计算机中选择"状态良好"的一台磁盘,将其拆除并安装到本地计算机中,启动计算机。如果计算机支持"hot swapping",则可以直接在不关机的情况下拆除、安装磁盘。

(2)在磁盘管理控制台中,右击"磁盘管理",或者选择菜单"操作"/"重新扫描磁盘"。

(3)右击控制台中标示为"外部"的磁盘,在弹出菜单中选择"导入外部磁盘"。

(4)出现"导入外部磁盘"对话框,单击"确定"按钮,按照向导提示即可将该磁盘转入本地计算机。

6.4.4　远程管理磁盘

远程管理磁盘的功能可以让管理员在网络中任何一台计算机上管理网络中其他计算机上的磁盘。默认情况下,只有 Administrators 组和 Server－Operators 组成员能够远程管理磁盘。

要实现远程管理磁盘功能,执行下列步骤:

(1)在"开始"/"程序"/"运行"框中,输入"mmc",按 Enter 键打开"控制台"窗口。

(2)在"控制台"主界面中,单击菜单栏"文件"/"添加/删除管理单元"命令,打开"添加/删除管理单元"对话框,如图 6-27 所示。

(3)单击"添加"按钮,打开"添加独立管理单元"对话框,在"可用的独立管理单元"列表中选择"磁盘管理"项,如图 6-28 所示,单击"添加"按钮。

图 6-27　添加/删除管理单元　　　　　图 6-28　添加独立管理单元

(4)在打开的"选择计算机"对话框中单击"以下计算机"单选按钮,输入要进行远程管理的磁盘所驻留的计算机名称或通过浏览按钮选择网络中相应的计算机,如图 6-29 所示,单击"完成"按钮。

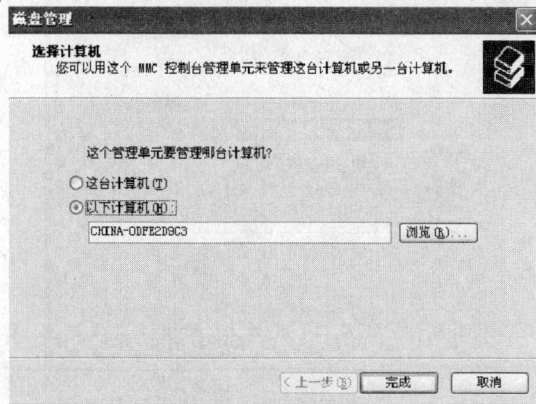

图 6-29　选择计算机

完成后,管理员即可以通过控制台的磁盘管理单元对网络中远程计算机上的磁盘进行远程管理。

6.4.5　整理磁盘

磁盘在使用一段时间后,由于多次写入和删除文件导致出现大量垃圾文件和碎片,使硬盘工作效率降低,因此要经常对硬盘进行维护。

一般不要使用第三方的基于 MS-DOS 的磁盘程序,来修复或者整理 Windows Server 2003 用的 FAT 主分区或者逻辑驱动器。使用非 Windows Server 2003 的工具有可能要冒丢失整个卷的风险。Windows Server 2003 内置了文件系统维护工具和磁盘整理工具。

1. 扫描与修复文件系统

(1)用户可以在 Windows Server 2003 命令提示符下,使用程序 chkdsk 来扫描和修复 FAT 和 NTFS 卷。该程序集成了基于 MS-DOS 的 Chkdsk 和 Scandisk 工具的所有功能,包括表面扫描、修复损坏的扇区等。

用户还可以使用 Windows Server 2003 中的磁盘扫描和检查工具完成同样的工作。

(2)用 Windows Server 2003 内置的系统工具进行错误检查。

打开"我的电脑",右击需要进行磁盘检查的驱动器号(如选定了 C 盘),从快捷菜单中单击"属性"命令,打开"本地磁盘(C:)属性"对话框。单击"工具"标签,打开"工具"选项卡。

在"查错"区域中单击"开始检查"按钮,打开"检查磁盘"对话框,如图 6-30 所示。在"磁盘检查选项"区域中包含两个复选框选项:"自动修复文件系统错误"、"扫描并试图恢复坏扇区",根据需要选择。

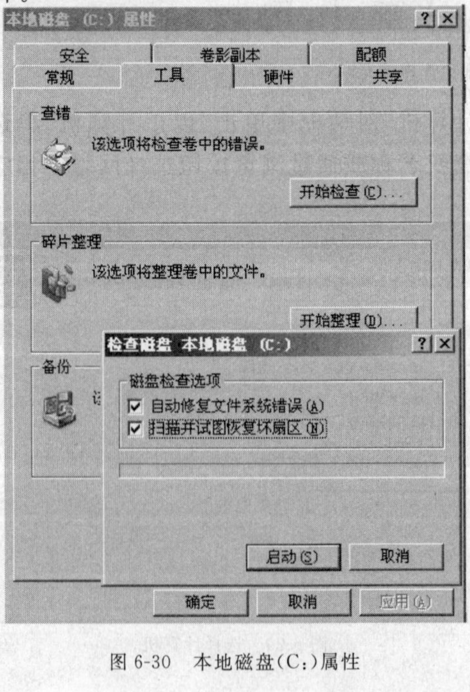

图 6-30　本地磁盘(C:)属性

单击"启动"按钮,系统将自动进行磁盘检查。系统完成磁盘检查后,弹出完成提示窗口,单击"确定"按钮,完成磁盘检查操作。

2. 磁盘清理

"磁盘清理"可以清理垃圾文件,它会搜索计算机中的所有硬盘驱动器,然后列出已下载的程序文件、Internet 临时文件和回收站中的文件等。在开始菜单的"运行"框中输入 cleanmgr,对所有的磁盘进行完全清理。

cleanmgr 支持下面的命令选项:

/d 驱动器号:一此选项用于指定希望"磁盘清理"工具清理哪个驱动器。

/sageset:n 此选项可显示"磁盘清理设置"对话框,允许指定"磁盘清理"的各种任务。n 是一个从 0 至 65535 之间的任何整数。

3. 磁盘碎片整理

计算机系统使用一段时间后,由于多次写入和删除文件,会在磁盘上产生大量的碎片文件,这些碎片文件和文件夹被分割放置在一个卷上的许多分离的部分,导致计算机系统性能下降。因此,应定期对磁盘碎片进行整理。

碎片整理操作步骤:

(1)打开"我的电脑"窗口,右击需要进行磁盘碎片整理的驱动器号如 C:,从快捷菜单中单击"属性"命令,打开"本地磁盘(C:)属性"对话框。打开"工具"选项卡。

(2)在"碎片整理"区域中,单击"开始整理"按钮,打开"磁盘碎片整理程序"窗口。

(3)选中要整理的磁盘如 C 盘,单击"分析"按钮,系统对 C 盘进行碎片分析后,对是否进行磁盘碎片整理提出建议。

单击"碎片整理"按钮,系统自动进行碎片整理工作,且将显示碎片整理的进度和各种文件信息,如图 6-31 所示。

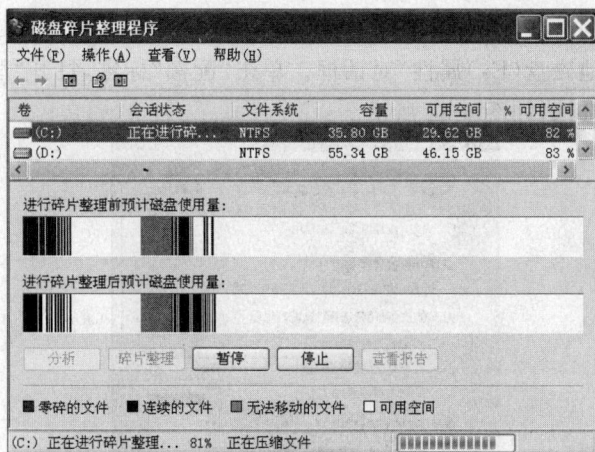

图 6-31　磁盘碎片整理

在进行碎片整理之前最好先进行"磁盘检查",以便修复磁盘上文件系统错误及恢复损坏的扇区,进行相应的修复后再对磁盘进行清理,清除无用的文件,以便有效利用磁盘空间,然后再开始整理磁盘碎片。磁盘碎片整理时,需要该盘上有 15％的可用空间进行碎片的排序用。

6.5　磁盘配额

系统管理员有一项重要的任务,是防止某个用户过量地占用服务器和网络资源,导致其他用户无法访问服务器和使用网络,对访问服务器资源的用户设置磁盘配额,控制他们对磁盘空间的使用。

6.5.1　配置值

当启动磁盘配额时,可以设置两个值:磁盘配额限制和磁盘配额警告等级。配额限制指定了用户可以使用的磁盘空间数量;警告等级指定了发警告时用户接近的配额限制点。例如,若用户磁盘配额限制是 50MB,磁盘配额警告等级可设置为 40MB。

当用户超过指定磁盘空间限制时,系统管理员还可以指定用户能否超过配额限制。当用户超过配额限制或超过磁盘配额警告等级时,也可以指定记录事件。

🐾注意:

1. 磁盘配额是基于 NTFS 文件系统实现的。

2. 如卷不是 NTFS 格式,或用户不是本地计算机上的管理员组中的成员,配额选项卡不显示在卷的属性页上。

3. 磁盘配额是针对用户的,Administrator 不受配额限制。

6.5.2　配置步骤

磁盘配额的配置步骤:

(1)在"我的电脑"窗口中右击某驱动器图标(文件系统应为 NTFS 格式),如 E 盘,选择"属性",打开"本地磁盘(E:)属性"对话框。单击"配额"标签,打开"配额"选项卡,选择"启用配额管理"复选框,如图 6-32 所示。

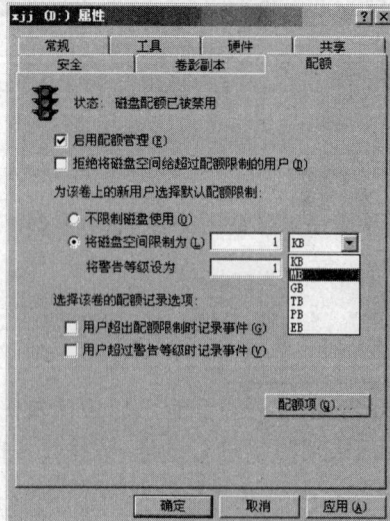

图 6-32　启用磁盘配额管理

（2）如禁止网络中某用户过量占用服务器的磁盘空间和资源，可选定"拒绝将磁盘空间给超过配额限制的用户"复选框来限制用户对磁盘空间的占用。

（3）如选定"不限制磁盘使用"单选按钮，将使所有用户随意使用服务器的磁盘空间。

（4）如选定"将磁盘空间限制为"单选按钮，同时在后面的文本框中输入限制数量，在磁盘容量单位下拉列表框中选择容量单位，如"MB"。

（5）如在"将警告等级设置为"文本框中输入合适的磁盘容量数值，当用户使用磁盘超过了该设定的磁盘配额限制时，系统将给出警告。

（6）管理员可分别选定"用户超出配额限制时记录事件"和"用户超过警告等级时记录事件"复选框，以启用这两项配额事件记录选项。

（7）单击"配额项"按钮，打开"本地磁盘（E:）的配额项"窗口，通过该窗口，管理员可以新建配额项、删除已建立的配额项，或者将已建立的配额项信息导出并存储为文件，以后需要时管理员可直接导入该信息文件，获得配额项信息。

（8）打开"配额"菜单，选择"新建配额项"，出现"选择用户"对话框，单击"高级"按钮，可以进行查询，单击"立即查找"按钮，在下面的搜索结果中列出用户，如图 6-33 所示。

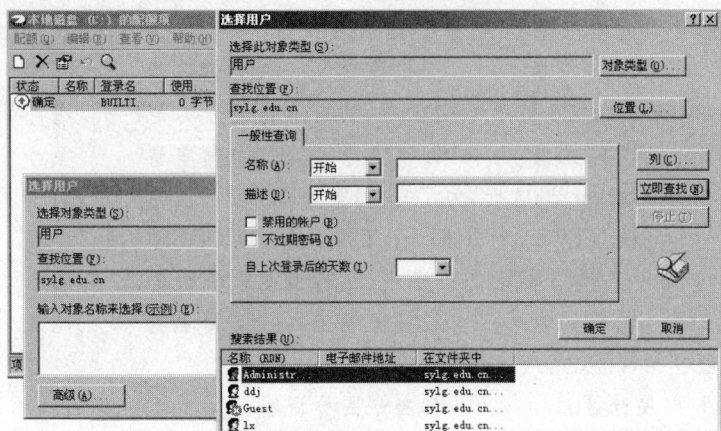

图 6-33 选择用户

（9）双击想要创建配额项的用户，系统将自动把选定的用户添加到下方列表框。单击"确定"按钮，完成对该用户的磁盘配额设置。

实训：基本磁盘分区创建、格式化及磁盘转换

实训目的：

通过本实训使学生掌握磁盘相关概念：分区、格式化、文件系统、简单卷的建立及基本磁盘和动态磁盘的转换。

实训内容：

利用虚拟机进行实习。

请学生自拟实验步骤完成实验。

本章小结

    磁盘管理是一项使用计算机时的常规任务，Windows Server 2003 的磁盘管理任务是以一组磁盘管理应用程序的形式提供给用户的，它们位于"计算机管理"控制台中，包括查错程序、磁盘碎片整理程序、磁盘备份程序及磁盘配额管理等。

    动态磁盘具有许多基本磁盘所没有的特性。利用容错 RAID 配置实现磁盘容错，提供了一种数据保护。镜像卷在卷的每个物理磁盘上同时写入相同的数据。RAID5 卷中 Windows Server 2003 通过增加一个奇偶校验信息带区来实现容错功能。

习 题

一、选择题

1. 用什么工具可以控制用户滥用服务器上的磁盘空间(   )。

A. 设置用户的读写权限   B. 磁盘配额管理

C. 在服务器上禁止该用户访问   C. 对特定用户使用磁盘发出警告

2. 基本磁盘升级为动态磁盘后，基本分区转换为(   )。

A. 带区卷   B. 动态卷   C. 镜像卷   D. 简单卷

3. Windows Server 2003 的动态磁盘中，具有容错能力的是(   )。

A. 带区卷   B. 跨区卷   C. 镜像卷   D. 简单卷

4. 安装 Windows Server 2003 时，为了安全，服务器磁盘分区的文件系统格式为(   )。

A. FAT   B. NTFS   C. FAT32   D. CDFS

5. Windows Server 2003 的动态磁盘中，运行速度最快的是(   )。

A. 带区卷   B. 跨区卷   C. 镜像卷   D. 简单卷

6. 基本磁盘包括(   )。

A. 主分区和扩展分区   B. 主分区和逻辑分区

C. 分区和卷   D. 扩展分区和逻辑分区

7. 基本磁盘最多只能建立(   )个磁盘分区。

A. 4   B. 3   C. 6   D. 2

二、填空题

1. _____是用来存放启动操作系统文件的分区，是标记为由操作系统使用的一部分物理磁盘。

2. 每个磁盘最多可以有_____个主分区。

3. _____是在扩展分区中创建的逻辑分区，功能类似于主磁盘分区，它的数目不能超过_____个。

4. 要提升磁盘读写性能，必须使用_____。

5. 拓展简单卷时，只能将_____空间合并到简单卷中。

6. _____是物理磁盘空间中分割成的多个能够被格式化和单独使用的逻辑单元。不同分区内可使用不同的文件系统格式。

7. 当启动磁盘配额时，可以设置两个值：_____和_____。

8.格式化通常分为_____和_____。如果没有特别指明,对硬盘的格式化通常是指_____。

9.安装了 Windows Server 2003 操作系统的磁盘可以划分为_____和_____两种类型。

三、简答题

1.磁盘管理主要做哪些工作?

2.怎样创建主磁盘分区? 怎样创建逻辑驱动器?

3.区别几种动态卷的工作原理及创建方法。

4.如果 RAID5 卷中某一块磁盘出现了故障,怎样恢复?

5.怎样限制某个用户使用服务器上的磁盘空间?

6.主分区和扩展分区有何区别?

7.磁盘碎片整理时,被整理的磁盘最少要有多大比例的剩余磁盘空间?

8.简述基本磁盘与动态磁盘的区别。

第7章　域与活动目录

学习目标

  1. 熟悉活动目录的基本概念

  2. 熟悉活动目录的规划与安装

  3. 掌握域控制器的管理

  4. 熟悉子域的安装与管理

  5. 熟悉组织单位的管理

本章重点和难点

  1. 重点：

  (1) 升级域控制器

  (2) 组织单位

  2. 难点：

  域间的信任传递

    大型企业常有多台服务器，为避免用户在每台服务器上都要登录，可以采用域模式。当域的规模太大时，需将一个域分成几个域，为保证不同域的用户能互相访问各域的资源，要在域间建立信任关系。

    本章主要介绍 Windows Server 2003 中活动目录（Active Directory 简称 AD）的知识、架设和基本使用技巧。包括域控制器升级、创建组织单位等简单应用。

7.1　活动目录概述

    活动目录服务是 Windows Server 网络体系的基本结构模型，是 Windows Server 2000、Windows Server 2003、Windows Server 2008 服务器操作系统平台的中心组件之一，在服务器管理中有着非常重要的作用。

7.1.1　什么是活动目录

    活动目录 AD(Active Directory)是一种目录服务，它存储有关网络对象的信息，使管理员和用户能方便地查找并使用网络中的各种资源。

    Active Directory 服务将 Internet 名称空间的概念与操作系统的目录服务集成在一起，它用 Internet 的 DNS 域名系统作为定位服务。

    活动目录的结构主要是指网络中所有用户、计算机以及其他网络资源的层次关系，就像在图书馆中将各种书籍进行不同种类的分类,并在大分类下有更加详细的子分类。

简单地说,活动目录是一个数据库,用于保存网络实体资源相关的分层结构信息,包括资源的位置及管理等信息(如计算机、用户、打印机、文件及应用等),并且提供命名、描述、查找、访问以及保护这些实体信息一致的方法,使网络中的所有用户和应用程序都能访问到这些资源。

通常情况下活动目录的结构可以分为物理结构和逻辑结构。

活动目录的物理结构:包括站点(由一个或多个 IP 子网组成,这些子网通过高速网络设备连接在一起)和域控制器。

活动目录的逻辑结构:包括域、域树、域林和组织单元间的关系。

7.1.2 域

域(Domain)是目录服务的基本管理单位。域是活动目录的分区,定义了计算机集合的安全边界。用户只要在网络上有一个域帐户,登录后就可畅游整个域。

域控制器是一台安装了活动目录的服务器(即 Domain Controller,简称 DC)控制一个域,它运行一个数据库,存储并管理加入此域内的计算机的各种信息,包括属于这个域的帐户、密码、文件位置等信息。域用户在默认情况下可以在此域内的任意客户机上登录,如图 7-1 所示。用户的登录及密码验证由 DC 完成。

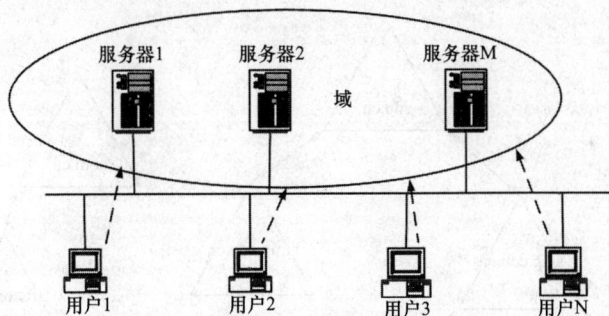

图 7-1 域示意图

Active Directory 中的每个域用域名来标识,域内需一个或多个域控制器。若一个域的完整域名为 A.B.,这其中 A 为次级域名,B 为顶级域名,最末尾的“.”表示根域,通常我们在输入域名时忽略最后的“.”。

7.1.3 域树与域林

域树是由多个域组成,这些域共享同一表结构和配置,形成一个连续的名字空间(即拥有共同的顶级域名和根域名),域树中的各个域通过信任关系联系起来。活动目录包含一个或多个域树。域树中的域层次越深级别越低,一个“.”代表一个层次,例如在 inf. sylg. edu. cn 中,inf 可以为四级域名,sylg 可能是三级域名,edu 为二级域名,cn 则为顶级域名。域树结构如图 7-2 所示。

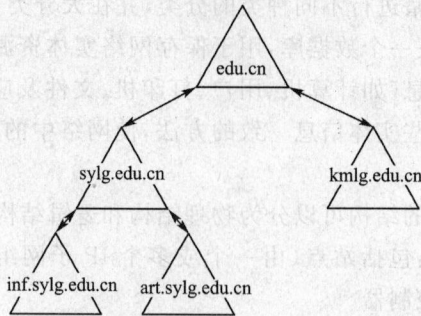

图 7-2　域树

　　域树中的域通过双向可传递信任关系连接在一起。由于这些信任关系是双向的而且是可传递的,因此在域树或域林中新创建的域可以立即与域树或域林中其他的域建立信任关系。这些信任关系允许单一登录过程,在域树或域林中的所有域上对用户进行身份验证,但这不一定意味着经过身份验证的用户在域树的所有域中都拥有相同的权利和权限。

　　域林是指由一个或多个没有形成连续名字空间的域树组成,它与上面所讲的域树最明显的区别就在于这些域树之间没有形成连续的名字空间。不同域树通过信任关系建立起域林。域林如图 7-3 所示。

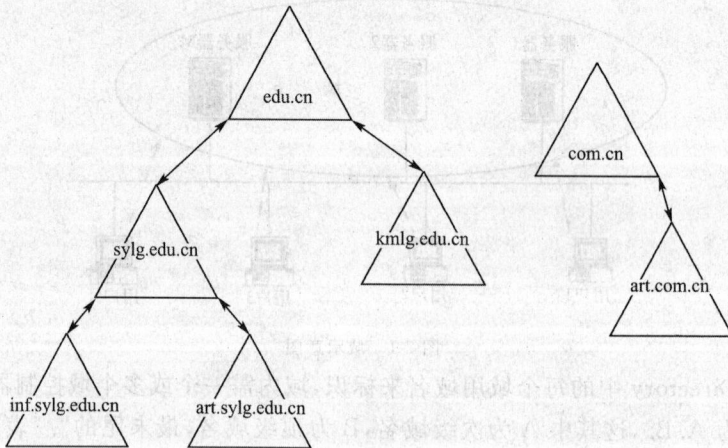

图 7-3　域林

　　当网络有上万个用户甚至更多时,域控制器存放的用户数据量是非常巨大的,如用户频繁登录,域控制器就可能不堪重负。为此,可以将一个域分成多个域,每个域的规模控制在一定的范围之内。但划分成小的域后,域 1 和域 2 的用户可能不能互访对方域中服务器上的资源。

7.1.4　信任关系及传递

　　为解决用户跨域访问资源问题,在域间引入信任:若 A 域信任 B 域,A 称为信任域(Trusting Domain),B 称为被信任域(Trusted Domain),B 域的用户可以访问 A 域中的资源。如 A 域也想访问 B 域,则要建立双向住任关系。

若 A 信任 B,B 又信任 C,如果信任关系是可传递的,A 就信任 C。

若 A 信任 B,B 又信任 C,如果信任关系是不可传递的,A 就不信任 C。

7.1.5　对象与组织单元

活动目录对象代表网络资源,每个对象都是表示特定网络资源和已命名属性的集合。

组织单元(Organizational Unit,OU)是一个对象的容器,表示单个域中的对象集合。组织单元可以包含各种对象,比如用户帐户、用户组、计算机、打印机等,甚至可以包括其他的组织单元。可以把域中的对象组织成逻辑组,以简化管理工作。可以按部门把所有的用户和设备组成一个组织单元层次结构,也可以按地理位置形成层次结构,还可以按功能和权限分成多个组织层次结构。使用组织单元可以将网络中的域数量降低,便于网络构建。

7.2　安装活动目录

7.2.1　安装前的准备

现在的企业日趋庞大,各个部门也逐渐增多,如果建单域模式,效率低;而如果对每个部门都单独建子域,管理起来又会很麻烦,所以安装活动目录之前首先要进行规划,根据实际需求设计一个合适的活动目录。在安装活动目录时应该注意以下几点:

1.在已安装有 Windows Server 2003 的计算机上(此机假设称为 W2003-1)安装活动目录,用户必须具有本地管理员权限。

2.安装活动目录过程中,SYSVOL 文件夹必须存储在 NTFS 磁盘分区。SYSVOL文件夹存储着与组策略等有关的数据。

3.设置静态 IP 地址,并将首选 DNS 服务器的 IP 指向本机(真实的 IP,并非 127.0.0.1)。

4.活动目录中域的名称解析需要 DNS 支持。域控制器(安装了活动目录的计算机)要在 DNS 服务器内登记,以便其他的计算机能通过 DNS 服务器查找到这台域控制器。

7.2.2　安装活动目录

安装活动目录可以使用图形方式引导,也可以使用命令启动安装。图形方式引导的步骤如下:

(1)在"开始"菜单的"管理工具"中,选择"管理您的服务器",然后选择"添加或者删除角色",弹出"预备步骤"对话框,提醒将网卡、网线及必要的外部设备连接好。单击"下一步",配置向导开始进行系统检测,如图 7-4 所示。

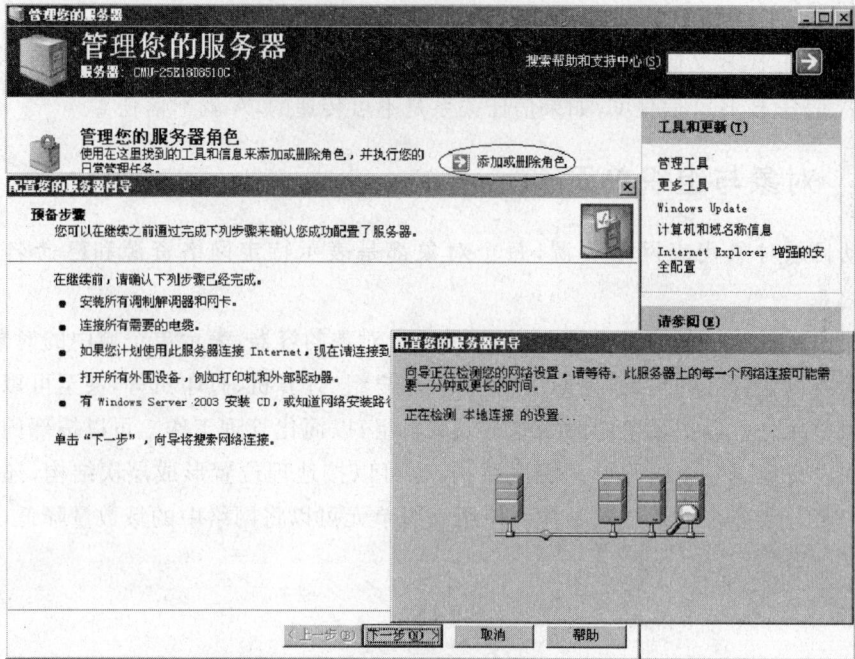

图 7-4　配置服务器向导

（2）在随后出现的"配置选项"对话框中，选择"自定义配置"，单击"下一步"，在"服务器角色"对话框中，选中"域控制器"，如图 7-5 所示，单击"下一步"，显示选择总结，确认后单击"下一步"，弹出"Active Directory 安装向导"，开始安装。

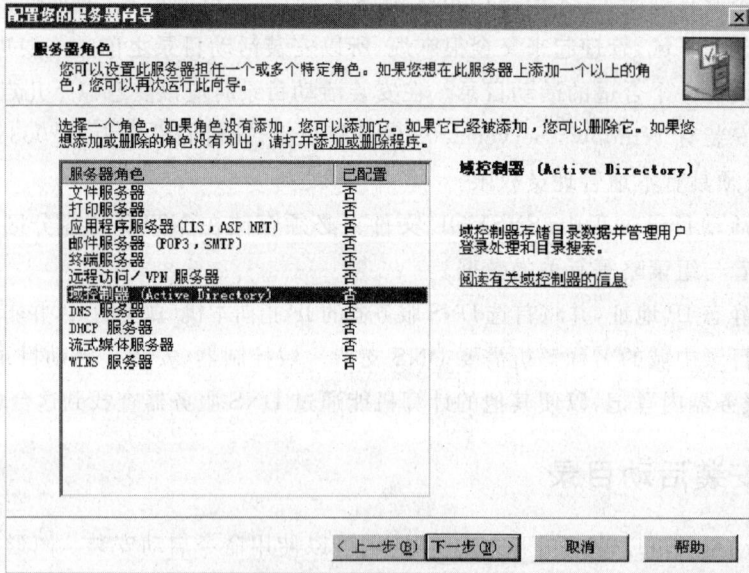

图 7-5　"服务器角色"对话框

如果选择命令行模式，则可以跳过上面这些步骤，直接在"开始"菜单里单击"运行"，输入"dcpromo"，回车后会出现"Active Directory 安装向导"对话框。

(3)单击"下一步",出现操作系统兼容性对话框,提示旧版本操作系统不满足要求。单击"下一步",弹出"域控制器类型"对话框,如图 7-6 所示。

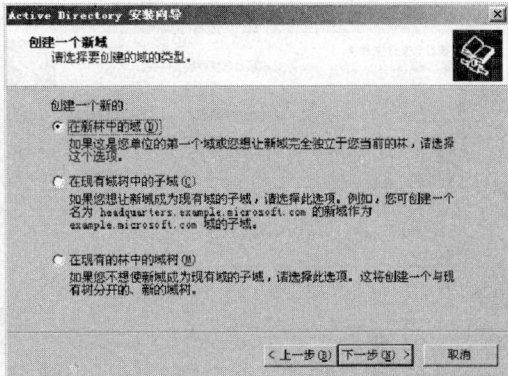

(4)当创建的是第一个域控制器时,则选择上面的"新域的域控制器"选项,如果打算为已有的域控制器架设一个备份域控制器,则选择下面的选项。选择"新域的域控制器",然后单击"下一步",打开"创建一个新域"对话框,如图 7-7 所示。

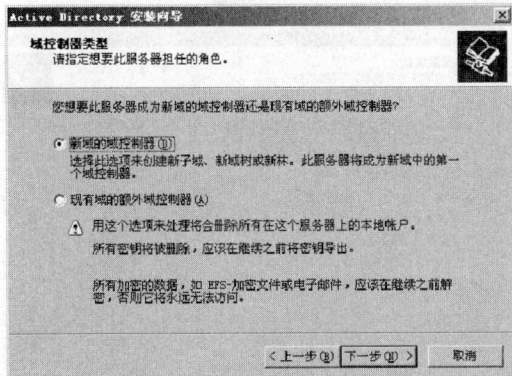

图 7-6　"域控制器类型"对话框　　　　图 7-7　"创建一个新域"对话框

(5)如所创建的域为单位的第一个域,或希望所创建的新域独立于现有目录林,可选择"在新林中的域"。如希望新的域成为现有域的子域,则选择"在现有域树中的子域"。如想创建一个与现有域树分开的、新的域树,则选择"在现有的林中的域树"。但此时第一个域必须已经架设好。单击"下一步",打开"新的域名"对话框,在"新域的 DNS 全名"文本框中输入新建域的 DNS 全名,例如 sylg. edu. cn,如图 7-8 所示。单击"下一步"。

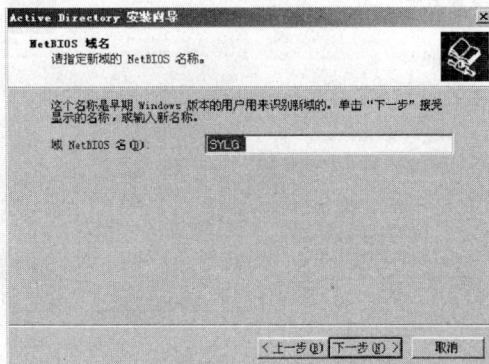

(6)弹出指定新域的"NetBIOS 域名"对话框。可采用默认值,或另输入 NetBIOS 域名,如图 7-9 所示。

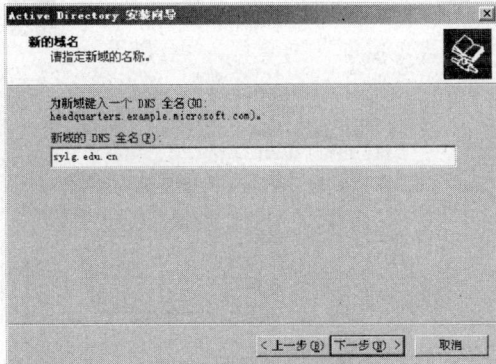

图 7-8　"新的域名"对话框　　　　图 7-9　"NetBIOS 域名"对话框

NetBIOS 名称应该尽量和 DNS 域名一样,因为如果域中的 DNS 服务器不能解析时,客户端可以通过 WINS 服务或者广播的方式来查找域控制器。单击"下一步"。

(7)弹出"数据库和日志文件文件夹"对话框,如图 7-10 所示。确定 Active Directory 数据库及其日志文件的存放位置,其中数据库存放位置的磁盘剩余空间应至少 200MB,存放日志文件的磁盘剩余空间至少有 50MB。出于安全的考虑,我们在实际架设中最好更改其存放位置。单击"下一步"。

（8）打开"共享的系统卷"对话框，如图 7-11 所示，SYSVOL 是用来存储域的公共文件的服务器副本、组策略设置脚本等的共享文件夹。在"文件夹位置"框输入如 C:\WINDOWS\SYSVOL，或单击"浏览"按钮选择路径。因为只有 NTFS 的文件格式才支持权限的设置，所以此文件夹必须在 NTFS 卷上，单击"下一步"。

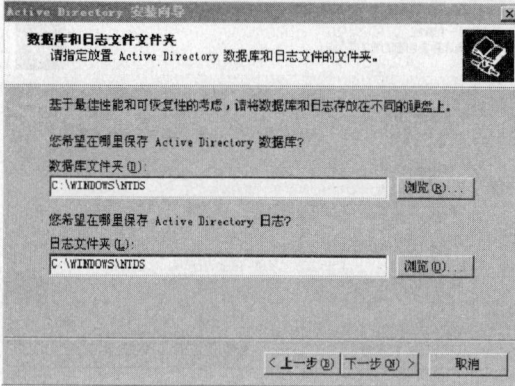
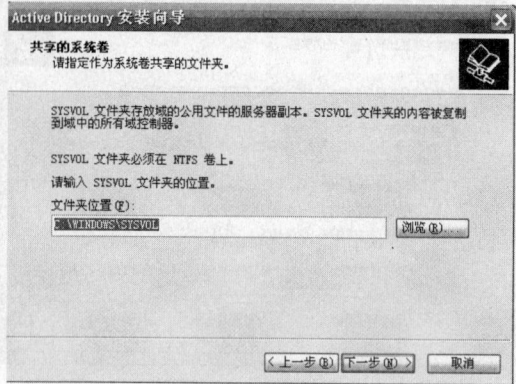

图 7-10 "数据库和日志文件文件夹"对话框   图 7-11 "共享的系统卷"对话框

（9）出现"DNS 注册诊断"对话框，如图 7-12 所示。选择"在这台计算机上安装并配置 DNS 服务器……"。也可以选择"我将在以后通过手动配置 DNS 来更正这个问题"。单击"下一步"。

（10）打开"权限"对话框，如图 7-13 所示。

"权限"设置主要是设置域（/林）功能级别。

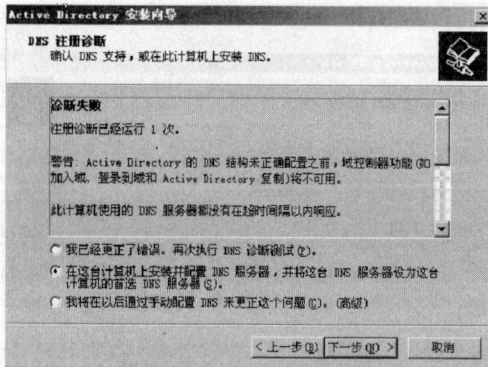
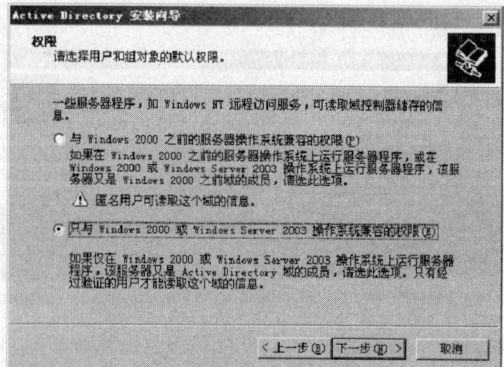

图 7-12 "DNS 注册诊断"对话框   图 7-13 "权限"对话框

域（/林）功能级别：设置域功能级别和林功能级别的主要作用是为了兼容旧版本的操作系统。假如在域里有旧版本的域控制器，那么为了让新、旧版本的系统能一起工作，必须设置合适的域功能级别。Windows Server 2003 有三种不同的域功能级别，分别是：2000 混合模式、2000 本机模式和 2003 模式。

假如域里有运行 NT Server 的域控制器，需要把域功能级别设置成 2000 混合模式（默认的模式）；假如域里没有 NT 系统，但有 2000 的域控制器，就应该把域功能级别提升为 2000 本机模式；如果域里全部是 2003 的系统，就可以把域功能级别提升为 2003 纯模式。2003 纯模式能够提供 2003 系统所有的功能。

如果单位中还存在或将要用 Windows 2000 以前的版本，选择"与 Windows 2000 之前的服务器操作系统兼容的权限"。否则，选择"只与 Windows 2000 或 Windows Server 2003 操作系统兼容的权限"。单击"下一步"。

(11)打开"目录服务还原模式的管理员密码"对话框，如图 7-14 所示，这里设置的密码是将来一旦域控制器突然断电关机，重新启动后安全帐户管理器报错，用于进行目录服务还原时所用。单击"下一步"。

(12)打开"摘要"对话框，可检查并确认设置的各个选项。单击"下一步"。

(13)开始安装过程，如图 7-15 所示，提示正在加密，此时重新设置相关资源的权限。

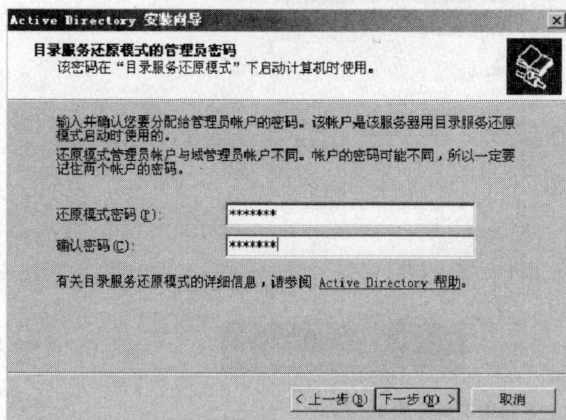

图 7-14 "目录服务还原模式的管理员密码"对话框　　图 7-15 安装过程

(14)最后提示安装完成，单击"完成"按钮。完成后必须重启服务器才能使活动目录生效。

当系统提示是否立即重新启动计算机时，建议不要立即重新启动计算机，此时应确认"本地连接"属性中的 TCP/IP 设置，将首选 DNS 指向本机自己，确认后再重新启动计算机。

重新启动计算机时，用管理员帐户登录，选择"开始"/"管理工具"应能看到出现"Active Directory 用户和计算机"选项。

7.2.3 添加额外的域控制器

在一个域中，若只有单一域控制器，一旦该域控制器崩溃将导致网络的瘫痪。为此，在一个域中应有多个域控制器，它们都有所属域的活动目录的副本，多个域控制器可以分担用户登录时的验证任务，在域中的某一域控制器上添加用户时，域控制器会把活动目录的变化复制到域中别的域控制器上。

例如，在域中增加一台服务器 W2003-2，在该服务器上安装额外的域控制器，并把活动目录从原有的域控制器复制到新的服务器上。

1. 将服务器作为成员服务器加入到域中

首先确认 W2003-2 服务器和已有的域控制器 W2003-1 在同一网段，W2003-2"本地连接"属性中 TCP/IP 的首选 DNS 应指向 W2003-1（同时也是 DNS 服务器）的 IP。两机能够正常通信。

在 W2003-2 服务器的桌面，右击"我的电脑"，在快捷菜单中选择"属性"，打开"系统属性"对话框，在"计算机名"选项卡中，单击"更改"按钮，弹出"计算机名称更改"对话框，在"隶属于"框中，选择"域"单选按钮，在其下边的框中输入要加入域的域名，如图 7-16 所示，单击"确定"按钮。

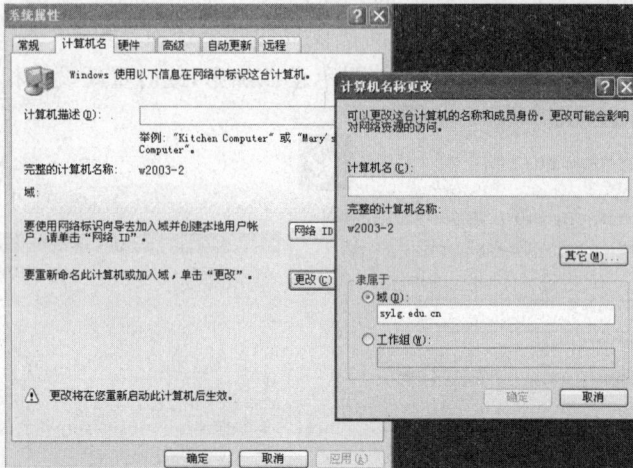

图 7-16　修改计算机的隶属特性

弹出登录输入框，输入用户名和密码，该机加入域中。

2. 在服务器上添加域控制器

（1）在"开始"/"运行"对话框中输入 dcpromo 命令，启动活动目录安装向导。在欢迎对话框和操作系统兼容性对话框中，直接单击"下一步"按钮即可。

（2）在"域控制器类型"对话框中，选择"现有域的额外域控制器"单选按钮，单击"下一步"按钮；弹出"网络凭据"对话框，输入域的域名、管理员帐户和密码，如图 7-17 所示，单击"下一步"按钮。

（3）安装向导和原有的域控制器进行联系验证信息，随后要求输入现有域的 DNS 全名，如图 7-18 所示，单击"下一步"按钮。

图 7-17　"网络凭据"对话框

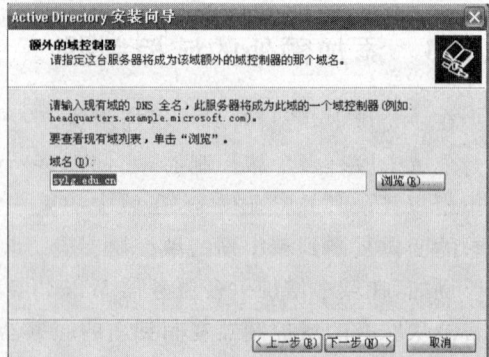

图 7-18　在"额外的域控制器"对话框中输入域名

(4)随后的步骤和创建域林中的第一个域控制器时的步骤几乎一样,不再赘述。最后,安装向导从原有的域控制器上开始复制活动目录,完成安装后,重新启动计算机。

在域中的某一域控制器上添加了用户,域控制器会把活动目录的变化复制到域中另一域控制器上。如图 7-19 和图 7-20 所示。

图 7-19　第一台域控制器上建立的用户

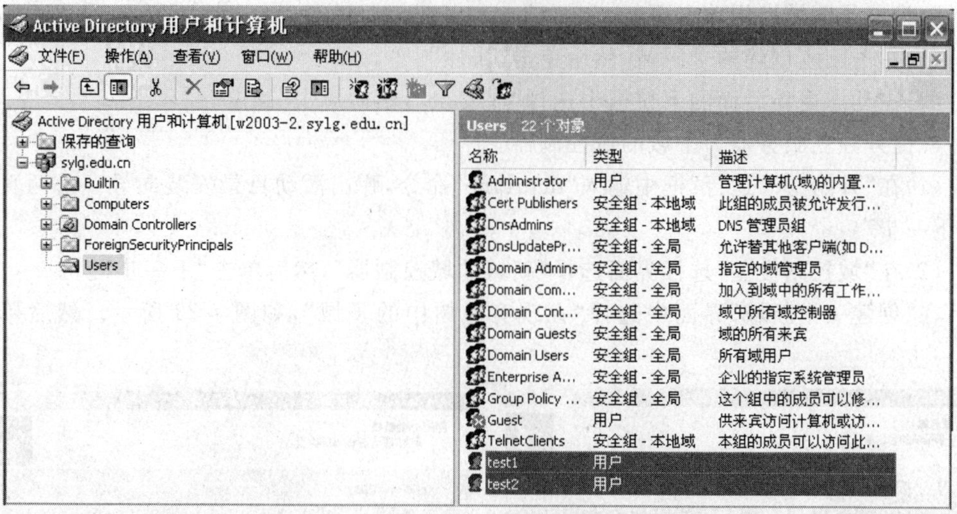

图 7-20　额外域控制器的复制数据

7.2.4　创建子域

创建子域首先要增加一台独立的服务器,然后将这台服务器提升为子域的域控制器。具体创建过程如下:

1.确保主域控制器是开启的。

本例中主域控制器的 IP 地址为 192.168.11.1,域名为 sylg.edu.cn。

2.为独立服务器设置静态 IP 地址。

要求和主域控制器的 IP 地址在相同网段,本例中为 192.168.11.100,且首选 DNS 地址为主域控制器的 IP 地址。

3.在独立服务器上安装 DNS 服务。

(1)单击"开始"/"管理工具"/"管理您的服务器",打开"管理您的服务器"窗口,单击"添加或删除角色",弹出配置您的服务器向导。

(2)在"预备步骤"窗口中,单击"下一步",在"服务器角色"窗口中选择"DNS 服务器",单击"下一步"。在"选择总结"窗口中单击"下一步",安装开始。

(3)在弹出的配置 DNS 服务器向导中,单击"取消",出现"无法完成"窗口,提示 DNS 服务已安装成功,但配置没有完成,单击"完成"关闭该窗口。

4.在独立服务器上的 DNS 服务器中创建子区域。

(1)在"管理您的服务器"窗口中单击"管理此 DNS 服务器",打开 DNS 服务器的控制台界面。

(2)右击"正向查找区域",在弹出的菜单中选择"新建区域",弹出新建区域向导,单击"下一步"。

(3)在"选择区域类型"界面选择"主要区域",然后单击"下一步";

(4)输入子区域名称,本例中为 sub.sylg.edu.cn,如图 7-21 所示。

(5)其他设置采用默认值,单击"下一步",直到完成。

5.为该子区域启用动态更新。

(1)右击刚刚创建的子区域,然后单击"属性"。

(2)在动态更新后面的卜拉框中选择"非安全",然后单击"确定"。

6.提升独立服务器为子域的域控制器。

(1)在"开始"—"运行"框中输入"dcpromo"命令,弹出活动目录安装向导。前两页单击"下一步"。

(2)在"域控制类型"选择界面选择"新域的域控制器",然后单击"下一步"。

在"创建一个新域"界面中选择"在现有域树中的子域",如图 7-22 所示。然后单击"下一步"。

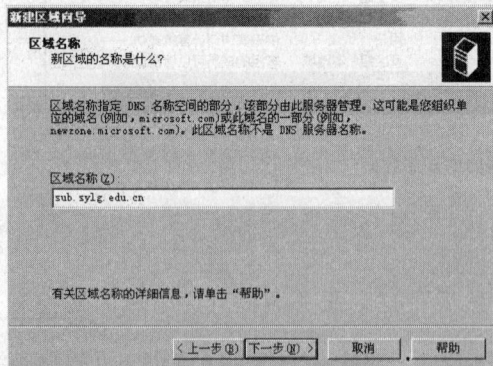

图 7-21　输入子域区域名称　　　　　　　　图 7-22　创建新域界面

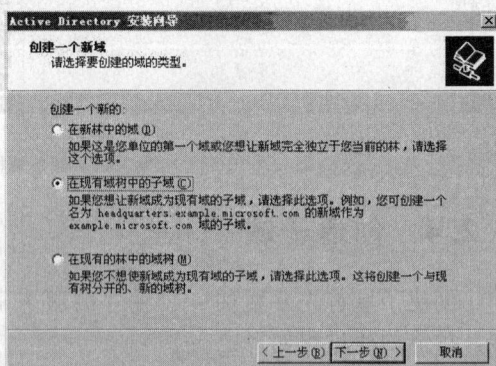

(3)在"网络凭证"界面输入主域控制器的用户名、密码和域名,如图 7-23 所示。然后

单击"下一步"。

（4）在"子域安装"界面输入父域的名称和子域的名称，如图 7-24 所示。然后单击"下一步"。

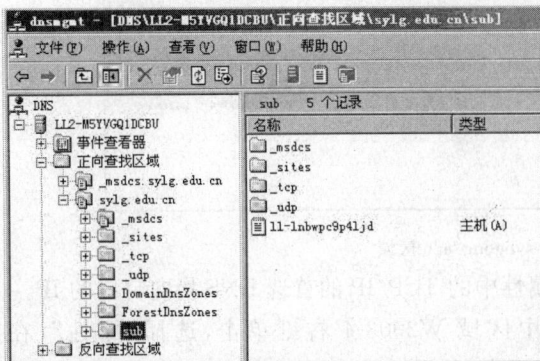

图 7-23　网络凭据界面　　　　　　　　　　图 7-24　子域安装界面

（5）随后的创建步骤和创建域林中的第一个域控制器的步骤相同，不再赘述。

创建完子域控制器后，我们会在父域的 DNS 区域中看见子域的名为"sub"的空间，如图 7-25 所示。

7. 删除父域上的子域空间，然后新建委派。

（1）在父域的 DNS 区域中删除子域空间后，右键单击域名"sylg.edu.cn"，在弹出的菜单中选择"新建委派"。如图 7-26 所示。

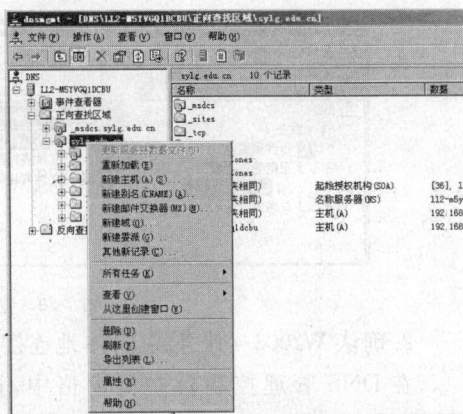

图 7-25　父域的 DNS 服务器界面　　　　　　图 7-26　新建委派界面

（2）打开"新建委派向导"对话框，单击"下一步"，在"受委派域名"窗口中输入子域的域名，如图 7-27 所示，然后单击"下一步"。

（3）在"名称服务器"界面添加上子域控制器的完全合格的域名和 IP 地址，如图 7-28 所示。单击"确定"，然后单击"下一步"，最后单击"完成"。

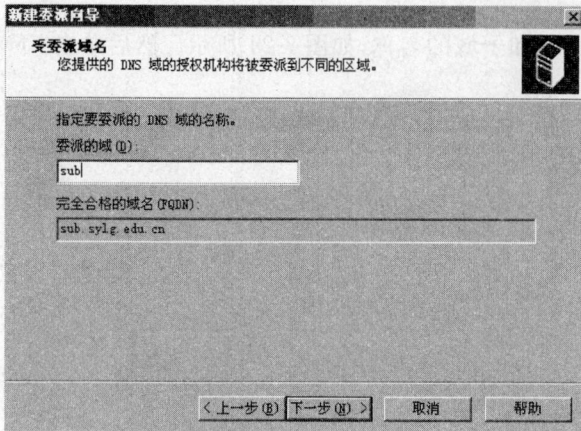

图 7-27 受委派的域名界面 　　　　图 7-28 名称服务器添加界面

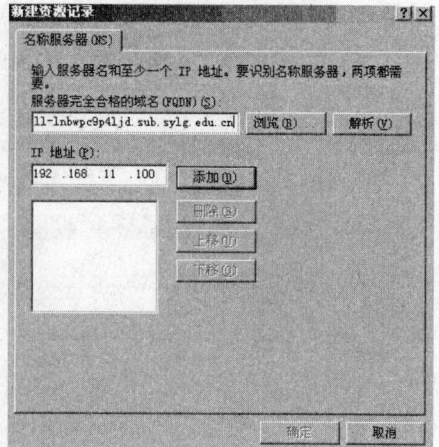

8. 将子域控制器的首选 DNS 地址指向自己,即更改为 192.168.11.100,自此完成子域的架设。

7.2.5 创建域林中的第二棵域树

使用另一台计算机 W2003-4 架设域林中的第二棵域树。拟用 syligong.edu 域名。

1. 在 W2003-4 计算机上安装 DNS 组件,并建立对应的 syligong.edu 区域。如图 7-29 所示。

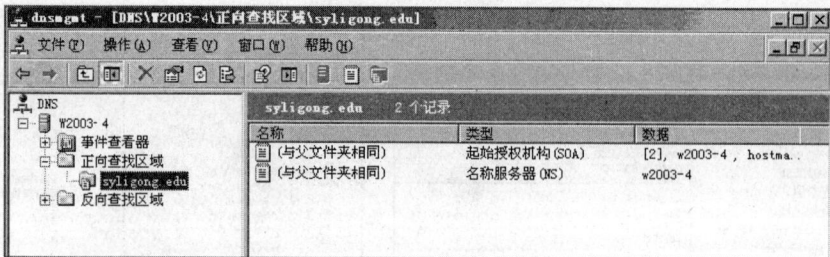

图 7-29 建立 syligong.edu 区域

2. 确认 W2003-4 服务器上"本地连接"属性中的 TCP/IP 的首选 DNS 指向自己的 IP。

在 DNS 管理控制台左侧窗格中,选中区域 W2003-4 右键单击,选择"属性",在"W2003-4 属性"对话框中,选择"转发器"选项卡,如图 7-30 所示。配置转发器指向 sylg.edu.cn。保证新域中的计算机能正确查询 sylg.edu.cn 区域。

3. 开始升级成域控制器。

在"开始"/"运行"框中,输入 dcpromo 命令,弹出活动目录安装向导,连续单击"下一步"按钮,至创建一个新域时,选择"在现有的林中的域树",如图 7-31 所示。单击"下一步"按钮。

在"网络凭据"对话框中,输入 W2003-4 有权限升级域控的用户名和密码,并指明林中的主域,如图 7-32 所示。单击"下一步"。

图 7-30　配置转发器

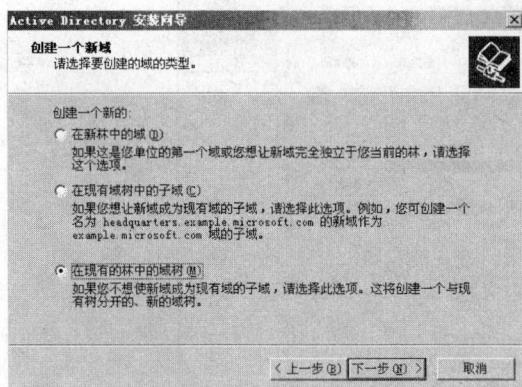

图 7-31　在现有的林中的域树

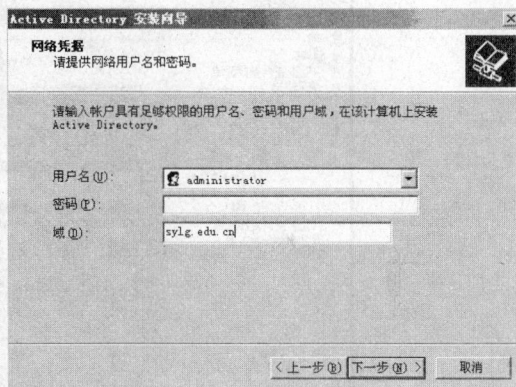

图 7-32　"网络凭据"对话框

在出现的"新域目录树"对话框中,输入规划的新域名,这里为 syligong. edu,如图 7-33所示。随后的步骤和创建域林中的第一个域控制器的步骤相同,不再赘述。

4. 第二棵域树建立完成后,在 sylg. edu. cn 的域控服务器 W2003-1 上配置转发器,并指向 syligong. edu,如图 7-34 所示。

在 W2003-4 计算机上安装完活动目录后重新启动计算机,用管理员帐户登录,单击"开始"/"管理工具"/"Active Directory 域和信任关系"菜单项打开窗口,可以看到syligong. edu 域已经存在,如图 7-35 所示。

注意: 使用转发器来确保能正确查询另一棵域树的 DNS 信息。

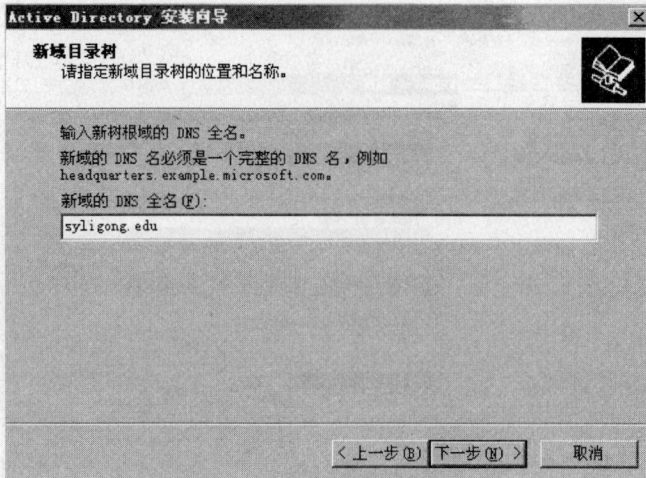

图 7-33 输入规划的域名 syligong.edu

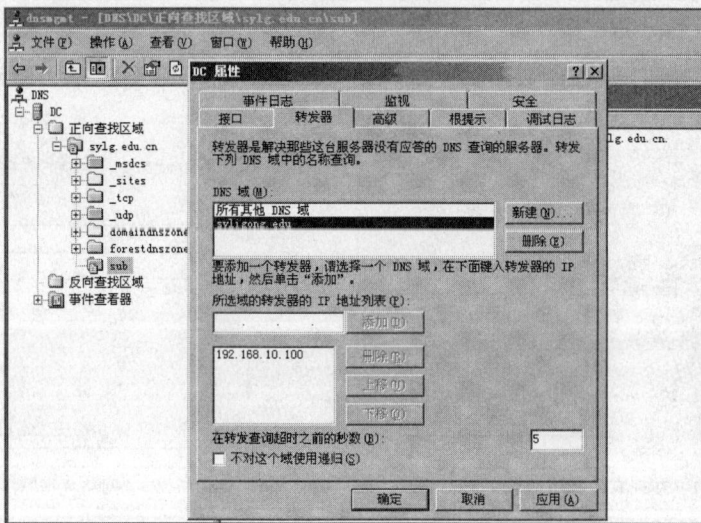

图 7-34 在 sylg.edu.cn 上配置转发器

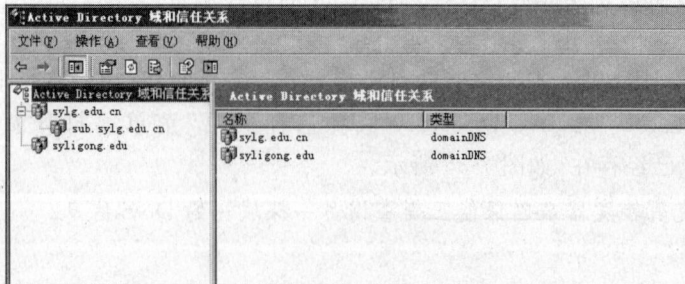

图 7-35 信任域

7.2.6　服务器角色与相互转换

1.服务器角色

在 Windows Server 2003 中,服务器有三种角色,独立服务器、成员服务器和域控制器。

(1)独立服务器

如果一个服务器既不安装活动目录,也不加入域中,该服务器就是独立服务器。服务器只向网络内的计算机提供单一的服务。不负责网络内计算机的管理职能。

(2)成员服务器

成员服务器不安装活动目录,加入域中,不存储与系统安全策略相关的信息,仅为域提供网络资源和一定服务的服务器,如 FTP、E-mail、Web 服务器、数据库服务器、远程访问服务器等。在成员服务器上可为用户或组设置访问权限,允许用户连接到该服务器并使用相应资源。

要把一台计算机加入域,必须要由网络管理员进行相应的设置,才能将其加入到域中。

(3)域控制器

安装了活动目录的服务器即为域控制器。该服务器控制网络上的计算机能否加入域中,域服务器负责每一台联入网络的电脑和用户的验证工作,相当于一个单位的门卫一样。

2.服务器角色转换

成员服务器安装活动目录后,就升级为域控制器;将域控制器上的活动目录删除,使其降级为成员服务器或独立服务器。

成员服务器从域中脱离即成为独立服务器。三种角色转换关系如图 7-36 所示。

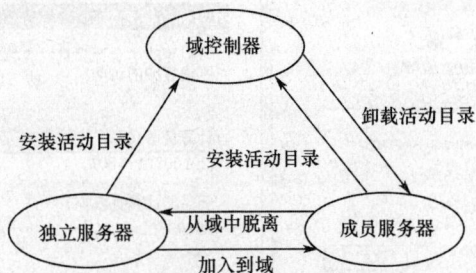

图 7-36　服务器角色转换示意图

(1)卸载活动目录

一台域控制器:在"运行"框中输入"dcpromo"命令,打开如图 7-37 所示的安装向导对话框。降级为成员服务器的步骤是和升级一样的,只是在降级时会询问"这个服务器是域中的最后一个域控制器",勾选此选项。依次单击"下一步"即可。

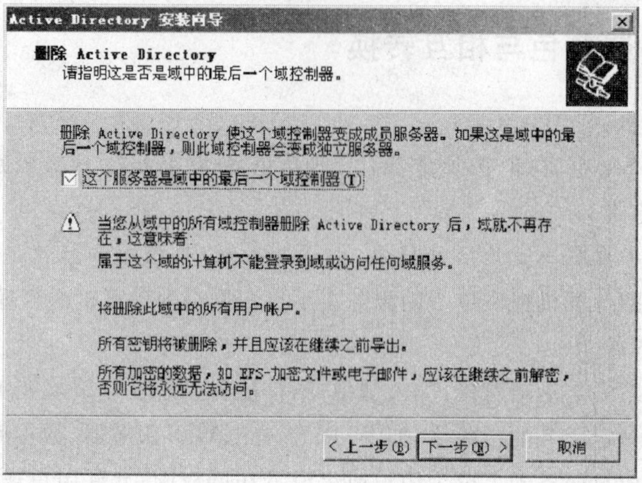

图 7-37　卸载活动目录

(2)独立服务器升级为成员服务器

①确认"本地连接"属性的 TCP/IP 属性中,首选 DNS 指向了要加入域的 DNS 服务器。

②从"开始"/"控制面板"/"系统"菜单中,打开"系统属性"对话框,选择"计算机名"选项卡,如图 7-38 所示。

③单击"更改"按钮,打开"计算机名称更改"对话框,如图 7-39 所示。在"隶属于"框中,选中"域"单选项,输入要加入的域的名字:sylg.edu.cn。

④输入要加入的域的管理员帐户和密码,重新启动计算机即可。

(3)成员服务器降级为独立服务器

在图 7-39 的"隶属于"框中,选择"工作组",并输入从域中脱离后要加入的工作组的名字,输入要脱离的域的管理员帐户和密码,重新启动计算机即可。

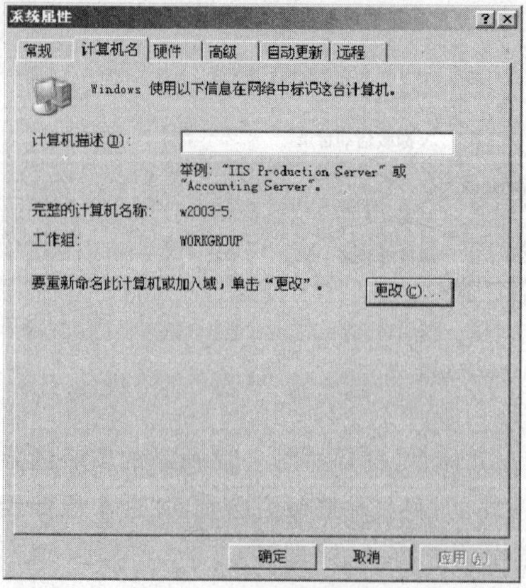

图 7-38　"系统属性"对话框

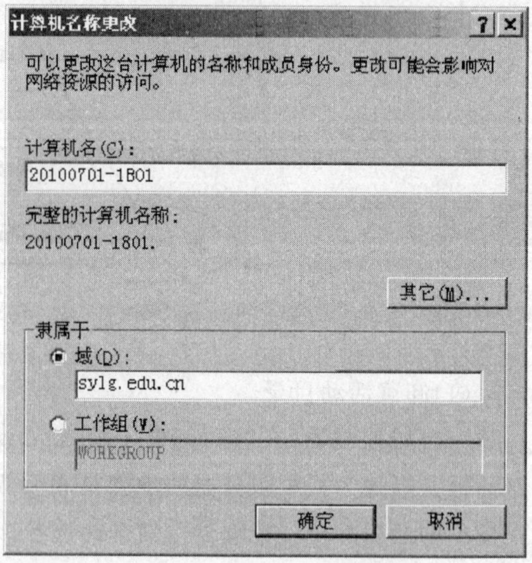

图 7-39　"计算机名称更改"对话框

7.3　活动目录的管理

　　活动目录定义了管理的层次,加入到活动目录中的计算机和用户都要登录并验证身份,以确定相应权限,才可以去使用网络资源,因此管理活动目录的实质就是管理所有对象的权限。

　　在服务器安装完活动目录后,"计算机管理"菜单中没有了"本地用户和组"的选项。这是因为由域控制器管理了整个域的用户验证,所以不再有本地用户的说法。在"管理工具"菜单中会出现三个新项,分别是"Active Directory 用户和计算机"、"Active Directory 域和信任关系"、"Active Directory 站点和服务"。

7.3.1　Active Directory 用户与计算机

　　每个用户都需要有一个帐户,以便登录到域访问网络资源或登录到某台计算机访问该机上的资源。用户的帐户类型有域帐户(工作组级别则是本地帐户)和内置帐户。域帐户用来登录网络中的某台计算机,内置帐户用来对计算机进行管理。组是用户帐户的集合,我们可以对组赋予权限或权利,组内成员即可继承该组相应的权限或权利。

7.3.2　创建与管理组织单位

　　组织单位即 Organizational Unit,简称 OU,本质是一个活动目录下的容器,可以将用户、组、计算机、打印机等资源或其他组织单位存放其中,然后通过指派组策略来对资源进行管理,可以理解成 Windows 中最小的作用域。

　　单击"开始"/"管理工具"/"Active Directory 用户和计算机"命令,打开"Active Directory 用户和计算机"窗口,如图 7-40 所示。

　　图中,这些类似文件夹的图标都是容器,图中有半本书打开样子的是 OU,它是一种特别的活动目录对象类型,只有在 OU 这个容器类型下才可以设置组策略。

图 7-40　容器对象

　　可以创建 OU,但不能创建普通容器。父级 OU 的策略设置默认会传递到子 OU 上。在左窗格中右击域图标 sylg.edu.cn,选择"新建"/"组织单位"可以创建组织单位。在这里我们建议将不同的资源分别放置在不同的组织单位中,便于管理。组织单位可以容纳用户、组、计算机和其他组织单位,但它不能容纳来自其他域的对象。

在下一章,将详细介绍用户和计算机。

可以直接在组织单位下创建资源目标,也可以对资源目标进行迁移,例如用户可以通过"移动"迁移,甚至直接拖曳。组织单位可以进行委派,通过委派功能可以实现将某些权限赋予其他用户,让其他用户来管理存储在活动目录中的对象,这样会极大地减轻管理员的负担。

7.3.3 Active Directory 域与信任关系

在同一个域内,成员服务器根据 Active Directory 中的用户帐号,可以很容易地把资源分配给域内的用户。但在多域环境下,就会产生资源和权限的跨域分配问题。

1. 域的信任关系

资源跨域分配的正确方法是创建域间信任关系,域信任关系是有方向的,如果 A 域信任 B 域,那么 A 域的资源可以分配给 B 域的用户;但 B 域的资源并不能分配给 A 域的用户,如果需要双向互访,就要创建双向信任。

如果 A 域信任了 B 域,那么 A 域的域控制器将把 B 域的用户帐号复制到自己的 Active Directory 中,这样 A 域内的资源就可以分配给 B 域的用户了。从这个过程来看,A 域信任 B 域首先需要征得 B 域的同意,因为 A 域信任 B 域需要先从 B 域索取资源。这点和习惯性的理解不同,信任关系的主动权掌握在被信任域手中而不是信任域。

信任关系是可以传递的,也就是说 A 域和 B 域相互信任,B 域和 C 域相互信任,那么 A 域和 C 域也会自动相互信任而无需额外创建。

2. 查看信任关系

选择"开始"/"管理工具"/"Active Directory 域和信任关系",弹出"Active Directory 域和信任关系"窗口,如图 7-41 所示。

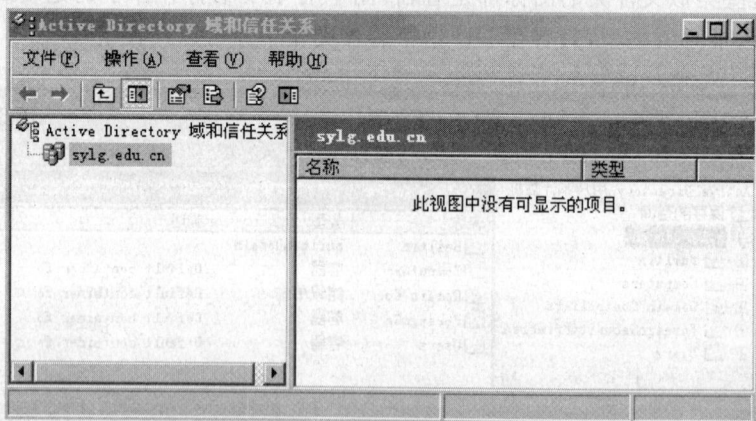

图 7-41 "Active Directory 域和信任关系"窗口

在窗口左部,右击 sylg. edu. cn,选择"属性"命令,打开"sylg. edu. cn 属性"对话框,选择"信任"选项卡,可以查看 sylg. edu. cn 和其他域的信任关系。

父子域之间的信任在创建子域完成后便自动生成,如图 7-42 所示,子域创建完成后直接有双向信任。

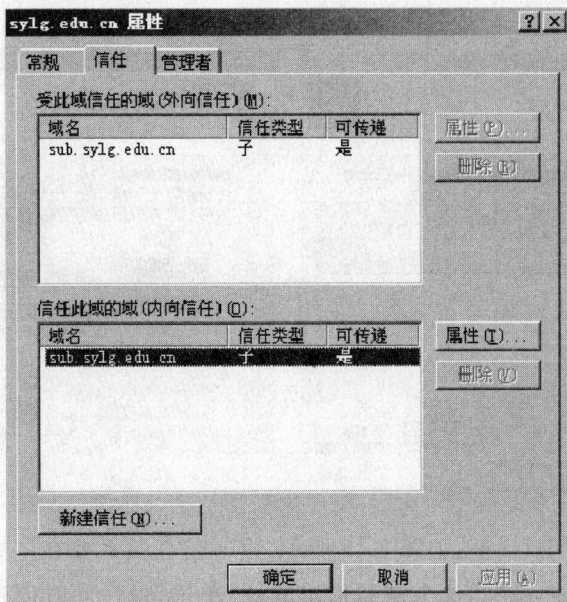

图 7-42 域属性的信任关系

对话框的上部列出的是所有受 sylg. edu. cn 所信任的域,表明 sylg. edu. cn 信任其子域 sub. sylg. edu. cn;窗口下部列出的是信任 sylg. edu. cn 的域,表明其子域 sub. sylg. edu. cn 信任它。

林之间的信任需要手工创建,创建之前必须要提升林级别至 2003 纯模式,如果在不同网段内,即广播搜索不到另一个域的 NetBIOS 名称时,需要创建相关 DNS 记录,以保证能解析出地址。

3.配置信任关系

若在同一网段中还有一个域 syligong. edu,其域控制器 W2003-4 的 IP 地址为 192.168.10.10,要和 sylg. edu. cn 间建立信任关系,首选 DNS 指向 W2003-1,要建立信任关系必须在 syligong. edu 域中创建一个传出信任,用来信任 sylg. edu. cn;同时还要在 sylg. edu. cn 中创建传入信任,用来被 syligong. edu 信任。

在 syligong. edu 域内设置步骤如下:

(1)在 W2003-4 上选择“开始”/“管理工具”/“Active Directory 域和信任关系”,弹出“Active Directory 域和信任关系”窗口,右击“syligong. edu”选择“属性”,在“syligong. edu 属性”对话框中的“信任”选项卡中,单击“新建信任”按钮;弹出“新建信任向导”对话框,单击“下一步”按钮,弹出“信任名称”对话框,如图 7-43 所示。输入域的名称 sylg. edu cn,单击“下一步”按钮。

(2)弹出“信任方向”对话框,如图 7-44 所示。选择信任关系的方向,可以是“双向”、

"单向:内传"、"单向:外传"。双向的信任关系实际上是由两个单向的信任关系组成的，因此也可以通过分别建立两个单向的信任关系来建立双向信任关系。为了方便，选择"双向"单选按钮，单击"下一步"按钮。

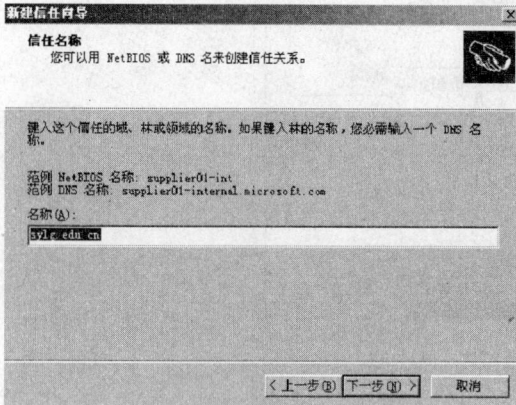

图 7-43 "信任名称"对话框

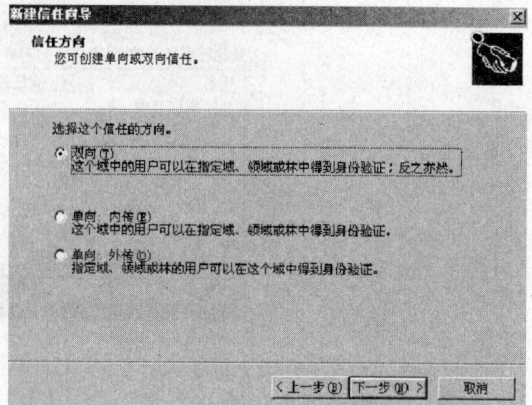

图 7-44 "信任方向"对话框

(3)弹出"信任方"对话框，如图 7-45 所示，由于信任关系要在一方建立传入，在另一方建立传出，为了方便，选择"这个域和指定的域"单选按钮，同时创建传入和传出信任，单击"下一步"按钮。

(4)弹出"用户名和密码"对话框，如图 7-46 所示，输入 sylg.edu.cn 域的管理员帐户和密码，单击"下一步"按钮。

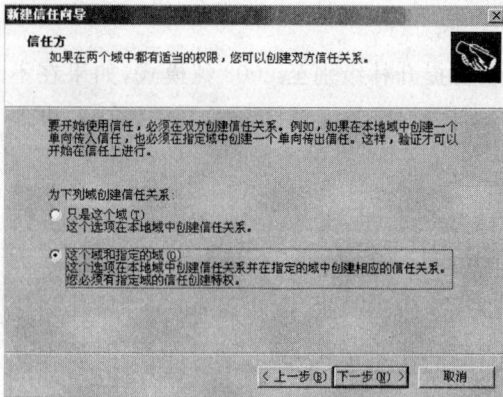

图 7-45 "信任方"对话框

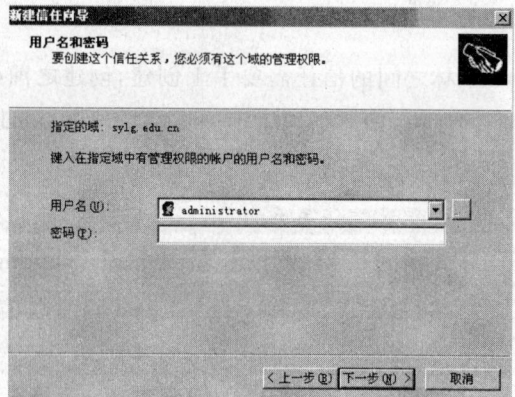

图 7-46 "用户名和密码"对话框

(5)弹出"选择信任完毕"对话框，单击"下一步"按钮。

(6)弹出"确认传出信任"对话框，如图 7-47 所示。选择"是，确认传出信任"单选按钮，单击"下一步"按钮。

(7)弹出"确认传入信任"对话框，如图 7-48 所示。选择"是，确认传入信任"单选按钮，单击"下一步"按钮。

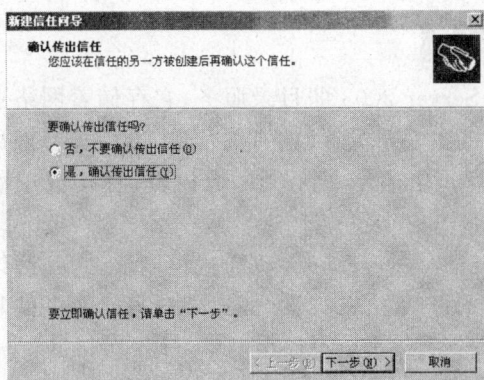

图 7-47 "确认传出信任"对话框　　　　图 7-48 "确认传入信任"对话框

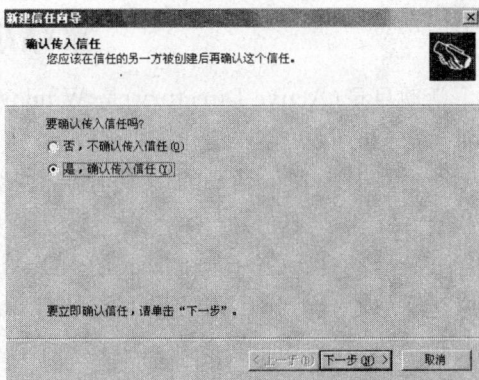

(8)弹出"创建并确认信任关系成功"窗口,单击"完成"按钮后返回"syligong.edu 属性"对话框,如图 7-49 所示。

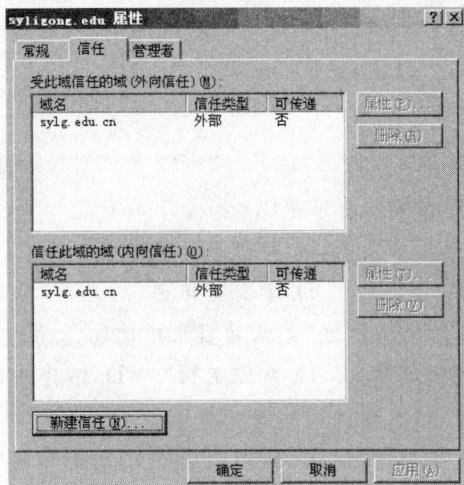

图 7-49 新创建的信任关系

实训:安装与管理活动目录

实训目的:

掌握如何建立域控制器,掌握如何建立子域,理解如何在域林间建立信任关系。

实训内容:

1.四个同学为一组,自己规划域,建立域控制器,建立域间信任关系。

2.安装与管理 Active Directory。

在一台虚拟机上安装 Active Directory,类型为"新域的域控制器",域名为 xxu.edu.cn。

3.利用另一台虚拟机建立子域,xinxi.xxu.edu.cn,建立起与主域的双向信任关系。

本章小结

活动目录（Active Directory）是 Windows Server 2003 的目录服务，它存储着网络上各种对象（如用户、组、计算机、共享资源、打印机和联系人等）的有关信息，以易于管理员和用户查找及使用。活动目录具有层次化结构，由组织单元、域、域树、域林构成层次结构。

安装活动目录（Active Directory）的 Windows Server 2003 称为域控制器，它是网络正常运作中心，起到网络控制作用。域（Domain）是 Windows Server 2003 目录服务的基本管理单位，任何用户只要在域中有一个帐户，一次登录就可以漫游整个域。

可利用"管理您的服务器"窗口或在运行框输入 dcpromo. exe 命令安装活动目录。

使用"管理工具"提供的活动目录工具对域进行管理。主要有：

Active Directory 用户和计算机：用来设置或管理域用户、组和计算机。

Active Directory 域和信任关系：用来设置或管理域信任关系。

Active Directory 站点和服务：用来设置或管理网站。

习　题

一、选择题

1. 活动目录中的域间的信任关系是（　　　）。

A. 单向不可传递　　　　　　　　B. 双向不可传递

C. 双向可传递　　　　　　　　　D. 单向可传递

2. 从活动目录的组成结构看，"域"是活动目录中的（　　　）。

A. 网络结构　　　B. 逻辑结构　　　C. 系统架构　　　D. 拓扑结构

3. 在域模式中，由（　　　）实现对域的统一管理。

A. 客户机　　　B. 服务器　　　C. 域控制器　　　D. 成员服务器

4. 如果父域的名字是 EDU. CN，子域的相对名为 sylg，那么子域名为（　　　）

A. edu. cn. sylg　　　　　　　　B. sylg. cn. edu

C. sylg. edu. cn　　　　　　　　D. sylg. cn

二、填空题

1. 活动目录（Active Directory）是一种_____服务，它存储有关_____（如用户、组、计算机、共享资源、打印机和联系人等）的信息，使管理员和_____能方便地查找并使用。

2. 活动目录的结构主要是指网络中所有用户、计算机以及其他网络资源的_____关系，为解决用户跨域访问资源问题，在域间引入_____。

3. 想打开"Active Directory 安装向导"，需在"运行"对话框框中输入_____命令，回车。

4. 在 Windows Server 2003 中，服务器有三种角色，_____、成员服务器和_____。

5. 安装了_____的服务器即升级为域控制器。

6.成员服务器_____活动目录,加入域中,不存储与系统安全策略相关的信息,仅为域提供_____。

7.如果一个服务器既不安装活动目录,也不加入域中,该服务器就是_____服务器。

8.OU,本质是一个_____的容器,可以将用户、组、计算机、打印机等资源或其他组织单位_____,然后通过指派组策略来对资源进行管理。

9.域树中的子域和父域的信任关系是_____。

10.活动目录存放在_____中。

11.同一个域中的域控制器的地位是_____。

12. Windows Server 2003 服务器的 3 种角色是_____、_____、_____。

第8章 用户与计算机帐户

本章学习目标

1. 熟悉组的概念
2. 熟悉用户、计算机和组帐户的命名规则
3. 掌握创建和管理帐户的方法
4. 熟悉创建和管理本地组
5. 熟悉创建和管理域组
6. 熟悉系统默认用户和组帐户权限

本章学习重点和难点

1. 重点：

创建和管理帐户、域帐户

2. 难点：

组建域模式网络

有些学校的计算机网络要求用户输入用户名和密码才能上网,而有些用户没有密码也能上网;同时有些用户上网后发现自己的权限与他人的不同,这又是怎么回事?

本章主要讲解 Windows Server 2003 关于用户帐户和组帐户的相关知识。

8.1 用户帐户管理

8.1.1 用户帐户概述

每个用户都需要有一个帐户以便登录到域访问网络资源或登录到某台计算机访问该机上的资源。计算机帐户是计算机接入网络的基础。

用户帐户包括:登录所需要的用户名和密码、用户帐户所在的组、用户访问权限。

1. 用户帐户分类

(1)按工作模式分

①本地用户帐户:在非域控制器的 Windows 2000 以上的计算机上创建本地用户。用户帐户的信息存储在本地机中称为 SAM(Security Accounts Manager,安全帐户管理器)的数据库中。本地用户帐户只能够登录帐户所在的计算机,访问该机资源,而无法登录域。

本地用户帐户通过"计算机管理器"来创建。

②域用户帐户：域用户帐户建立在域控制器上，这个帐户的信息会存储在 Active Directory 数据库中。域用户帐户可用来登录域、访问域内的资源(包括域内任何计算机上的共享文件夹及共享打印机等)。

域用户帐户通过域控制器的"Active Directory 用户和计算机"来创建。

(2)按创建方式分

①内置用户帐户：Windows Server 2003 安装完毕后，系统会在服务器上自动创建一些内置帐户。常用的内置帐户是 Administrator(系统管理员)和 Guest(来宾)。

Administrator(系统管理员)：可改名，不可被禁止、删除、不受时间和计算机限制。

Guest(来宾)：是为网络上临时访问计算机的用户提供的。该帐户自动生成，可以更改名字，但不能被删除。

该帐户默认是被禁止的，当希望网络上用户来访问，可又不知是谁或不愿为每个用户建立帐户时，可启用它。

②自定义用户帐户：自定义用户帐户可以由管理员根据实际需要建立，权限由管理员赋予。

2. 用户帐户命名规则

在创建用户时需要注意以下几个原则：

(1)用户名可以是字符和数字的组合，且不分大小写。

(2)用户名必须唯一。

(3)用户名不能使用保留字符:"/\[ ];:;|＝,＋＊? ＜ ＞。

(4)用户名不能和组名相同。

(5)用户名过长时，系统只识别前 20 位字符。

3. 密码命名规则

(1)应该为 Administrator 帐户分配密码，防止未经授权就使用。

(2)强密码必须涵盖英文大写、小写、数字、符号中的三项，如"1a2b3C! ♯"。

(3)使用不易猜出的字母组合。例如不使用用户的名字、生日、家庭成员的名字等。

(4)强密码的长度在 7～128 个字符之间。

8.1.2　本地帐户管理

用户可使用"本地用户帐户"登录该帐户所在的计算机，使用该机资源，但无法登录域，无法使用网络上其他计算机的资源。

建议只在未加入域的计算机上创建本地用户帐户，如果某计算机属于域，则应该为该计算机用户创建域用户帐户。

1. 创建本地帐户

创建本地用户帐户的步骤为：

(1)右击"我的电脑"，在弹出的菜单中选择"管理"，打开"计算机管理"窗口，如图 8-1 所示。在计算机管理控制台左面的控制台树中，找到"本地用户和组"。

(2)双击"本地用户和组"，然后右击"用户"，选择"新用户…"，出现"新用户"对话框，如图 8-2 所示。在该对话框内按要求填入相应内容即可。

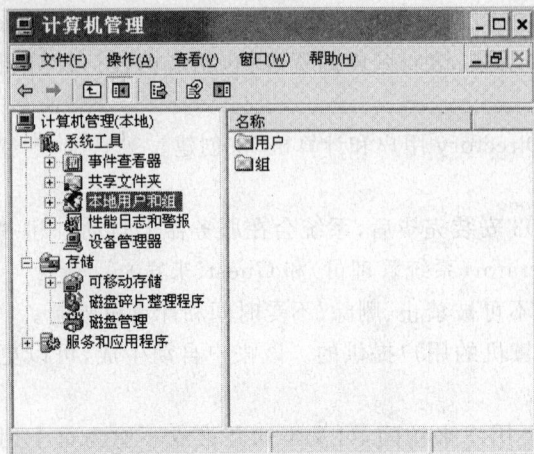

图 8-1 "计算机管理"窗口

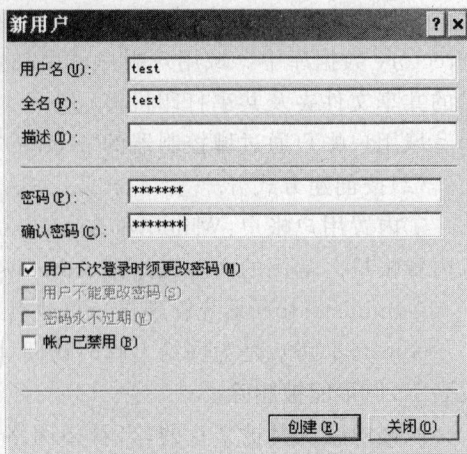

图 8-2 "新用户"对话框

其中:

用户名:即登录时所使用的帐户名称。

全名:用户的完整名称。

描述:描述此用户的文字。

密码:用户帐户的密码。

确认密码:用户需要再次输入密码以确认无误。为了防止密码被窃,密码和确认密码都用星号显示。

选中"用户下次登录时须更改密码"复选框。

(3)填写完毕后单击"创建"按钮,则增加了一个新的用户帐户,如 test。

2.用户属性配置

用户帐户属性的配置方法很简单,具体步骤如下:

(1)在"计算机管理"控制台树中,双击"本地用户和组",选中"用户",在右窗格列出所有用户,本地用户图标为以计算机作背景的单人头像,如图 8-3 所示。右击相应用户(如 test),在快捷菜单中选择"属性",打开如图 8-4 所示的"test 属性"对话框。

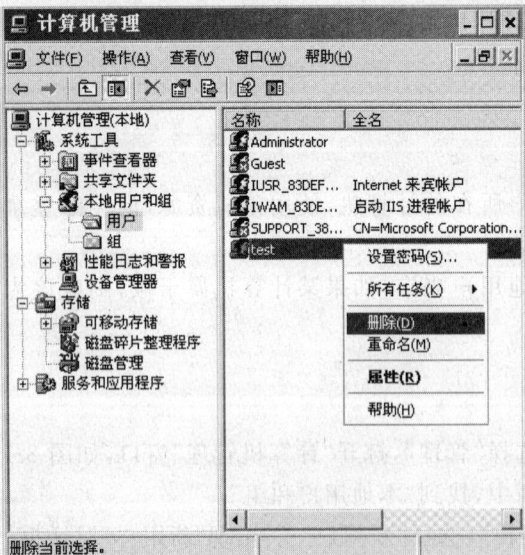

图 8-3 计算机管理的用户窗口

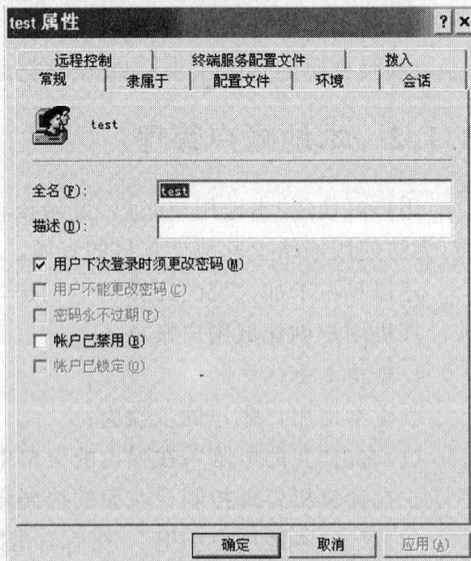

图 8-4 "test 属性"对话框

（2）在"常规"选项卡中可以补齐在创建时没有填写的信息，或者更改用户信息。如果将"帐户已禁用"前面的复选框勾选上，则可以禁用该帐户，反之则可以激活该帐户。

（3）"隶属于"选项卡列出当前用户隶属于哪一个用户组，默认为"users"，在此可以加入或删除所属组。

（4）"配置文件"选项卡可以设置用户配置文件路径、用户登录脚本和用户主文件夹等信息。主文件夹是用户应用程序保存文件时的缺省文件夹。

3.删除帐户

在计算机管理的用户窗口中，右击要删除的用户，在快捷菜单中选择"删除"。

4.复位帐户密码

用户有时会忘记密码，管理员可以复位用户密码，使用户能再次访问帐户。

（1）复位本地用户密码

在计算机管理的用户窗口中，右击用户名，在快捷菜单中单击"设置密码"，弹出警告信息框，重设密码可能会造成用户帐户信息的丢失。如图 8-5 所示。

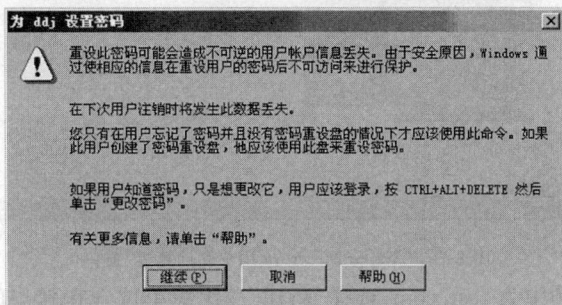

图 8-5　设置密码警告框

如要继续，单击"继续"按钮，弹出"设置密码"对话框，如图 8-6 所示。输入新密码和确认密码，然后单击"确定"。

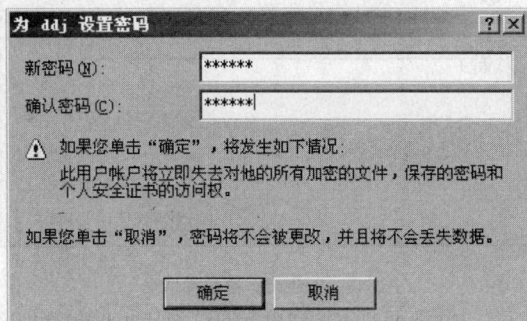

图 8-6　"设置密码"对话框

（2）更改密码

如用户知道密码而想改变它，则可在登录系统之后，同时按 Ctrl＋Alt＋Delete 键，在出现的窗口中，单击"更改密码"，即可进入更改密码的画面，用户必须输入正确的旧密码后，才能输入新密码，并输入确认密码，单击"确定"，则密码更改成功。

8.1.3　创建与管理域帐户

1.创建和管理域帐户

(1)创建组织单位与域用户帐户

在域控制器上,进行下述操作:

①单击"开始"/"管理工具"/"Active Directory 用户和计算机",打开"Active Directory 用户和计算机"窗口,如图 8-7 所示。

图 8-7　"Active Directory 用户和计算机"窗口

②右击域名,本例中为 test.com,选择"新建"/"组织单位",在弹出的"新建对象-组织单位"对话框中输入组织单位的名字,本例中为"人事部",如图 8-8 所示,单击"确定"按钮。

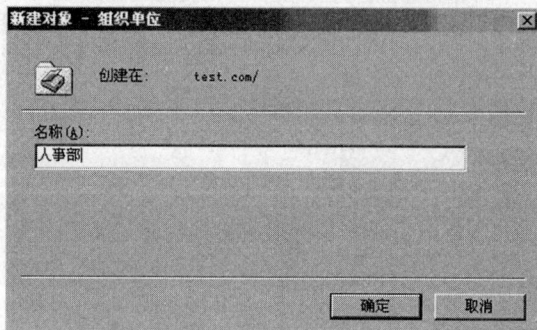

图 8-8　创建组织单位对话框

③在"Active Directory 用户和计算机"窗口中,右击"人事部",选择"新建"/"用户"。

④弹出"新建对象-用户"窗口,如图 8-9 所示。域用户的图标为单人头像,输入"姓"、"名"、"姓名"、"用户登录名"、"用户登录名(Windows 2000 以前版本)",然后单击"下一步"。

用户登录名是在登录时所用,在"登录"对话框中输入用户登录名、密码和域名。

在运行 Windows 2000 以前版本的操作系统的计算机上,可使用 Windows 2000 以前版本的用户登录名登录到域中。

⑤出现输入密码界面,如图 8-10 所示,输入用户密码并设置用户属性,其中各项与
"创建本地用户帐户"的各项相同。单击"下一步",在出现的窗口中单击"完成"即可。

图 8-9　"新建对象一用户"窗口　　　　　　图 8-10　设置用户密码界面

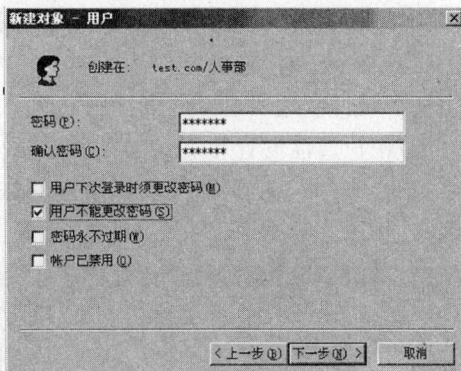

如果因为工作站服务没有启动而无法设置密码,可单击"开始"/"管理工具"/"服
务",启动 work station 即可。

(2)禁用/启用域帐户

假如某个职员请长假,则可将该用户的帐户禁用,等该职员回来后,再启用帐户。

在"Active Directory 用户和计算机"窗口中找到要禁用的帐户,在其上单击右键,选
择快捷菜单中的"禁用帐户"即可。启用域帐户和禁用的过程类似。

若某个帐户禁用,则该用户帐户的图形上会有一个红色的"X"符号,如图 8-11 所示。

图 8-11　禁用用户窗口

(3)删除域帐户

在"Active Directory 用户和计算机"窗口中找到要删除的帐户,在其上单击右键,选
择快捷菜单中的"删除"即可。建议先禁用此帐户,确信禁用它并不会引起问题时再删除。

(4)复制域帐户:批量创建用户

建好一个员工的帐户后,可以以此为模板,复制出多个帐户。过程为:右击已建好的
帐户,选择快捷菜单中的"复制",然后在弹出的对话框中修改相应的内容即可。

(5)移动域帐户

只需用鼠标将帐户拖拽到新的组织单位即可。

(6)重设密码

当用户忘记密码或密码到期时,系统管理员可为该用户帐户设置新的密码。

右击用户,选择快捷菜单中的"重设密码",在弹出的"重设密码"对话框中输入新密
码即可。

2.域帐户属性

每个域用户帐户都有各自的属性信息,如电话、传真、电子邮件、帐户有效期限等。

利用这些信息，其他的用户就可以方便地查找该用户。

打开"Active Directory 用户和计算机"窗口，右击"用户帐户"，在快捷菜单中选择"属性"可以设置这些属性。有些属性与本地帐户属性是相同的。

（1）用户个人信息设置

选择"常规"选项卡即可设置用户的个人信息，如图 8-12 所示。

（2）帐户属性设置

选择"帐户"选项卡即可设置用户的帐户，如登录名、登录时间、帐户选项、帐户过期时间等，如图 8-13 所示。

图 8-12　用户属性"常规"选项卡　　　　图 8-13　用户属性"帐户"选项卡

（3）登录时间的设置限制

在图 8-13 所示的对话框中单击"登录时间"按钮，可以设置用户帐户的有效登录时间，如允许该用户登录的时间为周一到周五，而周六和周日拒绝登录，设置如图 8-14 所示。

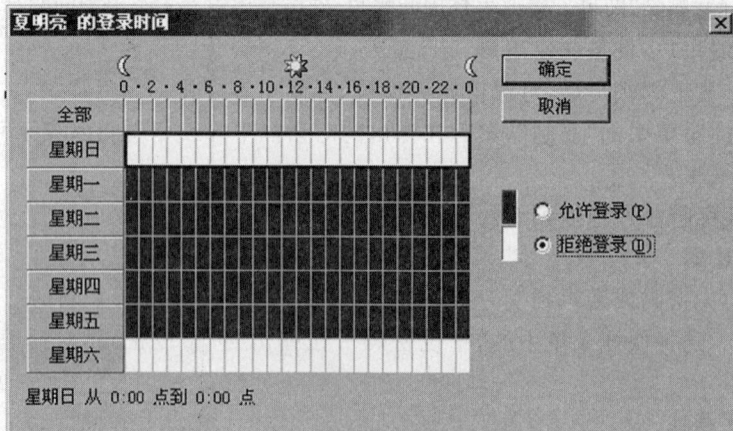

图 8-14　登录时间设置窗口

(4)帐户只能从特定计算机登录

默认可以从域中任何一台计算机登录域,也可以限制用户只能从某些计算机登录域。单击图 8-13 所示的对话框中的"登录到"按钮,打开如图 8-15 的界面。在"计算机名"文本框中输入允许用户登录域的计算机名,必须是 NetBIOS 计算机名,然后单击"添加"按钮即可。

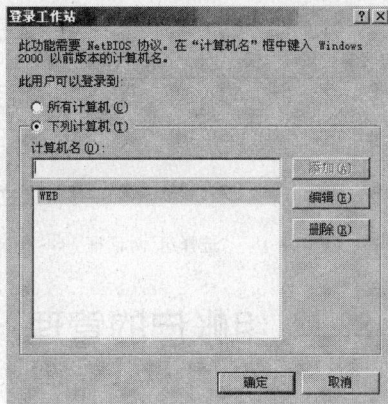

图 8-15　设置登录计算机界面

(5)设置帐户过期日期

在如图 8-13 所示的界面中还可以设置过期日期,如将该用户帐户过期日期设成 2010 年 8 月 8 日,如图 8-16 所示。

图 8-16　帐户过期设置

(6)将域帐户加入到组

选择"隶属于"选项卡可以将域帐户添加到组中,该窗口如图 8-17 所示。

图 8-17　用户属性"隶属于"选项卡

单击"添加"按钮,在弹出的如图 8-18 所示的"选择组"对话框中,既可以直接输入组名,也可以单击"高级"按钮进行查找,填好后单击"确定"即可。

图 8-18　"选择组"对话框

8.2　组帐户的管理

8.2.1　组的概念

1.什么是组

"组"是为了方便管理大量用户的权限而设计的,是可作为单个单元加以管理的用户帐户的集合。

当要给一批用户分配同一个权限时,就可以将这些用户都归到一个组中,只要给这个组分配此权限,组内的用户就都会拥有此权限。

2.组的类型

用户帐户分为本地用户帐户和域用户帐户,同样,组也分为本地组与域组。

本地组:用户在非域控制器的计算机上创建的组称为"本地组"。这些组帐户存储在"本地安全帐户数据库"内。本地组只限于在本地计算机使用,即只能访问本地计算机的资源。图标为以计算机为背景的双人头像。

域组:用户在 Windows Server 2003 域控制器上创建的组称为域组。这些组帐户存储在 Active Directory 数据库内。这些组适用于所有属于这个域的计算机,即它们能够访问域中所有计算机的资源,条件是要有适当的权限。图标为双人头像。

域组分类方法:从安全方面考虑分为安全组和通讯组两类。

(1)安全组:安全组可以被设置权限。例如:可设置让安全组对文件有"读取"或"改写"的权限。安全组用在与安全相关的任务上。

(2)通讯组:通讯组在 Windows 2000 Server 中称为分布组,用在与安全无关的任务上,如同时给一组用户发电子邮件。用户不能设置通讯组的权限。

域组的三种作用域:

(1)域本地组:主要用来设置在其所属域内的访问权限,以便访问该域内的资源。域本地组存储在活动目录中。在为资源授权时,仅在本域可见。

（2）全局组：主要用来组织用户，可以将多个被赋予相同权限的用户帐户加入到同一个全局组中。在为资源授权时，在整个域林范围内可见。

（3）通用组：用于域林中，可以设定在所有域内的访问权限，以便访问每一个域内的资源。在为资源授权时，在整个域林范围内可见。

在 2000 本机模式和 Windows Server 2003 纯模式中可以包含本域用户，本域和信任域的用户、全局组和通用组。在混合模式中包含本域和信任域的用户和全局组；通用组在混合模式不可用。

8.2.2　组的管理

1. 创建非域本地组

在独立服务器、成员服务器或运行 Windows 2000 Professional 及 Windows XP 的计算机上才能创建非域本地组。这些本地组只能用于创建它的计算机上。

（1）右击"我的电脑"，在弹出的菜单中选择"管理"，打开"计算机管理"控制台窗口。

（2）双击"本地用户和组"，然后右击"组"，选择"新建组"，打开如图 8-19 所示的对话框。

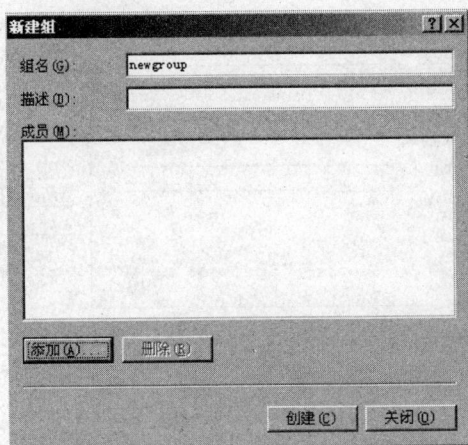

图 8-19　"新建组"对话框

在"组名"框中填入新组的名字，如"newgroup"；"描述"框中可以填入对该组的描述；"成员"框中可以通过"添加"按钮，打开"选择用户"对话框，填入组成员，单击"确定"按钮返回。单击"创建"按钮即创建了新组。

2. 管理非域本地组

（1）将用户添加到组

①在"计算机管理"控制台窗口，双击"本地用户和组"，选中"组"。

②右键单击某本地组，如"newgroup"，从弹出的快捷菜单中选择"属性"，打开如图 8-20 所示的"newgroup 属性"对话框，可以直接输入成员的名称，也可以单击"添加"按钮，打开"选择用户"对话框，如图 8-21 所示。

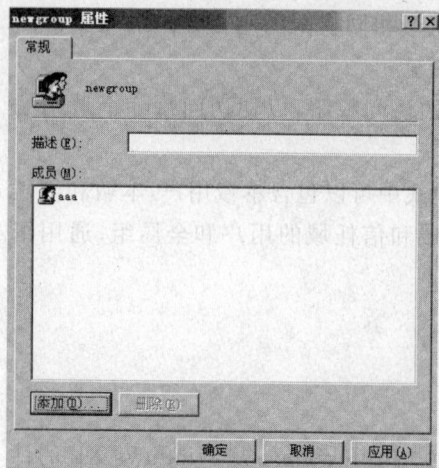

图 8-20 "newgroup 属性"对话框

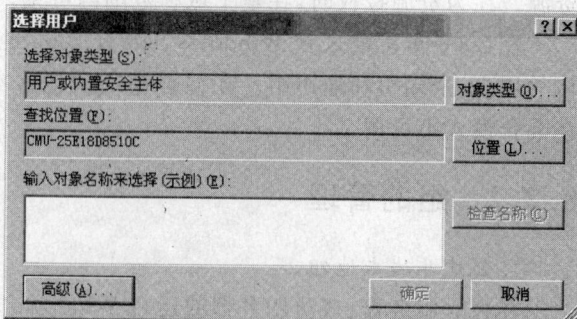

图 8-21 "选择用户"对话框

③单击"高级"按钮进行查询,如图 8-22 所示。选中相应的用户,单击"确定"按钮,即可将该用户添加到本组中。

图 8-22 高级选择用户

(2)删除非域本地组

在"计算机管理"控制台中找到要删除的非域本地组,在组名上右击,在快捷菜单中选择"删除"即可。

3.创建域本地组

在 Active Directory 存储器上才能创建域本地组,它仅能访问该域的资源。

(1)单击"开始"/"管理工具"/"Active Directory 用户和计算机",打开"Active Directory 用户和计算机"窗口。

(2)右击域名,本例中为 test.com,选择"新建"/"组",在弹出的"新建对象—组"对话框中输入组名,本例中为"网络专业",在这个窗口中还可以设置组作用域和组类型,如图 8-23 所示。

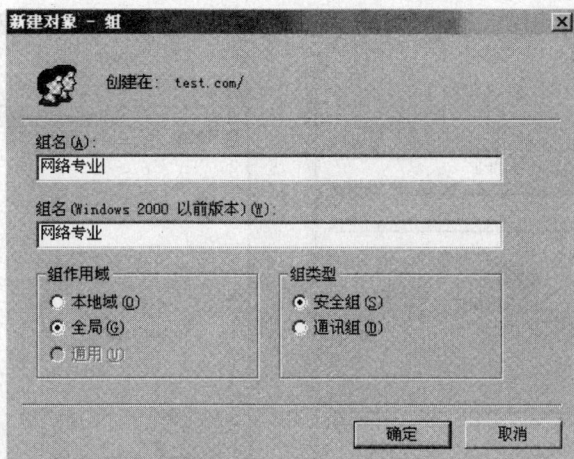

图 8-23　"新建对象－组"对话框

4．删除域组

要删除组和组织单位,在控制台目录树中,展开域结点。单击要删除的组或组织单位,详细资料窗格中会列出该组织单位的内容,然后右键单击要删除的组或组织单位,选择快捷菜单中"删除"命令,这时系统会打开信息确认框,单击"是"按钮即完成组或组织单位的删除。

全局组和本地域组的使用

全局组和本地域组的实现相同。

通过工作职责对用户进行标识,加到不同的全局组中。全局组的成员可以访问任何一个域的资源。

根据用户要访问的资源或资源的组合,如相关的文件或打印机等,创建一个本地域组。将这些用户作为相应本地域组的成员。

5．设置组属性

要设置组的属性,具体步骤如下：

(1)在控制台目录树中,单击要设置属性的组所在的组织单位或容器,在详细资料窗口中,右击组名,如"网络专业",从弹出的快捷菜单中选择"属性"命令,打开该组的属性对话框,如图 8-24 所示。

(2)可以修改组名称；为了便于管理,在"描述"和"注释"文本框中分别输入有关该组的描述和注释；为了便于组管理员与组成员交换信息,在"电子邮件"文本框中可以输入组管理员的电子邮件地址。

(3)添加成员,单击"成员"选项卡,如图 8-25 所示。单击"添加",打开"选择用户联系人或计算机"对话框选择要添加的成员。要删除组成员,在"成员"列表框中选择要删除的组成员,然后单击"删除"即可。

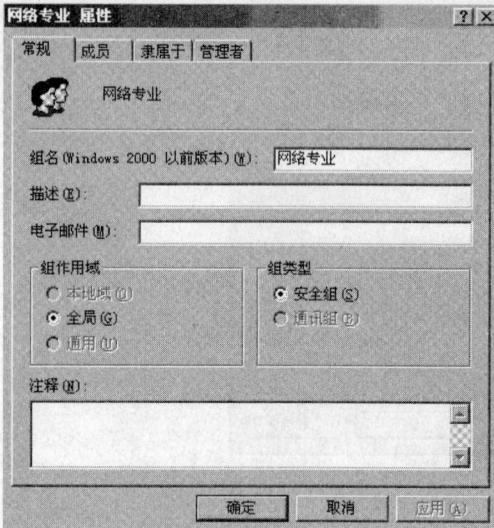

图 8-24　组属性"常规"选项卡

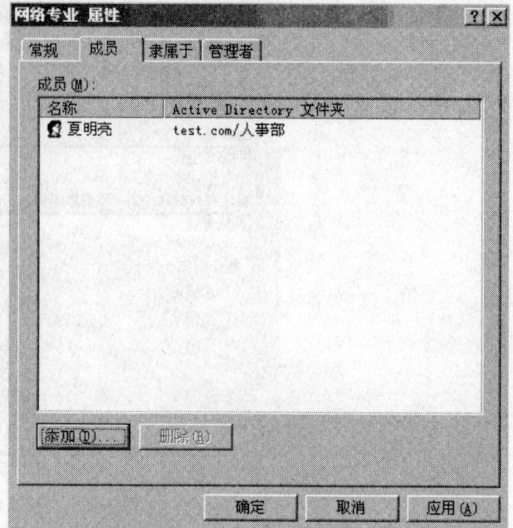

图 8-25　组属性"成员"选项卡

　　(4)设置新组的权限,通过向新组添加内置组来实现。选择"隶属于"选项卡,如图 8-26所示。单击"添加",打开"选择组"对话框,为自己创建的组选择内置组。要删除某个组权限,在"隶属于"列表框中选择该组,单击"删除"即可。

　　(5)要设置组的管理者,选择"管理者"选项卡,如图 8-27 所示。要更改组管理者,单击"更改"按钮,打开"选择用户或联系人"对话框选择管理者;要查看管理者的属性,单击"属性"按钮进行查看;如果要清除管理者对组的管理,单击"清除"按钮即可。

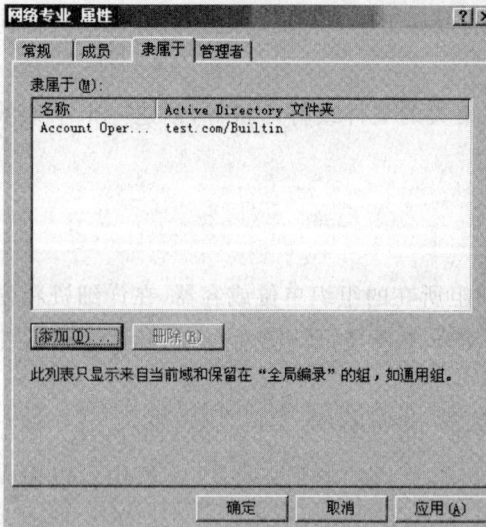

图 8-26　组属性"隶属于"选项卡

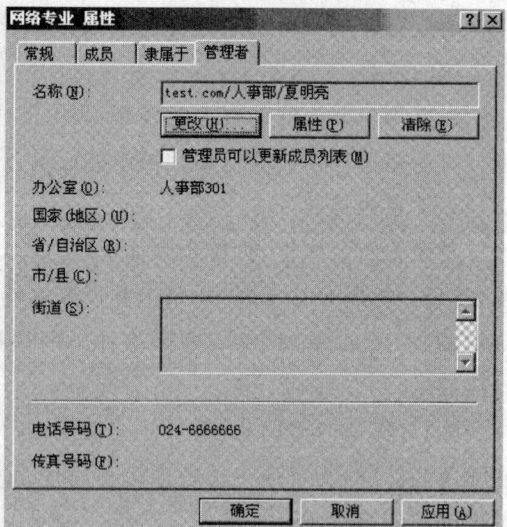

图 8-27　组属性"管理者"选项卡

　　(6)属性设置完毕,单击"确定"按钮保存设置并关闭属性对话框。

　　6.内置组

　　由系统自动创建的组为内置组,内置组有一系列预先设置的用户权力或组权限。有四种内置组：内置全局组、内置域本地组、内置本地组和内置系统组。在默认情况下，操作系统会自动向某些内置全局组添加成员。

（1）内置本地组：具体如图 8-28 所示。

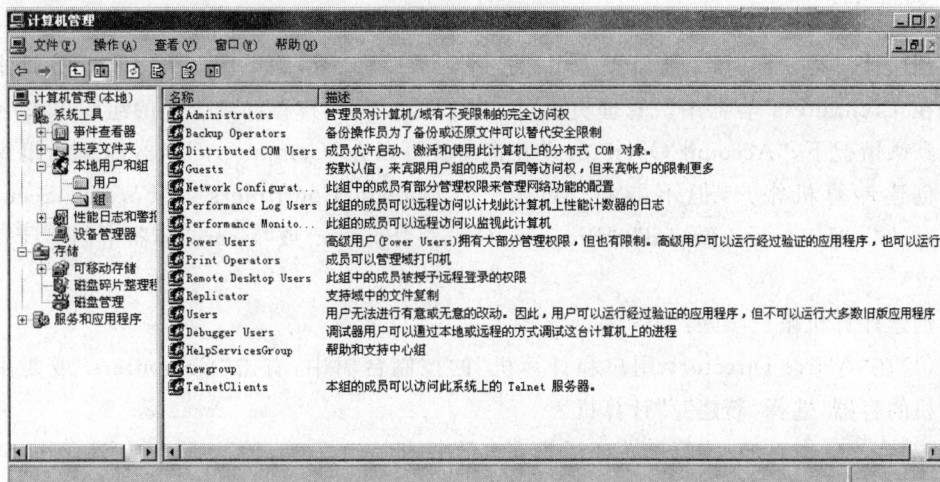

图 8-28　内置本地组

（2）内置域组（Builtin）

①内置域本地组

• Account Operators：该组成员可以管理域用户和组帐户。

• Administrators：管理计算机（域）的内置帐户。

• Guests：来宾跟用户组的成员有同等访问权，但来宾帐户的限制更多。

• Users：用户无法进行有意或无意的改动。用户可以运行经过验证的应用程序，但不可以运行大多数旧版应用程序。

②内置特殊组

特殊组的成员不能更改，并且在"计算机管理"和"Active Directory 用户和计算机"中无法显示出来。

Everyone：任何一个用户都属于这个组。注意，如果 Guest 帐号被启用时，给 Everyone 这个组指派权限时必须小心，因为当一个没有帐户的用户连接计算机时，他被允许自动利用 Guest 帐户连接，Guest 也是属于 Everone 组，所以它将具备 Everyone 所拥有的权限。

8.3　计算机帐户

计算机负责执行如验证用户登录、分配 IP（Internet Protocol）地址、维护 Active Directory 的完整性以及执行安全策略等任务。为了能够完全访问网络资源，计算机必须在 Active Directory 中具备有效帐户。计算机帐户与用户帐户相似，它提供了一种验证和审核计算机访问网络和域资源的方法。计算机帐户的主要功能是保证安全和管理任务。

登录域的用户必须具备有效的用户帐户,而且必须从具备有效计算机帐户的计算机上登录到域。

计算机帐户有助于系统管理员管理网络结构,还可用于控制用户对资源的访问。

1.在域中创建计算机帐户

创建计算机帐户时,系统管理员可以选择帐户所在的组织单位。可以将计算机帐户创建在"Computers"容器中。管理员也可以根据需要将帐户移动到合适的组织单位中。

默认情况下,"Account Operators"组的成员可以在"Computers"容器和新的组织单位中创建计算机帐户,但不能在"Builtin"、"Domain Controllers"、"Foreign Security Principals"、"Lost And Found"、"Program Data"、"System"或"Users"容器中创建计算机帐户。

创建计算机帐户步骤:

(1)在"Active Directory 用户和计算机"的控制台树中,右击"Computers"或要添加计算机的容器,选择"新建"/"计算机"。

(2)在"新建对象-计算机"对话框的"计算机名"框中,输入另一台计算机名如20100701-1801,如图 8-29 所示。

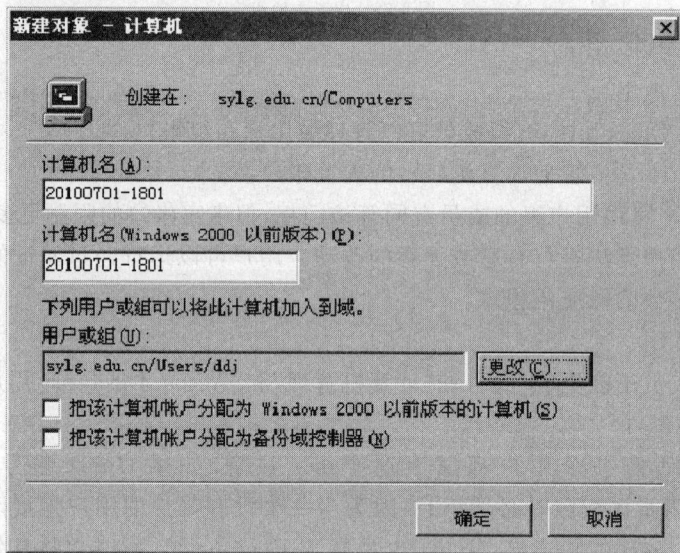

图 8-29 "新建对象-计算机"对话框

(3)选择适当选项,然后单击"确定"按钮。

2.客户机设置

在与域服务器相连的名为 20100701-1801 的客户机上,将该机的 IP 地址中的 DNS 地址设为域控制器的 IP 地址。并在该机"我的电脑"属性的"计算机名"选项卡中,单击"更改"按钮,在"计算机名称更改"对话框中,选中隶属于"域",并输入域名。

重新启动,弹出登录对话框,要求输入用户名和密码。输入在此机登录系统所用的用户名和密码,即可登录到域中。

3. 故障排除

当把一台计算机加入一个域时，如果遇到"拒绝访问"的错误信息时，有可能使用的用户帐号并没有相应的权限进行这个操作。在 Windows Server 2003 下，在域控制器的那台机器上，打开"程序"/"管理工具"/"域控制器安全策略"。单击"安全设置"/"本地策略"，然后再单击"用户权限分配"，找到一个名为"允许在本地登录"的策略"从网络访问这台计算机"，双击它，确认使用的用户在其列表之内。

用户具有"允许在本地登录"权限，才能访问工作组计算机、成员计算机或域控制器的控制台或桌面。

用户具有"从网络访问这台计算机"权限，才能访问运程计算机的共享文件夹、打印机和其他系统服务，包括 Active Directory。

实训：建立用户与组，建立域模式网络

实训目的：

1. 了解和熟悉 Windows Server 2003 网络操作系统的用户、组和权限管理。

2. 学会建立用户和组。

3. 掌握权限管理。

4. 组建域模式网络

实训内容：

1. 使用"Active Directory 用户和计算机"管理工具。

2. 为他人建立用户（记下用户登录名和密码）帐户，并建一个组，将建立的用户放到该组中；控制用户 User1 下次登录时要修改密码，用户 User2 可以登录的时间段是星期一到星期五的 8：00～17：00。

3. 设置权限。

4. 域控制器安全策略设置。

5. 在域控制器上建共享文件夹，发布共享资源，供用户使用。

6. 创建计算机帐户。

7. 用上面新建的用户帐户在小组内的计算机上登录，看能否成功。

本章小结

本章介绍了用户帐户和计算机帐户的不同，介绍了本地帐户和域帐户创建方法及管理方法，介绍了帐户命名及密码命名规则。

本地账户对应工作组模式网络；域账户对应域模式网络，在域控制器上建立域账户。

组是权限相同的用户的集合，根据工作模式不同，组分为本地组和域组。

组建域方式网络首先要在域控制器上建立域账户，然后在客户机上进行相应的设置。客户机重新启动，要求输入账号口令后加入域。

习 题

一、选择题

1. 在设置域帐户属性时,( )项目不能被设置。

A. 帐户登录时间   B. 帐户的个人信息

C. 帐户的权限   D. 指定帐户登录域的计算机

2. Windows Server 2003 默认建立的用户帐户中,默认被禁用的是_____。

A. Administrator   B. Guest

C. HelpAssistant   D. USERS

3. 下列( )帐户名不是合法的帐户名。

A. abc-123   B. windows book

C. dictionar *   D. abdkeofFHEKI. LOP

4. Windows 将组类型分为两大类,_____组和通讯组。

5. 全局组用来组织本域内有_____的网络访问要求的用户,可以分配访问任何域的资源的访问权限。

6. 本地域组用来组织来自_____内任何其他域的成员,指派其在创建该域本地组所在的同一域内的访问权限。

7. 通用组用来指派全林内所有域的访问权限,该组的成员可以来自_____。

二、填空题

1. 工作组模式下,用户帐户存储在服务器的_____中;域模式下,用户帐户存储在_____中。

2. 根据服务器的工作模式,组分为_____和_____。

3. 根据作用域范围,帐户的类型分为_____、_____和_____。

三、简答题

1. 简述安全组和通讯组的区别。

2. 简述工作组和域的区别。

本章学习目标

(1)掌握管理控制台的作用和用法

(2)熟悉计算机管理器的作用和用法

(3)掌握任务管理器的作用和用法

(4)熟悉系统性能监视器的作用和用法

本章学习重点和难点

1.重点：

(1)管理控制台的作用和用法

(2)任务管理器

2.难点：

任务管理器用法

本章主要介绍各种管理控制台的作用和用法。

利用 Windows Server 2003 组建的网络，在使用的过程中要不断地对涉及到服务器整体性能的一些系统参数和选项进行配置和调整。而系统中允许改动的选项及可设置的参数很多，几乎每一项调整都可能有多种不同的选择。因此对于计算机系统管理人员来说对系统的配置或管理是一项很复杂的工作，需要花费大量的时间。为此微软在Windows Server 2003 中配置了许多管理工具，使普通用户或系统管理员能更方便、更快速地完成对网络的管理任务。

9.1　MMC 管理控制台

9.1.1　MMC 基础

Windows Server 2003 是一个比较复杂的操作系统，要想使网络能正常运行，需要不断地对一些重要的系统服务、系统设备、系统选项等涉及到服务器整体性能的选项进行配置和调整。系统的管理是很复杂的工作，即使是专业的系统管理人员也会为此花费大量时间。Windows Server 2003 提供了管理控制台（MMC），简化了日常管理工作，使普通用户或系统管理员能更方便、更快速地完成这类任务。管理控制台（MMC）是指进行系统维护的各种管理工具工作的环境，通过它用户可以创建、保存和打开用于管理硬件、软件和 Windows 系统组件的工具。MMC 本身不执行管理功能，但可以接纳执行各种系统功能的工具，它可以集中管理以前相互独立的计算机管理工具，诸如"事件监视器"、

"设备管理器"、"计算机管理"和"Internet 服务管理器"、DNS 等。

用户使用 MMC 有两种方法,第一种是在用户模式下使用现有的 MMC 控制台管理系统,第二种是在作者模式下创建新控制台和修改现有的 MMC 控制台。

9.1.2　创建 MMC 控制台

(1)单击"开始"/"运行",键入"MMC",然后单击"确定"。会打开一个空白的控制台(或管理工具),如图 9-1 所示。该空白控制台没有任何管理功能。要根据管理工作需要,添加管理工具插件。

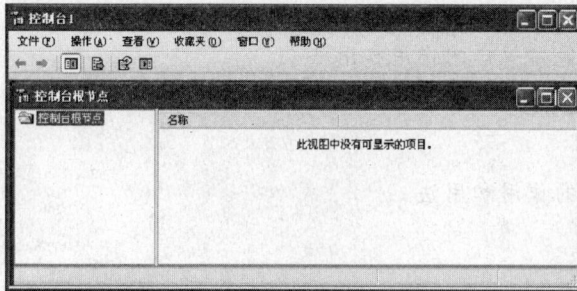

图 9-1　控制台窗口

(2)在控制台单击"文件"/"添加/删除管理单元",打开"添加/删除管理单元"对话框,如图 9-2 所示。

(3)可以指定管理单元的插入位置,缺省位置为控制台根结点(Console Root)。单击"添加"按钮,打开"添加独立管理单元"对话框,它列出了本计算机里可用的管理单元,如图 9-3 所示。

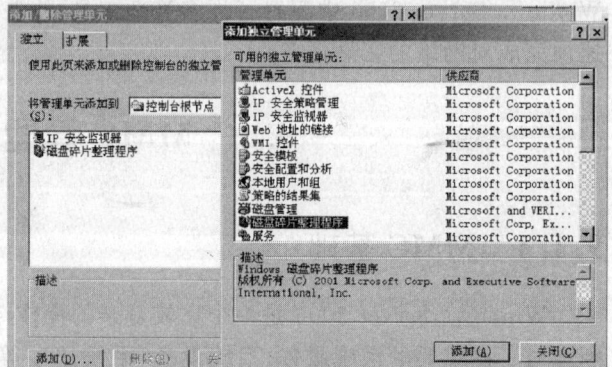

图 9-2　"添加/删除管理单元"对话框　　　　图 9-3　"添加独立管理单元"对话框

(4)在管理单元列表里,双击要添加的项,如"IP 安全监视器",将"IP 安全监视器"项加入到"添加/删除管理单元"对话框中。

若添加的插件是针对本地计算机的,该插件会直接添加到 MMC 控制台;若添加的插件也可以管理远程计算机,则显示"选择计算机"窗口,根据实际需要进行选择。

9.1.3　保存新建的 MMC 控制台

用户将需要的日常管理工具添加到 MMC 控制台后，单击控制台窗口里的保存图标，并给它命名，选择保存位置。它将被保存为(.msc)文件，可以用系统策略设置来把它们赋给用户、组或计算机。

如果将控制台保存到用户的"管理工具"文件夹(位于 systemdrive\Documents and Settings\user\Start Menu\Programs\Administrative Tools)，用户的"程序"/"管理工具"中就增加了"控制台"项。

9.1.4　打开 MMC 控制台

找到以前保存的控制台文件(.msc)，双击该文件打开控制台。

在"文件"菜单上，单击"选项"，打开"选项"对话框，在"控制台"选项卡中，可以更改控制台的标题，请在框中键入新标题。

在"控制台"选项卡中单击"控制台模式"下拉列表按钮，如图 9-4 所示。控制台模式分为：

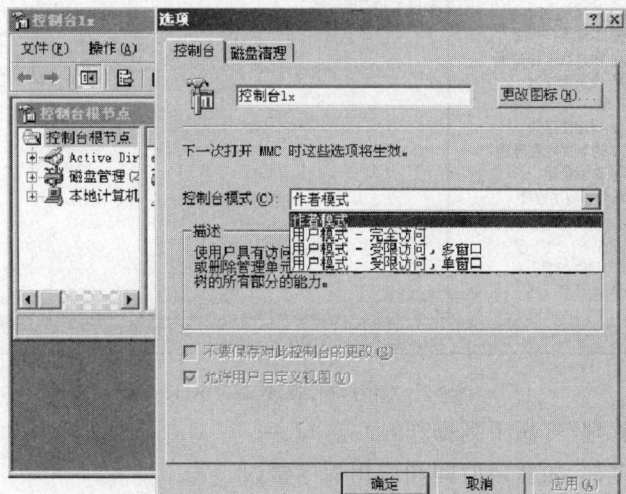

图 9-4　"控制台"选项卡

(1)作者模式

用户具有访问所有 MMC 功能的全部权限，包括添加或删除管理单元、创建新窗口、创建任务版视图及查看树的所有部分的能力。

(2)用户模式，该模式又分 3 种：

①完全访问

阻止用户添加或删除管理单元或更改管理单元控制台属性。用户拥有访问此树的全部权限。

②受限访问－多窗口

阻止用户访问管理单元控制台窗口看不见的树的区域。

③受限访问－单窗口

在单一窗口模式打开管理单元控制台,阻止用户访问单一管理单元控制台窗口看不见的树的区域。

9.2 计算机管理

"计算机管理"是管理工具集,它将几个管理实用程序合并到控制台树,并提供对管理属性和工具的便捷访问。可用于管理单个的本地或远程计算机。

"计算机管理"包含三个项目:系统工具、存储以及服务和应用程序。

单击"开始"/"程序"/"管理工具"/"计算机管理",打开"计算机管理"控制台窗口,如图 9-5 所示。

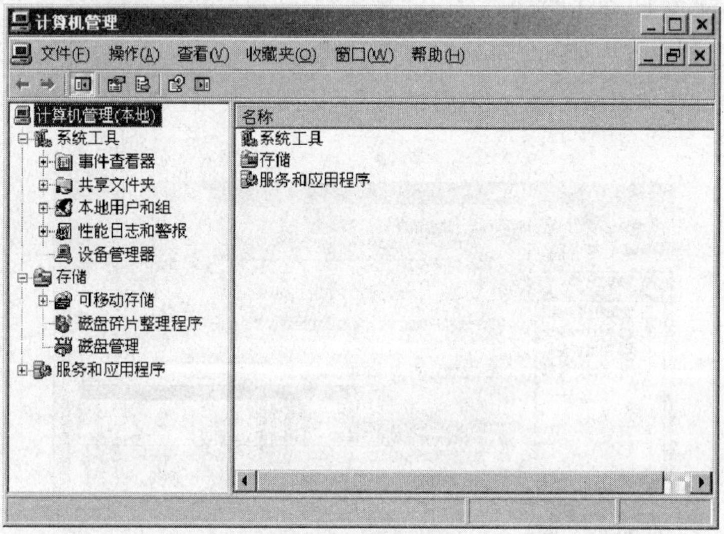

图 9-5 "计算机管理"控制台窗口

使用"计算机管理"可做下列操作:

(1)监视系统事件,如登录时间和应用程序错误。

(2)创建和管理共享资源。

(3)查看已连接到本地或远程计算机的用户列表。

(4)启动和停止系统服务,如"任务计划"和"索引服务"。

(5)设置存储设备的属性。

(6)查看设备的配置以及添加新的设备驱动程序。

(7)管理应用程序和服务。

9.3　服务管理

Windows Server 2003 为用户提供了多种多样的网络服务,例如:消息服务、DHCP 服务、DNS 服务等。

可以使用"开始"/"程序"/"管理工具"中的"服务"工具,打开"服务"窗口,如图 9-6 所示。可对系统的服务器进行管理。

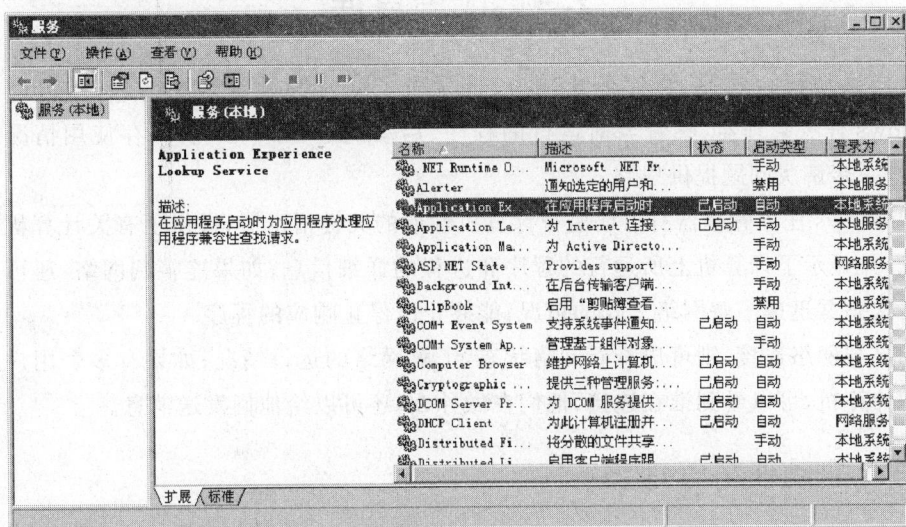

图 9-6　服务控制台

可以通过双击选定的服务,打开相应服务属性对话框,来控制服务的启动、停止等状态,如图 9-7 所示。

图 9-7　服务项属性对话框

在"可执行文件的路径"中显示的是为提供服务而执行的文件。

"启动类型"是指 Windows Server 2003 系统启动时是否自动启动该服务等：

(1)自动表示服务随 Windows 系统的启动而启动。

(2)手动表示服务不随系统而启动,而是管理员手工启动。

(3)禁止则是不允许启动该服务。

9.4　任务管理

每当系统运行缓慢、程序停止响应、怀疑染上病毒等异常情况出现时,可以打开"Windows 任务管理器"察看当前运行的程序、启动的进程、CPU 及内存使用情况等信息,为进一步解决问题提供思路。

Windows 任务管理器有可以监视计算机性能的关键指示器,提供了有关计算机性能的信息,并显示了计算机上所运行的程序和进程的详细信息;如果连接到网络,还可以查看网络状态并迅速了解网络工作的情况;能终止已停止响应的程序。

如果与网络连接,则可以查看网络状态,了解网络的运行情况;如果有多个用户连接到您的计算机,可以看到谁在连接、他们在做什么,还可以给他们发送消息。

9.4.1　启动任务管理器

启动任务管理器最常见的方法：

(1)使用 Ctrl+Shift+Esc 组合键就可以直接调出任务管理器。

(2)可以用鼠标右键单击任务栏选择"任务管理器"。

(3)可以在"开始"/"运行"里输入 taskmgr.exe 回车。

(4)也可以为\Windows\System32\taskmgr.exe 文件在桌面上建立一个快捷方式。

9.4.2　任务管理器功能

任务管理器的用户界面提供了文件、选项、查看、窗口、帮助等五大菜单项,窗口底部是状态栏,从这里可以查看到当前系统的进程数、CPU 使用率、内存使用等数据,还有 5 个选项卡。

1. 应用程序

"应用程序"选项卡如图 9-8 所示。显示计算机上正在运行的程序的状态。而 QQ、MSN 等最小化至系统托盘区的应用程序则不显示。能够使用此选项卡终止、切换或者启动程序。

可以选中某正运行的任务,单击"结束任务"按钮关闭该应用程序,如果需要同时结束多个任务,可以按住 Ctrl 键复选各任务,然后单击"结束任务"按钮。

选中某程序,单击"新任务"按钮,可以直接打开该程序、文件夹、文档或 Internet 资源。

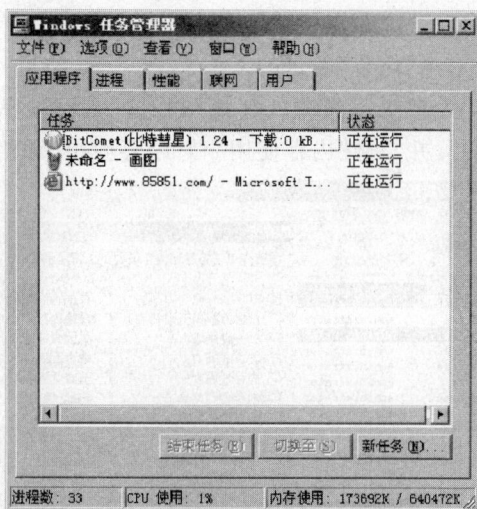

图 9-8　任务管理器应用"程序"选项卡

2.进程

"进程"选项卡窗口显示了所有正在运行的进程,包括应用程序、后台服务等,如图9-9所示。那些隐藏运行的病毒或木马程序都可以在这里找到。选中需要结束的进程名,然后单击"结束进程"按钮,可以强行终止该进程,不过这将丢失未保存的数据,而且如果结束的是系统服务,则系统的某些功能可能无法正常使用。

图 9-9　"进程"选项卡

Windows 的任务管理器只能显示系统中当前运行的进程,若使用 Process Explorer 软件可以以树状方式显示出各个进程之间的关系,即某一进程启动了哪些其他的进程,该进程所调用的文件或文件夹,如果某个进程是 Windows 服务,可以查看该进程所注册的所有服务。

　　任务管理器的进程列表管理对文件名的大小写敏感,某些病毒将其名称修改为跟系统进程名类似的名字,以达到"伪装"的目的。

　　在"进程"选项卡中,"内存使用"和"内存使用峰值"是两项默认不显示的指标,若显示需运行"查看"/"选择列",并勾选"内存使用"和"内存使用峰值"项,如图9-10所示。

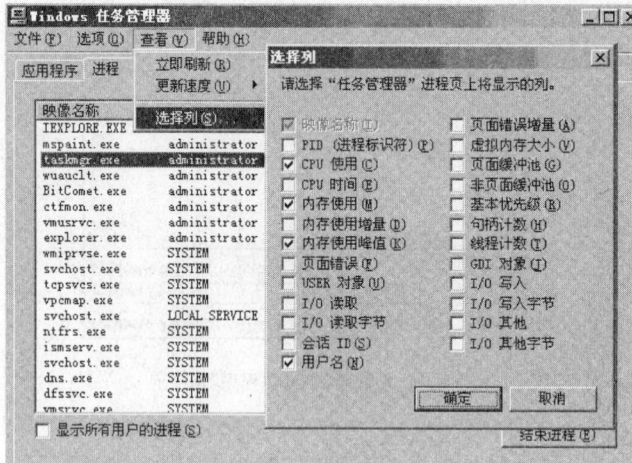

图9-10　查看菜单选择列

3.性能

　　在"性能"选项卡中,可以看到计算机性能的动态变化概述,例如CPU和各种内存的使用情况,如图9-11所示。

　　CPU使用:表明处理器工作时间百分比的图表,该计数器是处理器活动的主要指示器,查看该图表可以知道当前使用的处理时间是多少。

　　CPU使用记录:显示处理器的使用程序随时间的变化情况的图表,图表中显示的采样情况取决于"查看"菜单中所选择的"更新速度"设置值,"高"表示每秒2次,"标准"表示每两秒1次,"低"表示每四秒1次,"暂停"表示不自动更新。如图9-12所示。

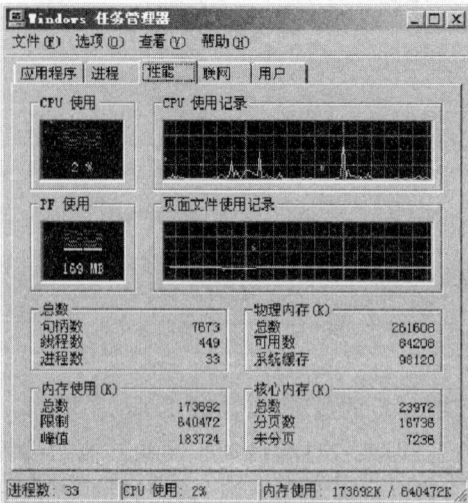

图9-11　"性能"选项卡

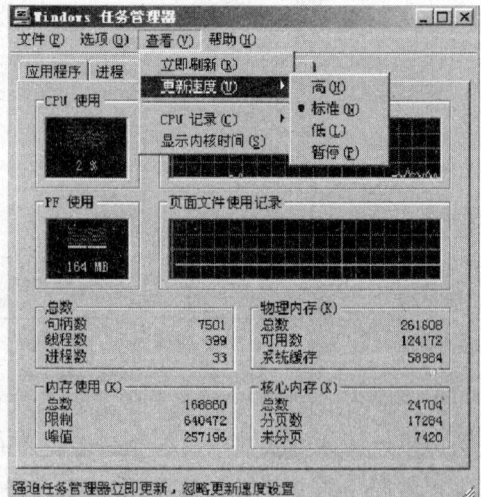

图9-12　"查看"菜单

PF 使用：PF(page file)是页面文件的简写，是正在使用的内存之和，包括物理内存和虚拟内存。

页面文件使用记录：显示页面文件的量随时间变化情况的图表，图表中显示的采样取决于"更新速度"设置值。

总数：显示计算机上正在运行的句柄、线程、进程的总数。

句柄数：所谓句柄实际上是一个数据，是一个 Long（整长型）数据。句柄用来唯一标识资源（例如文件中注册表项）的值，以便程序可以访问它。

进程数：进程是程序在一个数据集合上运行的过程（一个程序有可能同时属于多个进程），它是操作系统进行资源分配和调度的一个独立单位。

线程数：线程是指程序的一个指令执行序列，WIN32 平台支持多线程程序，允许程序中存在多个线程。在单 CPU 系统中，系统把 CPU 的时间片按照调度算法分配给各个线程，各线程分时执行；在多 CPU 的 Windows Server 系统中，同一个程序的不同线程可以被分配到不同的 CPU 上执行。

物理内存总数：计算机上安装的总物理内存，也称 RAM。

可用数：物理内存中可被程序使用的空余量，指使用虚拟内存前剩余的物理内存。

如果计算机的物理内存大于 1GB，那么任务管理器的"性能"标签中"物理内存"栏显示的数据在 Windows 2000 系统下并不正确，因为这里显示的数据仅仅是内存中低 6 位分配的情况。此时，可使用第三方软件来查看内存占用情况。

系统缓存：被分配用于系统缓存用的物理内存量，存放程序和数据等。一旦系统或者程序需要，部分内存会被释放，这个值是可变的。

内存使用总数：被操作系统和正运行程序所占用的内存总和，包括物理内存和虚拟内存(page file)。它和上面的 PF 使用率是相等的。

限制：指系统所能提供的最高内存量，包括物理内存(RAM)和虚拟内存(page file)。

峰值：指一段时间内系统曾达到的内存使用最高值。如果这个值接近上面的"限制"的话，就必须增加物理内存，或增加虚拟内存。

核心内存总数：操作系统内核和设备驱动程序所使用的内存。

分页数：是可以复制到页面文件中的内存，一旦系统需要这部分物理内存的话，它会被映射到硬盘，由此可以释放物理内存。

未分页：是保留在物理内存中的内存，这部分不会被映射到硬盘，不会被复制到页面文件中。

4. 联网

安装网卡后才会显示该选项，"联网"选项卡如图 9-13 所示。该选项卡显示了本地计算机所连接的网络通信量的情况，可以查看网络连接的质量和可用性。使用多个网络连接时，可以在这里比较每个连接的通信量。

5. 用户

"用户"选项卡如图 9-14 所示，显示了可以访问该计算机的用户、标识（标识该计算机上会话的数字 ID）、状态（活动的）、客户端名。选中用户可以单击"注销"按钮使其重新登录，或者通过"断开"按钮断开选中用户与本机的连接，如果是局域网用户，还可以向另一个用户发送消息。

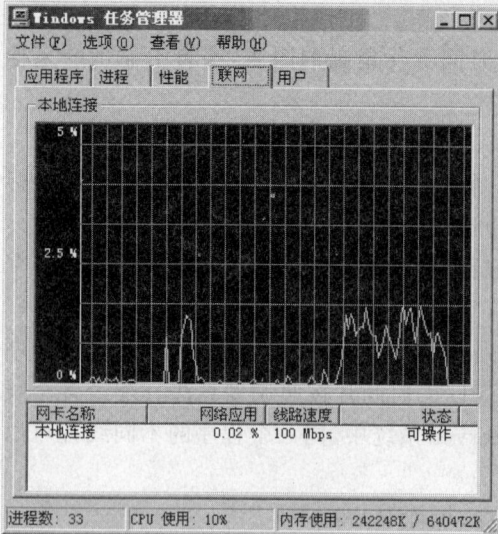

図 9-13 "联网"选项卡

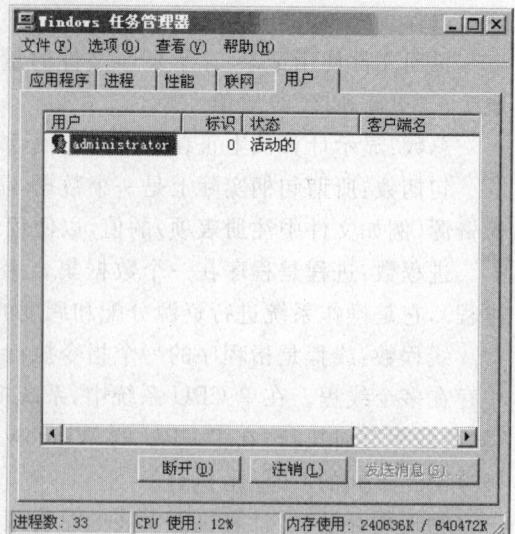

図 9-14 "用户"选项卡

只有在所用的计算机启用了"快速用户切换"功能,并且作为工作组成员或独立的计算机时,才会显示"用户"选项卡。对于作为网络域成员的计算机,"用户"选项卡不可用。如果没有其他用户连到网上,则不显示该选项卡。

9.5　系统性能监视

为了方便管理员监视系统性能,Windows 2003 提供了性能监视器,对 5 种类型对象:处理器(Processor)、内存(Memory)、磁盘(Disk)、网络(Network)和互联网(Internet)设立了相应的计数器,通过这些计数器监视各种组件性能,可方便地利用图表、报表、日志及警报等形式形象地观察它们,并且还能将有关内容记录下来,保存在文件中,便于日后分析,以便确定哪里产生了性能瓶颈。若设置了警报,当系统性能超过设定范围就能够报警,提醒管理员解决出现的问题。

9.5.1　查看系统性能

打开"开始"菜单,选择"程序"/"管理工具"/"性能"命令,打开"性能"窗口,如图 9-15 所示。在"性能"窗口中,通过查看性能监视器,管理员可以了解系统资源的使用情况。通过"性能日志和警报"选项可查看系统计数器日志、跟踪日志和警报。

在"性能"监视器窗口中,单击控制台目录树中的"性能监视器"节点,可在详细资料窗格中打开性能监视器。通过性能监视器,管理员可监视对象的使用情况。在默认的情况下,性能监视器以表格的形式表示性能对象的使用情况,管理员可通过单击详细资料窗格中的"显示直方图"或"显示报表"按钮,将视图改变为以直方图或报表来表示。

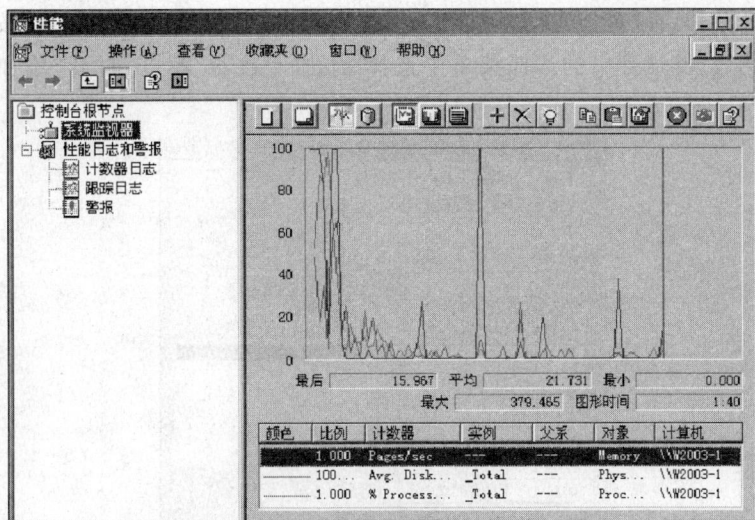

图 9-15　"性能"监视器窗口

　　在"性能"窗口的控制台目录树中,在"性能日志和警报"节点下包括"计数器日志"、"跟踪日志"和"警报"3 个子节点,单击任何一个子节点即可查看相应的内容。例如,单击"计数器日志"子节点,如图 9-16 所示,详细资料窗格中显示出计数器日志的内容。注意,在详细资料窗格中,如果性能日志文件和警报文件以红色图标列出,则说明该文件被停止使用;如果性能日志文件和警报文件以绿色图标列出,则说明该文件开始使用。

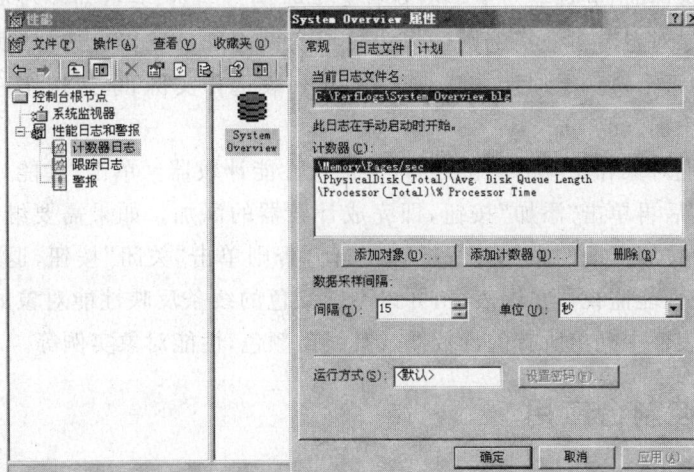

图 9-16　计数器日志

9.5.2　添加系统性能计数器

　　系统中的每一个对象可以有一组计数器与之相连,管理员通过计数器可对性能对象进行监视。在 Windows Server 2003 中,管理员通过向性能监视器添加计数器并选择性能对象,可对所选择的性能对象进行监视。

要添加计数器,在"性能"窗口中,单击详细资料窗格工具栏上的"添加"按钮,或右击性能监视器图表区,从弹出的快捷菜单中选择"添加计数器"命令,打开"添加计数器"对话框,如图 9-17 所示。

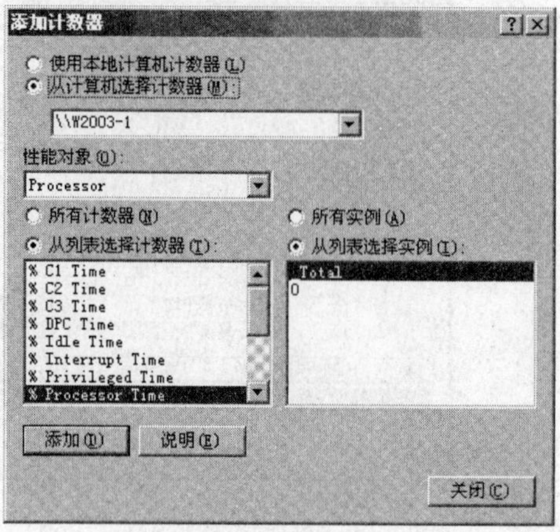

图 9-17 "添加计数器"对话框

在"添加计数器"对话框中,选择"使用本地计算机计数器"单选按钮,便可使用本地计算机上的计数器。如果想从其他计算机上选择计数器,可选择"从计算机选择计数器"单选按钮,从其下拉列表框中选择网络计算机。接着从"性能对象"下拉列表框中选择性能监视对象,例如 Cache。在选择性能对象时,会发现某些对象有多个实例。例如,当系统中有两个处理器时,处理器对象类型就有 2 个实例。当然,某些对象没有实例,如内存和服务器。如果对象有多个实例则可以为每个实例添加计数器。选择"所有实例"单选按钮,可同时为每个实例添加计数器。选择"从列表选择实例"单选按钮,可分别对实例进行计数器的添加。

选择好性能对象和相应的实例之后,再选择性能计数器。单击"性能计数器"列表框中的计数器,然后再单击"添加"按钮,即完成计数器的添加。如果需要继续添加其他对象的计数器,可按照上面的添加过程继续执行。否则单击"关闭"按钮,退回到"性能"窗口,此时可发现性能监视器在图表区,并以不同颜色的线条反映性能对象的使用情况;图表区下面的列表框中列出所有的计数器及其线条颜色,性能对象实例等。

实训:管理控制台应用

实训目的:
通过本实训使读者掌握如下内容:
1.控制台的作用和用法
2.任务管理器的用法
实训内容:
1.建立 MMC,添加进多个感兴趣的管理工具,如磁盘管理、磁盘碎片整理等。
2.打开任务管理器,熟悉各项管理功能。

本章小结

本章介绍了微软的管理控制台 MMC 的用法，服务管理器、任务管理器、系统性能监视器的功能和用法。

管理控制台(MMC)是进行系统维护的各种管理工具工作的环境，可以接纳执行各种系统功能的工具，如"事件监视器"、"设备管理器"、"计算机管理"和"Internet 服务管理器"。

服务管理器可以提供消息服务、DHCP 服务、DNS 服务等。

任务管理器提供了有关计算机性能的信息，通过多种计算机性能的指示器，显示了计算机上所运行的程序和进程的详细信息。

性能监视器可以对处理器(Processor)、内存(Memory)、磁盘(Disk)、网络(Network)和互联网(Internet)设立相应的计数器，通过这些计数器，利用图表、报表、日志及警报等形式形象地监视并将各组件信息记录下来，保存在文件中，便于日后分析。

习　题

一、选择题

1. MMC 控制台文件的拓展名是(　　　)。

A. txt　　　　　　　B. DOC　　　　　　　C. CON　　　　　　　D. msc

2. 打开 MMC 控制台用的命令是(　　　)。

A. edit　　　　　　　B. mmc　　　　　　　C. gpedit　　　　　　　D. msc

3. 直接启动任务管理器最常见的方法是：(　　　)。

A. Ctrl＋Alt＋Esc　　　　　　　　　　B. Ctrl＋Alt＋Del

C. Ctrl＋Shift＋Esc　　　　　　　　　　D. Ctrl＋Shift＋Del

4. 任务管理器的用户界面提供了(　　　)、选项、查看、窗口、帮助等五大菜单项：

A. 文件　　　　　　　B. 工具　　　　　　　C. 编辑　　　　　　　D. 应用程序

5. 任务管理器的用户界面有：应用程序、(　　　)、性能、联网、用户 5 个选项卡。

A. 文件　　　　　　　B. 查看　　　　　　　C. 工具　　　　　　　D. 进程

二、填空题

1. MMC _____ 没有任何管理功能。要根据管理工作需要，添加管理工具插件。

2. 打开"服务"窗口的方法：单击"开始"/"程序"/"_____"中的"服务"。

3. "计算机管理"包含三个项目：_____、存储以及服务和应用程序。

4. 打开"计算机管理"窗口的方法：单击"开始"/"程序"/"_____"/"计算机管理"。

5. 每当系统运行缓慢、程序停止响应、怀疑染上病毒等异常情况出现时，可以打开"Windows _____"察看当前运行的程序、启动的进程、CPU 及内存使用情况等信息，为进一步解决问题提供思路。

6. Windows 任务管理器有可以_____计算机性能的关键指示器,提供了有关计算机性能的信息,并显示了计算机上所运行的程序和进程的详细信息。

7. CPU 使用记录图表中显示的采样情况,取决于"查看"菜单中所选择的"更新速度"设置值,"高"表示每秒_____次,"标准"表示每秒_____次,"低"表示每秒_____次,"暂停"表示不自动更新。

8. 进程是程序在一个数据集合上运行的_____(一个程序有可能同时属于多个进程),它是操作系统进行资源分配和调度的一个独立单位。

9. 系统中的每一个对象可以有一组计数器与之相连,管理员通过计数器可对性能对象进行_____。

三、简答题

1.控制台的作者模式有何功能?

2.启动任务管理器最常见的方法有哪些?

3.性能监视器的作用是什么?

第10章   DHCP 服务

在一个大的网络中,经常出现两台客户端计算机的 IP 地址冲突无法正常上网,解决起来很麻烦;另外,网络管理员需要经常为局域网内的用户设置 TCP/IP 属性,工作量大。能否有一个好的方法来解决这个问题呢？我们可以用 DHCP 服务器来管理 IP 地址,把用户电脑设置成自动获取 IP 地址就可以了。

本章内容包括 DHCP 服务器的基本概念、DHCP 服务器的安装与配置、DHCP 服务器的维护、客户端的配置与测试。

10.1 DHCP 服务器的基本概念

为保证网络正常工作,TCP/IP 网络中的所有计算机都必须有 IP 地址。可以在每台计算机上手动配置 IP 地址,或安装可为网络中的所有客户端计算机自动分配 IP 地址的 DHCP 服务器,然后由 DHCP 服务器自动租给网络上申请 IP 地址的计算机一个 IP 地址。

10.1.1 DHCP 的基本概念

DHCP 全称是 Dynamic Host Configuration Protocol(动态主机配置协议),专门用于为 TCP/IP 网络中的客户端计算机自动分配 IP 地址,并完成 TCP/IP 参数,包括子网掩码、默认网关以及 DNS 服务器地址等配置的协议。

在网络中使用 DHCP 服务器的优点如下：

1. 可解决 IP 地址不足的问题。

2. 避免了 IP 地址盗用问题。

3. 管理员可为整个网络指定通用和特定子网的 TCP/IP 参数。

4. 提供安全可信的配置。

5. 客户机在子网间移动时,旧的 IP 地址自动释放以便再次使用。

10.1.2　DHCP 地址分配类型

DHCP 允许有两种类型的地址分配:

1. DHCP 允许完全动态配置,服务器可使客户端计算机在一段时间内"租用"一个地址,租用时间到期时释放地址。

2. DHCP 允许手工配置,管理员可为特定的设备(如 DNS 服务器、WINS 服务器或网络打印机等)配置静态地址。

10.1.3　DHCP 的工作原理

1. DHCP 客户机第一次登录网络

当 DHCP 客户机第一次登录网络时,DHCP 客户机和 DHCP 服务器之间会进行 4 次通信,这 4 次通信分别代表不同的阶段:

(1)IP 地址租约申请阶段。当 DHCP 客户机第一次启动时,客户机没有 IP 地址,也不知道服务器的 IP 地址,因此客户机以 0.0.0.0 作为源地址,以 255.255.255.255 作为目标地址向网络中的 DHCP 服务器广播 DHCP DISCOVER 报文,申请 IP 地址。DHCP DISCOVER 报文中包括客户机的 MAC 地址和主机名。

如果无法联系到 DHCP 服务器,则认为自动获取 IP 地址失败。运行 Windows 系统的客户机会从 169.254、0.0/16 私有地址中任取一个 IP 地址使用。

(2)IP 地址租约提供阶段。DHCP 服务器收到 DHCP DISCOVER 报文后,将从地址池中为它提供一个尚未被分配出去的 IP 地址,并把地址池中提供的 IP 地址暂时标记为"不可用"。服务器使用广播(目的地址为 255.255.255.255)将 DHCP OFFER 报文送回给客户机,报文中包含的信息如下:

- 客户端 MAC 地址。
- DHCP 服务器提供的客户端 IP 地址。
- DHCP 服务器的 IP 地址。
- DHCP 服务器提供的客户端子网掩码。
- 其他作用域选项,例如 DNS 服务器、网关等。
- 租约期限等。

(3)IP 地址租约选择阶段。客户机收到 DHCP OFFER 后,向服务器发送一个 DHCP REQUEST 广播报文,在此广播报文中包含了 DHCP 客户端的 MAC 地址、接收租约中的 IP 地址、提供此租约的 DHCP 服务器地址等。所有其他的 DHCP 服务将收回其为此 DHCP 客户端保留的 IP 地址租约,以便给其他 DHCP 客户端使用。

由于没有得到 DHCP 服务器最后确认,此时 DHCP 客户端仍然不能使用租约中提供的 IP 地址,所以在数据包中仍然使用 0.0.0.0 作为源 IP 地址,255.255.255.255 作为目的地址。

(4)IP 地址租约确认阶段。DHCP 服务器在收到 DHCP REQUEST 报文后,立即发送 DHCP ACK 确认信息,在这个消息中同样包含了租约期限及其他选项信息。

当客户机接收到包含配置参数的 DHCP ACK 报文后,会向网络发出冲突检测,确认网络上没有其他主机使用该 IP 地址,避免 IP 地址冲突。如果发现该 IP 地址已经被其他主机使用,则向服务器发送 DHCP DECLINE 消息拒绝此 IP 地址租约,并重新开始新的申请过程。

2.DHCP 客户机第二次登录网络

DHCP 客户机获得 IP 地址后若再次登录网络,就不需要再发送 DHCP DISCOVER 报文,而是直接发送包含前一次分配的 IP 地址的 DHCP REQUEST 报文。当 DHCP 服务器收到这一报文后,它会尝试让 DHCP 客户机继续使用原来的 IP 地址,并回答一个 DHCP ACK 报文。

如果此 IP 地址已无法再分配给原来的 DHCP 客户机使用(例如此 IP 地址已分配给其他 DHCP 客户机使用),则 DHCP 服务器回答一个 DHCP NACK 报文。当客户机接收到 DHCP NACK 报文后,就必须重新请求新的 IP 地址。

3.DHCP 租约的更新

DHCP 服务器将 IP 地址提供给 DHCP 客户机时,会包含租约的有效期,默认租约期限为 8 天(691200 秒),期满后 DHCP 服务器便会收回出租的 IP 地址。如果 DHCP 客户机要延长其 IP 租约,在租约期限过半时,DHCP 客户机会自动向 DHCP 服务器发送更新 IP 租约的信息,如果 DHCP 服务器应答则租用延期。如果 DHCP 服务器始终没有应答,在有效租借期的 87.5% 时,客户机应与网上其他的 DHCP 服务器通信,并请求更新它的配置信息。如果客户机不能和所有的 DHCP 服务器取得联系,租借时间到期后,它必须放弃当前的 IP 地址,然后重新申请 IP 地址。

10.1.4　DHCP 扩展功能及其局限

DHCP 服务器除了能动态提供 IP 地址外,还能同时提供 WINS、DNS 主机名、域名等附加信息,完善 IP 地址参数的配置。

DHCP 存在的局限性主要表现在如下:

1.对外提供网络服务(例如:Web 服务、DNS 服务等)的主机是不能使用动态 IP 地址的。

2.DHCP 不能发现网络上非 DHCP 客户机已经使用的 IP 地址。

3.当网络上存在多个 DHCP 服务器时,一个 DHCP 服务器不能查出已被其他服务器租出去的 IP 地址。

4.一般来说,DHCP 服务器不能跨路由器和客户机通信。

10.2　DHCP 服务器的安装与配置

10.2.1　安装 DHCP 服务器

首先需要确保在 Windows Server 2003 服务器中安装了 TCP/IP,且已为这台服务器指定了静态 IP 地址(本例中为"192.168.10.10")。因为在 Windows Server 2003 系统中默认没有安装 DHCP 服务组件,所以需要把该组件手动添加进来。添加 DHCP 服务组件的步骤如下:

(1)打开"控制面板"窗口,双击"添加或删除程序"图标。在打开的"添加或删除程序"窗口中,单击左侧的"添加/删除 Windows 组件"按钮,打开"Windows 组件向导"对话框,如图 10-1 所示。

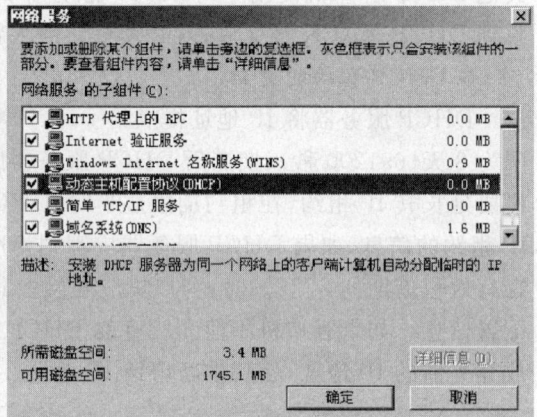

(2)在"组件"列表中,双击"网络服务"选项,打开"网络服务"对话框。在"网络服务的子组件"列表中,勾选"动态主机配置协议(DHCP)"复选框,如图 10-2 所示。依次单击"确定"/"下一步"按钮,开始配置和安装 DHCP 服务。最后单击"完成"按钮完成安装。

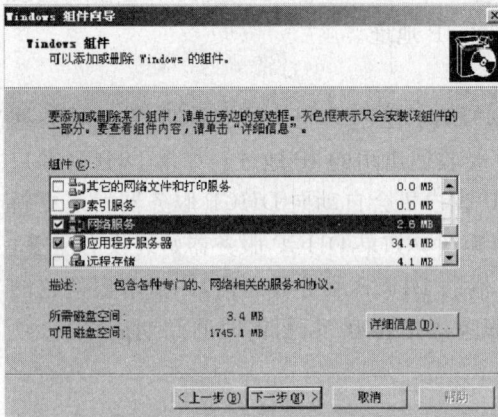

图 10-1　"Windows 组件向导"对话框　　　　图 10-2　"网络服务"对话框

在安装 DHCP 服务组件的过程中,需要提供系统安装光盘或者指定安装源文件。另外,如果部署 DHCP 服务的服务器处于 Active Directory(活动目录)域中,则必须进行"授权"操作才能使 DHCP 服务器生效。如果是基于工作组模式则无需进行授权操作就可使 DHCP 服务器生效,本例的网络环境属于后者。

如果从"管理工具"/"管理您的服务器"中选择"添加或删除角色",选中 DHCP 进行安装,则能省去许多步骤。

10.2.2　给 DHCP 服务器授权

Windows Server 2003 为使用活动目录的网络提供了集成的安全性支持。它对 DHCP 服务器提供了授权功能,通过对网络中配置正确的合法 DHCP 服务器进行授权,允许它们对 DHCP 客户机自动分配 IP 地址。同时,还能够检测未授权的非法 DHCP 服务器,并防止它们在网络中启动或运行,从而提高了网络的安全性。

授权的具体操作步骤如下:

(1)单击"开始"/"程序"/"管理工具"/"DHCP",弹出"DHCP"管理控制台。右击左侧窗格的 DHCP 根结点,从弹出的快捷菜单中选择"管理授权的服务器",如图 10-3 所示。

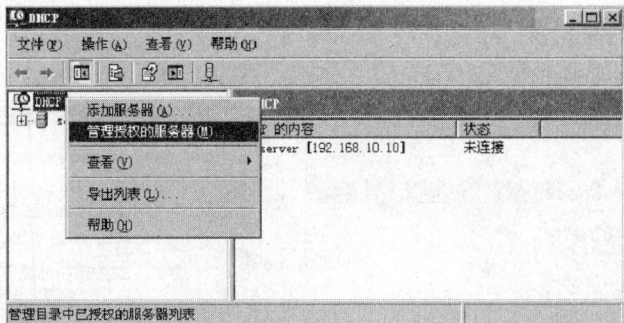

图 10-3　选择"管理授权的服务器"

(2)弹出"管理授权的服务器"对话框,用户可以在该对话框中对 DHCP 服务器进行授权,也可以解除已经授权了的 DHCP 服务器,如图 10-4 所示。

(3)单击"授权"按钮,弹出"授权 DHCP 服务器"对话框,在"名称或 IP 地址"文本框中输入要授权的 DHCP 服务器的名称或者 IP 地址,本例中为 192.168.10.10,如图 10-5 所示,单击"确定"按钮。

图 10-4　"管理授权的服务器"对话框

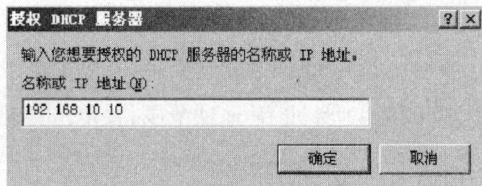

图 10-5　授权 DHCP 服务器

(4)弹出"确认授权"对话框,如图 10-6 所示,检查 DHCP 服务器的名称和 IP 地址输入是否正确,确认无误后单击"确定"按钮,完成对 DHCP 服务器的授权。

(5)若在工作组模式下,单击"确定"按钮后,会弹出如图 10-7 所示的提示界面。

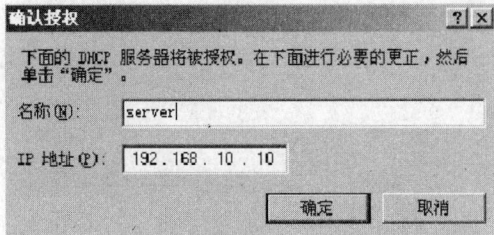

图 10-6　确认授权

图 10-7　工作组模式下授权的提示界面

10.2.3　新建作用域

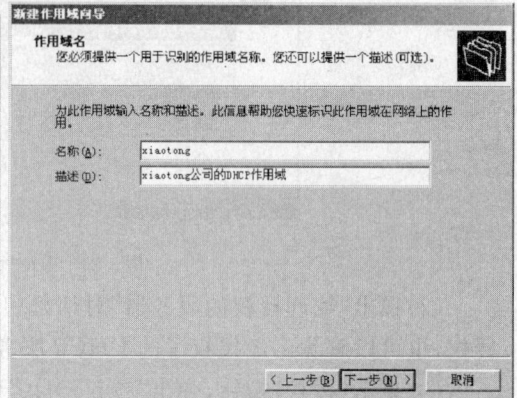

（1）单击"开始"/"程序"/"管理工具"/"DHCP"，弹出"DHCP"控制台。在左侧窗格中单击 DHCP 服务器名称使其运行，右击 DHCP 服务器名称，在弹出的快捷菜单中选择"新建作用域"命令，如图 10-8 所示。打开"新建作用域向导"对话框，单击"下一步"按钮。

（2）打开"作用域名"对话框，在"名称"文本框中为该作用域键入一个名称，在"描述"文本框中输入相关描述性信息，如图 10-9 所示。

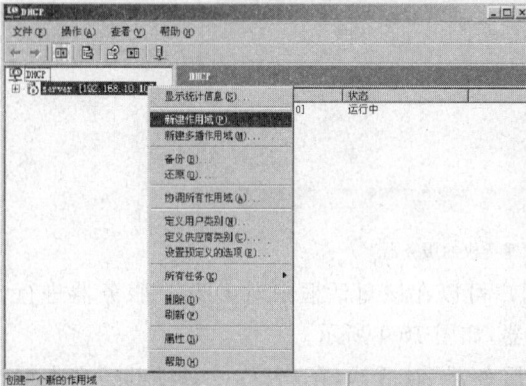

图 10-8　新建作用域　　　　　　　　　　图 10-9　"作用域名"对话框

（3）单击"下一步"按钮，打开"IP 地址范围"对话框，分别在"起始 IP 地址"和"结束 IP 地址"文本框中键入已经确定好的 IP 地址的起止范围，本例中 IP 地址的起止范围是 192.168.10.11～192.168.10.100，子网掩码长度为"24"，子网掩码为 255.255.255.0，如图 10-10 所示，单击"下一步"按钮。

（4）弹出"添加排除"对话框，在"起始 IP 地址"和"结束 IP 地址"文本框中可以指定需要排除的 IP 地址或 IP 地址范围，并单击"删除"按钮。本例中排除地址为 192.168.10.11～192.168.10.13，如图 10-11 所示，单击"下一步"按钮。

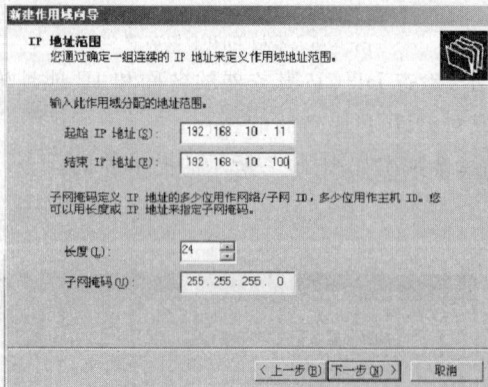

图 10-10　"IP 地址范围"对话框　　　　　　图 10-11　"添加排除"对话框

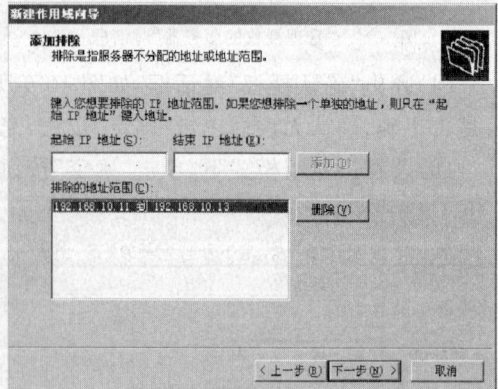

（5）弹出"租约期限"对话框，在此对话框可设置将 IP 地址租给客户端使用的时间期限，默认为 8 天，此处选择默认设置，如图 10-12 所示，单击"下一步"按钮。

（6）打开"配置 DHCP 选项"对话框，在此可配置作用域选项，选中"是，我想现在配置这些选项"，如图 10-13 所示，单击"下一步"按钮。

图 10-12　"租约期限"对话框

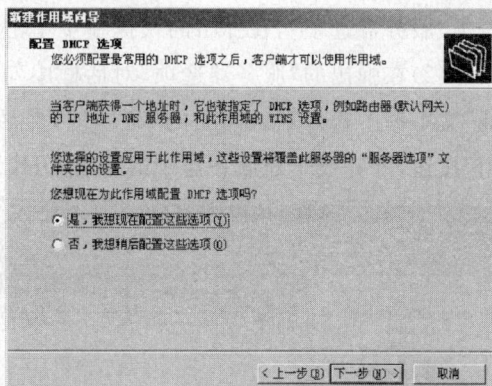

图 10-13　"配置 DHCP 选项"对话框

（7）弹出"路由器（默认网关）"对话框，根据实际情况键入网关地址，并单击"添加"按钮，如图 10-14 所示。如果没有网关，直接单击"下一步"按钮。

在后续的步骤中需要配置域、DNS 和 WINS 服务器的相关信息。由于本例没有涉及这些方面的知识，因此可以不做任何设置而直接单击"下一步"按钮，直至出现"激活作用域"对话框。

（8）在"激活作用域"对话框中保持"是，我想现在激活此作用域"单选框的默认选中状态，如图 10-15 所示，单击"下一步"按钮。

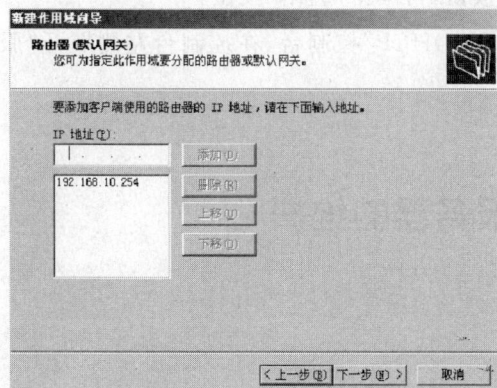

图 10-14　"路由器（默认网关）"对话框

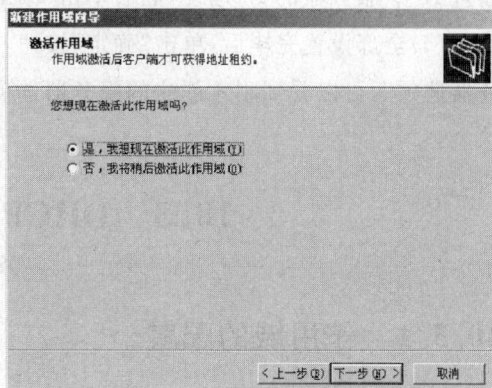

图 10-15　"激活作用域"对话框

（9）弹出"完成"对话框，单击"完成"按钮。

10.2.4　DHCP 服务器的配置

为了在提供 IP 地址的同时提供网关和 DNS 服务器的地址,需做如下设置:

(1)在"管理工具"中,单击 DHCP,打开"DHCP"控制台,在左侧窗格中展开目录树,右击"服务器选项",在弹出的快捷单中单击"配置选项"命令,如图 10-16 所示。

(2)在弹出的"服务器选项"对话框中勾选"003 路由器",在"数据输入"区域的"IP 地址"文本框中输入默认网关的 IP 地址,然后单击"添加"按钮,如图 10-17 所示,单击"应用"按钮,即完成了对服务器中的所有 DHCP 客户机默认网关的 IP 地址动态的分配。

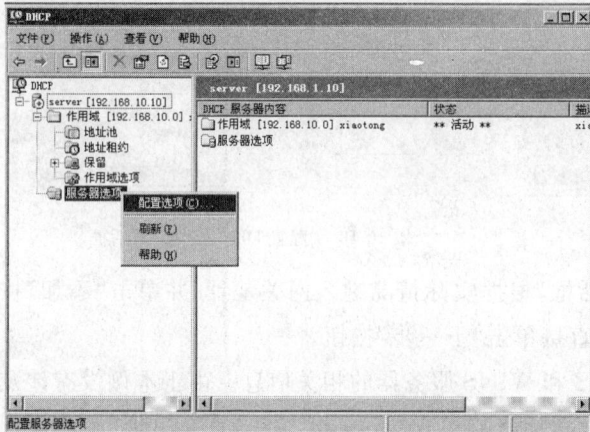

图 10-16　"DHCP"控制台

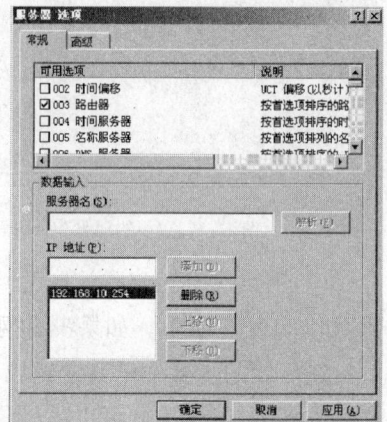

图 10-17　服务器选项的数据输入

(3)在图 10-17 中勾选"006 DNS 服务器",在"数据输入"区域的"IP 地址"文本框中输入 DNS 服务器的 IP 地址,然后单击"添加"按钮,再单击"应用"按钮。

(4)全部设置完毕后,单击"确定"按钮,返回"DHCP"控制台,在控制台左侧展开"服务器选项",可以看到刚才创建的服务器选项。

10.3　DHCP 服务器的维护

10.3.1　作用域的配置

(1)单击"开始"/"程序"/"管理工具"/"DHCP",打开"DHCP"控制台,在左侧窗格中右击"作用域[192.168.10.0]xiaotong",在弹出的快捷菜单中选择"属性"命令。

(2)打开"作用域[192.168.10.0]xiaotong 属性"对话框,在"常规"选项卡中,可以修改起始、结束 IP 地址,租约期限等,如图 10-18 所示。

(3)为了使得通过 DHCP 服务器获得 IP 地址的客户端计算机的域名能够从 DNS 查

询到,可以配置 DHCP 自动在 DNS 服务器上刷新记录,该功能可以在"DNS"选项卡中进行设置,如图10-19所示。

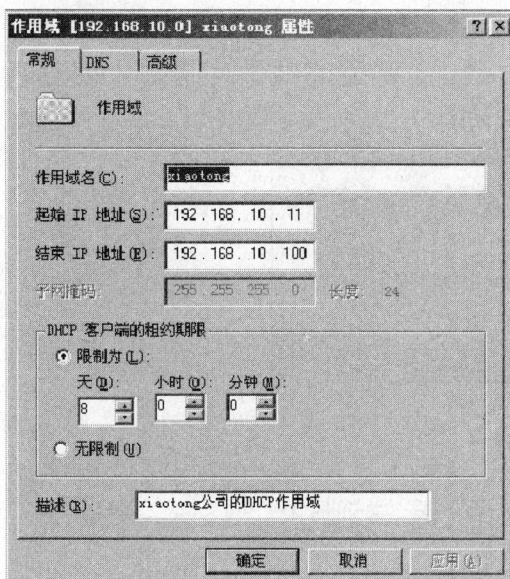

图 10-18　作用域属性"常规"选项卡

图 10-19　作用域属性"DNS"选项卡

(4)在"高级"选项卡中可以设置为哪些客户端分配 IP 地址,如图 10-20 所示。

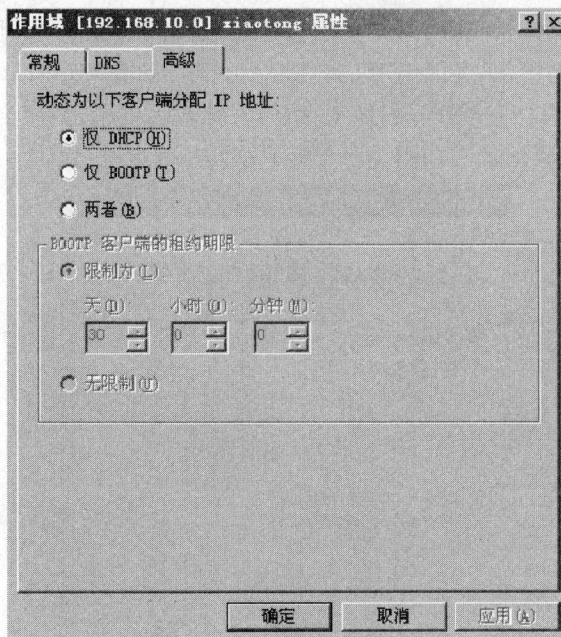

图 10-20　"高级"选项卡

10.3.2 修改作用域地址池

在"DHCP"控制台的左侧窗格中右击"地址池",在弹出的快捷菜单中选择"新建排除范围"命令,弹出"添加排除"对话框,如图 10-21 所示。输入想要排除的 IP 地址范围,单击"添加"按钮即可。

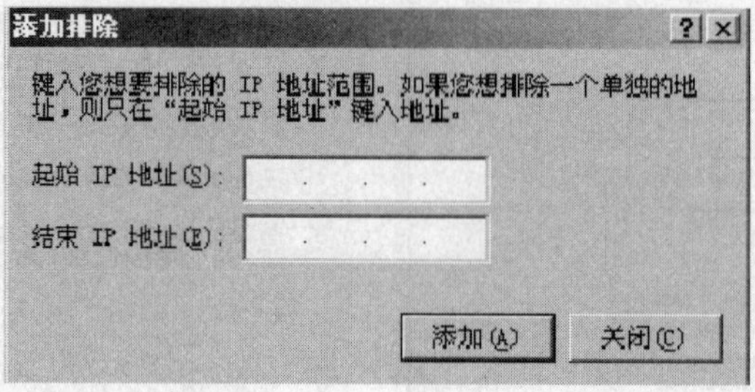

图 10-21 "添加排除"对话框

10.4 客户端的配置与测试

10.4.1 客户端的配置

以管理员帐户登录到 DHCP 客户机上,右击计算机桌面上的"网上邻居"图标,在弹出的快捷菜单中选择"属性",在打开的"网络连接"窗口中,右击"本地连接",在弹出的快捷菜单中选择"属性",弹出"本地连接 属性"对话框。双击"Internet 协议(TCP/IP)"选项,打开"Internet 协议(TCP/IP)属性"对话框,在该对话框中选择"自动获得 IP 地址"和"自动获得 DNS 服务器地址",如图 10-22 所示,单击"确定"按钮。

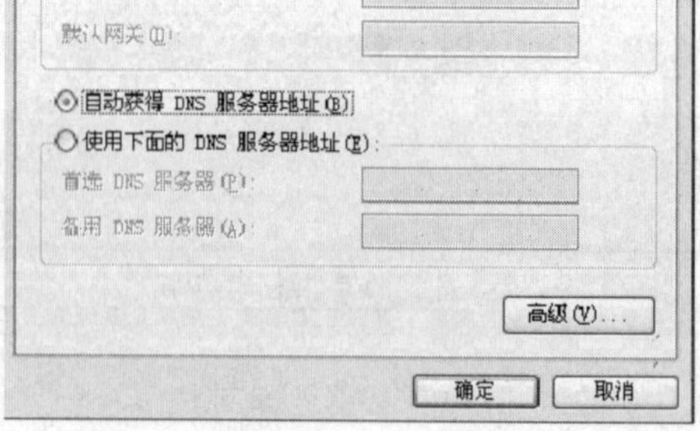

图 10-22 "Internet 协议(TCP/IP)属性"对话框

10.4.2　客户端的测试

在 DHCP 客户端上打开"命令提示符"界面,输入"ipconfig/all"命令可查看客户端从 DHCP 服务器上获取到的 IP 地址信息。如图 10-23 所示,可以看到该客户端从 DHCP 服务器上获取到的 IP 地址是"192.168.10.15";输入"ipconfig/release"命令可以释放租到的 IP 地址;输入"ipconfig/renew"命令可从 DHCP 服务器上续租 IP 地址。

图 10-23　查看客户端的 IP 地址信息

10.4.3　服务器端查看

以管理员帐户登录到 DHCP 服务器上,打开"DHCP"控制台,在左侧窗格中依次单击展开服务器和"作用域",单击"地址租约",可以看到 DHCP 服务器分配给客户端的 IP 地址是"192.168.10.15",如图 10-24 所示。

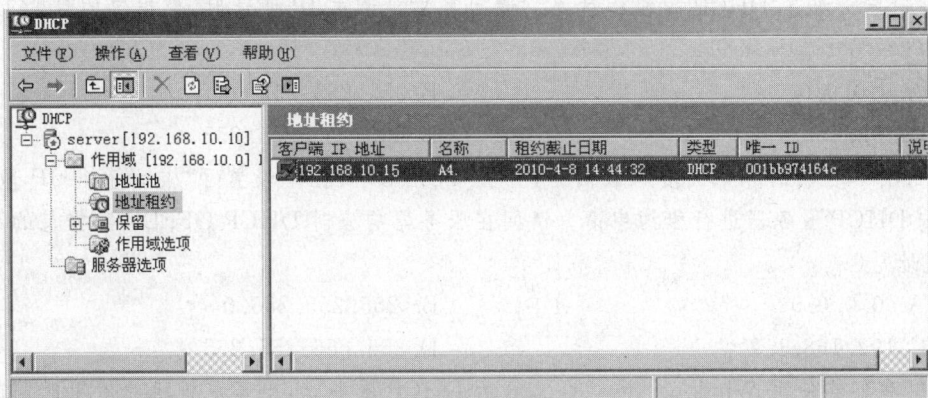

图 10-24　地址租约信息

实训：DHCP 服务管理

实训目的：

掌握在 Windows Server 2003 网络中实现 DHCP 协议的管理。

实训内容：

1. DHCP 系统的安装与管理。

2. 客户端 TCP/IP 协议的设置和测试。

DHCP 服务器 IP 地址为 192.168.1.2，利用虚拟机安装并配置 DHCP 服务器，IP 地址池为 192.168.1.50～192.168.1.150，192.168.1.200～192.168.1.240，网关为 192.168.1.254，DNS 为 192.168.1.3。

本章小结

本章介绍了 DHCP 服务器的基本概念、DHCP 服务器的安装与配置、DHCP 服务器的维护、客户端的配置与测试。

DHCP 服务器本身必须使用静态 IP 地址，其他涉及对外服务的服务器也必须使用静态 IP 地址。

客户端需设置成自动获取 IP 地址，在 DHCP 服务器正常运行的情况下，首次开机的客户端会自动获取一个 IP 地址并拥有 8 天的使用期限。

习 题

一、选择题

1. 有一台新的客户机接入该网络，并在 TCP/IP 属性中设置了"自动获得 IP 地址"项，此时就开始了 DHCP 的租约过程。请问客户机请求 IP 地址时，数据包的目的 IP 地址是（   ）。

A. 0.0.0.0   B. 255.255.255.0

C. 192.168.1.2   D. 255.255.255.255

2. 有一台新的客户机接入该网络，并在 TCP/IP 属性中设置了"自动获得 IP 地址"项，向 DHCP 服务器进行租约申请。请问在服务器响应时 DHCP OFFER 数据包的目的 IP 地址是（   ）。

A. 0.0.0.0   B. 255.255.255.0

C. 192.168.1.2   D. 255.255.255.255

3. 我们在使用 Windows Server 2003 的 DHCP 服务时，当客户机租约使用时间超过租约的 50% 时，客户机会向服务器发送（   ）数据包，以更新现有的地址租约。

A. DHCPDISCOVER   B. DHCPOFFER

C. DHCPREQUEST   D. DHCPIACK

4. 在安装完 DHCP 服务后，在 DHCP 管理控制台中发现服务器前面是红色向下的箭头，这是因为（   ）。

A. 当前用户权限不够　　　　　　　　B. 组件安装不完整

C. 没有对服务器进行授权　　　　　　D. 没有激活

5. 某网络管理员在网络中配置了一台 DHCP 服务器(IP 地址的作用域范围是 192.
168.0.1～192.168.0.100)。但他在一台客户机上通过 ipconfig 命令查看时,却发现该机
的 IP 地址是 169.254.0.1,出现这种现象的原因是(　　)。

A. 该客户机的操作系统错误

B. DHCP 服务器有问题或网络连接有问题

C. 该计算机安装的 Windows 操作系统与 DHCP 服务器安装的操作系统版本不同

D. 该计算机所安装的操作系统不是 Windows 操作系统

二、填空题

1. DHCP _____配置协议,专门用于为 TCP/IP 网络中的计算机自动分配 IP 地
址,并完成 TCP/IP 参数配置的协议。

2. 客户机向 DHCP 服务器广播的 DHCP DISCOVER 报文中,以 0.0.0.0 作为
_____地址,以 255.255.255.255 作为_____地址。

3. 如果 DHCP 客户机要延长其 IP 租约,在 IP 租约期限_____时,DHCP 客户机
会自动向 DHCP 服务器发送更新其 IP 租约的信息。

4. 在 DHCP 客户端命令提示符界面,输入_____命令可从 DHCP 服务器上申请
IP 地址;输入_____命令可查看客户端从 DHCP 服务器上获取到的 IP 地址信息,输入
_____命令可以释放租到的 IP 地址。

二、简答题

1. DHCP 工作过程包括哪些报文?

2. 使用 DHCP 有何好处?

3. 在 Windows Server 2003 环境下,使用什么命令可以查看 IP 地址、释放 IP 地址和
续订 IP 地址?

DNS 服务器

本章学习目标

1. 熟悉 DNS 的用途和基本功能
2. 熟悉域名空间的概念
3. 熟悉 DNS 查询的原理
4. 熟悉 DNS 服务器的安装
5. 掌握 DNS 服务器的配置与管理
6. 掌握 DNS 客户端设置

本章学习重点和难点

1. 重点：

DNS 服务器的配置与管理、DNS 客户端设置

2. 难点：

DNS 的工作原理、DNS 服务器的配置与管理

在 Internet 上，是采用 TCP/IP 协议，基于 IP 地址进行通信的，然而 IP 地址没有规律，很难记住。因此，为便于使用，人们基本上都是通过计算机名称访问网站的，如使用 www.smth.edu.cn 这样的网址，网址中各部分分别表示：.cn 中国；edu 教育界；smth 水木清华的名为 www 的计算机。网址中每一部分表示一个域，这样的域名很容易记住。然而计算机并不识别域名，需通过某种机制将域名称解析为 IP 地址。

本章首先介绍 DNS 的基本概念和原理，然后分别介绍 DNS 服务器的安装、DNS 服务器的配置与管理、DNS 服务器测试与客户端的设置。

11.1 DNS 的基本概念与原理

DNS 是域名系统(Domain Name System)的缩写，该系统是一种包含主机名到 IP 地址映射的分布式、分层式数据库。通过 DNS 可以使用便于记忆的字母和数字组成的名称来定位计算机和服务。主机域名一般是由一系列用点隔开的字母数字标签组成，比如：www.baidu.com。通过 DNS 服务转换成 IP 地址 220.181.111.85，使得网络服务的访问更加简单。

11.1.1　DNS 概述

1. Internet 的域名空间

域名空间是指为 DNS 数据库提供层次结构的命名方案,每个结点代表 DNS 数据库中的一部分。这些结点即为域。

DNS 域名空间采用树状层次结构,一般可分为根域、顶级域、次级域、子域以及主机名几个层次,如图 11-1 所示。

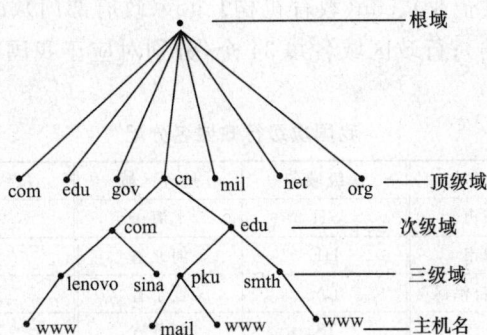

图 11-1　DNS 域名空间

（1）根域

图 11-1 中位于层次结构最高端的是域名树的根,提供根域名服务,以“.”来表示。在 Internet 中,根域是默认的,一般不需要表示出来。目前分布于全世界的根域服务器只有 13 台,全部由互联网名称与数字地址分配机构（The Internet Corporation for Assigned Names and Numbers,ICANN）管理。根域服务器中只保存了其下层顶级域的 DNS 服务器名称和 IP 地址的对应关系。

其他各级域服务器也都只保存由其所管辖的子域的 DNS 服务器名称和 IP 地址的对应关系。

（2）顶级域

顶级域位于根域之下,数目有限且不能轻易变动。顶级域也是由 ICANN 管理。在 Internet 中,顶级域大致分为两类:各种组织的顶级域（类别域）和各个国家地区的顶级域（地理域）。

①类别顶级域名最初有 7 个:com（表示工商企业公司）、net（表示网络提供商）、org（表示非盈利组织）、edu（美国教育）、gov（美国政府部门）、mil（美国军方）、int（国际组织）。

②地理顶级域名共有 243 个国家和地区的代码。例如 cn 代表中国、jp 代表日本、uk 代表英国等。

由于互联网最初是在美国发展起来的,所以 gov、edu、mil 虽然都是顶级域名,但却仅在美国使用。

随着互联网的不断发展,在 1997 年增加了几个国际通用顶级域名:firm（公司企业）、store（销售公司或企业）、web（突出 WWW 活动的单位）、arts（突出文化、娱乐活动的单位)、rec(突出消遣、娱乐活动的单位)、info (提供信息服务的单位)、nom(个人)、biz(商业)。

国际通用的域名,如 com、net、org 等称为国际域名。其中又区分为英文国际域名和中文国际域名。国际域名由 ICANN 负责注册和管理;而中国国内的域名则由中国互联网络信息中心(China Internet Network Information Center,CNNIC)负责注册和管理。

(3)次级域名是指顶级域名之下的域名。在国家顶级域名下,它是表示注册企业类别的符号。我国的次级域名又分为类别域名和行政区域名两类。类别域名共 7 个,ac(科研机构)、com(工商金融企业)、edu(教育机构)、gov(政府部门)、net(互联网络服务)、org(非盈利组织)、mil(国防);行政区域名共 34 个,分别对应于我国各省、自治区和直辖市,如表 11-1 所示。

表 11-1 我国次级行政域名分配

次级域名	地理区域	次级域名	地理区域	次级域名	地理区域
BJ	北京市	SH	上海市	CQ	重庆市
TJ	天津市	HE	河北省	SX	山西省
NM	内蒙古自治区	LN	辽宁省	JL	吉林省
HL	黑龙江	JS	江苏省	ZJ	浙江省
AH	安徽省	FJ	福建省	JX	江西省
SD	山东省	HA	河南省	HB	湖北省
HN	湖南省	GD	广东省	GX	广西壮族自治区
HI	海南省	SC	四川省	GZ	贵州省
YN	云南省	XZ	西藏自治区	SN	陕西省
GS	甘肃省	QH	青海省	NX	宁夏回族自治区
XJ	新疆	TW	台湾	HK	香港
MO	澳门				

(4)子域

在 DNS 域名空间中,除了根域和顶级域之外,其他的域都称为子域。子域是有上级域的域,一个域可以有许多子域。子域是相对而言的,如 www. smth. edu. cn 中, smth 是 edu. cn 的子域。

(5)主机名

位于 DNS 域名空间的最底层,主要是指计算机名。

2.域名命名的一般规则

子域名由字母(A~Z,a~z)、数字(0~9)和英文连词符"－"组成,首位必须是字母或数字,各级域名之间用点"."连接,子域名的长度不能超过 20 个字符。域名不区分大小写。

Internet 主机域名的排列原则是低层的子域名在左面,而它们所属的高层域名在右面。Internet 主机域名一般格式为:主机名. 三级域名. 二级域名. 顶级域名。

例如,主机域名:

www.sylu.edu.cn

服务器名 沈阳理工大学 教育机构 中国

　　域名系统层次结构的优点是:各层内的各个组织在它们的内部可以自由选择域名,只要保证组织内的唯一性,不需担心与其他组织内的域名冲突。

　　DNS 域名和主机名构成了完全合格的域名 FQDN(Fully Qualified Domain Name)。

11.1.2　区域

　　为管理方便,把域名空间划分成易于管理的多个部分,每一部分就是一个区域(zone)。在一个 DNS 服务器里,可以创建多个区域,比如 a.com 和 b.com,而在每一个区域下又可以建多个域。通常,DNS 数据库可分成不同的相关资源记录集,每个记录集称为区域。区域可以包含整个域、部分域或一个、几个子域的资源记录。

　　区域名称指定 DNS 名称空间的一部分,该部分由此服务器管理,这可能是某组织单位的域名(如 edu.cn)或此域名的一部分(如 sylg.edu.cn)。

　　DNS 中的区域有三种类型:与活动目录集成的区域、标准主要区域、标准辅助区域。

　　🐾注意:区域名不是 DNS 服务器名称。一个域和一个区域可能具有相同的域名,但包含的结点不同。区域的划分是通过授权机制实现的。域名服务器加载数据时,是以区域 zone 为单位,而不是以域为单位。

11.1.3　DNS 服务器类型

　　DNS 服务器是运行 DNS 程序的计算机,其中存有 DNS 数据库的信息,它试图解答客户机的查询。一台 DNS 服务器可以同时管理多个区域,且同时属于多种服务器类型。

　　1.主要区域 DNS 服务器

　　主要区域 DNS 服务器存放主区域内所有数据的数据库文件。区域中内容改变时,如添加域或主机,是通过主要区域 DNS 服务器来执行的。在主要区域中可以创建一个可以直接在这个服务器上更新的区域副本。

　　2.辅助 DNS 服务器

　　为防止主 DNS 服务器出现故障,在每一个区域,至少使用两台 DNS 服务器。其中一台作为主 DNS 服务器,而另外一台作为辅助 DNS 服务器。

　　辅助 DNS 服务器可以从主 DNS 服务器中复制一整套域信息。区域文件是从主 DNS 服务器中复制生成的。由于辅助 DNS 服务器的区域文件仅是只读副本,因此无法进行更改,所有针对区域文件的更改必须在主 DNS 服务器上进行。在实际应用中,辅助 DNS 服务器主要用于帮助主服务器平衡负荷并提供容错。如果主 DNS 服务器出现故障,可以将辅助 DNS 服务器转换为主 DNS 服务器。

11.1.4　DNS 域名解析

　　域名解析(Resolution)是指将域名转换成对应的 IP 地址的过程,它主要由 DNS 服务器来完成。DNS 使用了分布式的域名数据库,运行域名数据库的计算机称为 DNS 服务器。

　　DNS 服务器以层次型结构(和域名树相对应)分布在世界各地,每台 DNS 服务器只存储本域名下所属各域的 DNS 数据。

每一个拥有域名的组织都必须有 DNS 服务器,以提供自己域内的域名到 IP 地址的映射服务。例如,xx 大学的 DNS 服务器的 IP 地址为 202.101.0.12,它负责进行 xx.edu.cn 域内的域名和 IP 地址之间的转换。在设定 IP 地址网络环境的时候,需要指出进行本主机域名映射的 DNS 服务器的地址。

DNS 域名的解析主要有两种,一种是通过 hosts 文件进行解析,另一种是通过 DNS 服务器进行解析。

1.通过 hosts 文件解析

hosts 文件解析是 Internet 中最初使用的一种查询方式。采用 hosts 文件进行解析时,必须由人工输入、删除、修改所有 DNS 名称与 IP 地址的对应数据,即把全世界所有的 DNS 名称写在一个文件中,并将该文件存储到解析服务器上。客户端如果需要解析名称,就到解析服务器上查询 hosts 文件。全世界所有解析服务器上的 hosts 文件都需保持一致。当网络规模较小时,hosts 文件解析还是可以采用的。然而,当网络越来越大时,为保持网络里所有服务器中 hosts 文件的一致性,就需要大量的管理和维护工作,在大型网络中这将是一项沉重的负担,因此这种方法显然是不适用的。

2.通过 DNS 服务器解析

通过 DNS 服务器解析是目前 Internet 上最常用也是最便捷的域名解析方法。全世界众多的 DNS 服务器各司其职,互相呼应,协调工作,构成了一个分布式的 DNS 域名解析网络。采用这种分布式解析结构时,一台 DNS 服务器出现问题并不会影响整个体系,而数据的更新操作也只在其中的一台或几台 DNS 服务器上进行,使整体的解析效率大大提高。

当客户端需要将某主机域名转成 IP 地址时,询问本地 DNS 服务器。当数据库中有该域名记录时,DNS 服务器会直接做出回答。如果没有查到,本地 DNS 服务器会向根 DNS 服务器发出查询请求。域名解析采用自顶向下的算法,从根服务器开始直到树叶上的服务器。

11.1.5 DNS 域名解析过程

DNS 查询方式主要有正向查询和反向查询两种。

1.正向查询

正向查询是将域名解析成 IP 地址的过程。客户端要查找某一网址的 IP 地址的查询过程如图 11-2 所示:

(1)DNS 客户端向本地 DNS 服务器发出查询请求:如要查找 www.163.com。

(2)本地 DNS 服务器检查区域数据库和缓存,寻找资源记录。

(3)如果 DNS 服务器找到客户端请求的资源记录,将该记录告诉给 DNS 客户端。(DNS 客户端向本地 DNS 服务器发出查询请求属于递归查询。)

(4)如果 DNS 服务器没有找到相应的资源记录,则本地 DNS 服务器向根服务器发出迭代查询请求查找 www.163.com。

(5)根服务器做出响应,向本地 DNS 服务器提供靠近所提交域名的.com 的 DNS 服务器的 IP 地址。

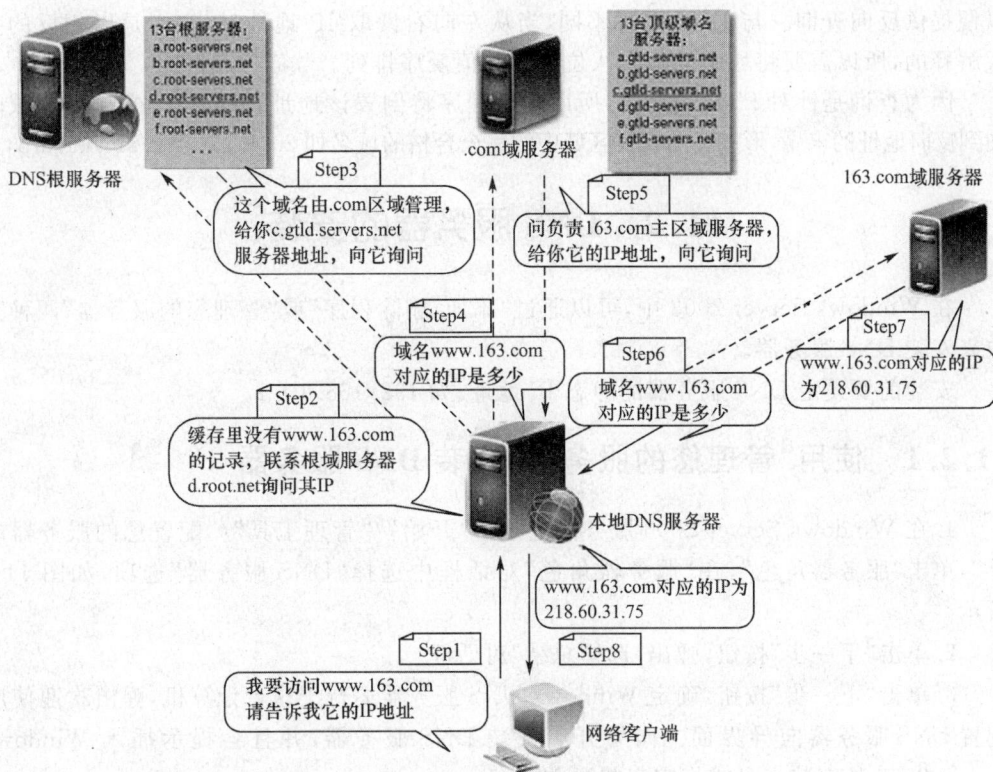

图 11-2　DNS 查询过程

（6）本地 DNS 服务器向域名.com 的 DNS 服务器发出迭代查询。

（7）.com 的 DNS 服务器做出响应,向本地 DNS 服务器提供靠近所提交域名的 163.com 的 DNS 服务器的 IP 地址。

依此类推,直到本地 DNS 服务器收到要查询的资源记录 www.163.com 的信息。

（8）将该资源记录信息发送给 DNS 客户端,同时保存在本地的缓存中。

（9）如果 DNS 服务器通过任何方法都未查询到该资源记录,则查询失败。

2.反向查询

反向查询即 IP 反向解析,它的作用是通过查询 IP 地址的 PTR 记录得到该 IP 地址指向的域名。PTR 记录是邮件交换记录的一种,邮件交换记录中有 A 记录的 PTR 记录,A 记录解析域名到 IP 地址,而 PTR 记录解析 IP 地址到域名。通过对 PTR 记录的查询,达到反查的目的。

反向域名解析系统的功能是确保适当的邮件交换记录是生效的。许多电子邮件提供高使用反向域名解析系统来确认信息是从哪里来的。那些没有正确地发布反向域名解析系统信息的域可能会经常发生邮件的退回。

反向解析验证是对方服务器进行的,如果发送方没有做反向解析,那么对方服务器的反向解析验证就会失败,这样对方器就会以不明发送而拒收邮件。

在一般的邮件运营商的邮件协议 smtp 和 pop3 机制中,域名反向解析是对付垃圾邮件过滤的规则之一。

在 DNS 标准中定义了特殊域 in-addr.arpa 域,并保留在 Internet DNS 名称空间中,以便提供反向查询。与 DNS 名称不同,当从左向右读取 IP 地址时,它们是以相反的方式解释的,所以需要将域中的每个八位字节数值反序排列。

因为查询是针对 PTR 记录的,所以解析程序将倒置该地址,并将 in-addr. arpa 域附加到反向地址的末尾,形成反向查找区域中的完全合格的域名如 20.1.168.192. in-addr. arpa。

11.2　DNS 服务器的安装

在 Windows Server 2003 中,可以通过"添加/删除程序"或"管理您的服务器"两种方法来安装 DNS 服务器。

安装前要设定 DNS 服务器的静态 IP 地址,如 192.168.10.1。

11.2.1　使用"管理您的服务器"安装 DNS 服务器

1. 在 Windows Server 2003 服务器上单击"开始"/"管理工具"/"配置您的服务器向导",单击"服务器角色",在"服务器角色"对话框中选择"DNS 服务器"选项,如图 11-3 所示。

2. 单击"下一步"按钮,弹出"选择总结"对话框。

3. 单击"下一步"按钮,确定 Windows DNS 服务器运行于这台计算机,弹出欢迎使用配置 DNS 服务器向导界面。向导开始安装 DNS 服务器,并且会提示插入 Windows Server 2003 的安装光盘或指定安装源文件。

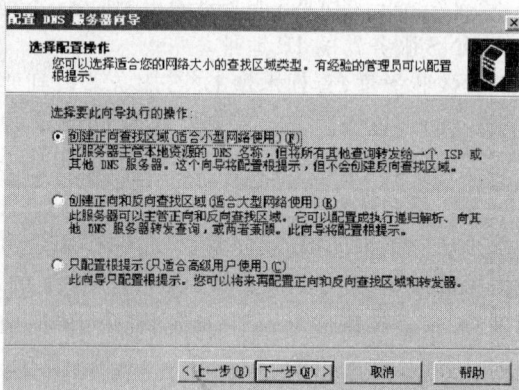

4. 单击"下一步"按钮,弹出"选择配置操作"对话框,如图 11-4 所示。用户可以根据网络实际情况配置 DNS 服务器使用区域,有如下三种选择:

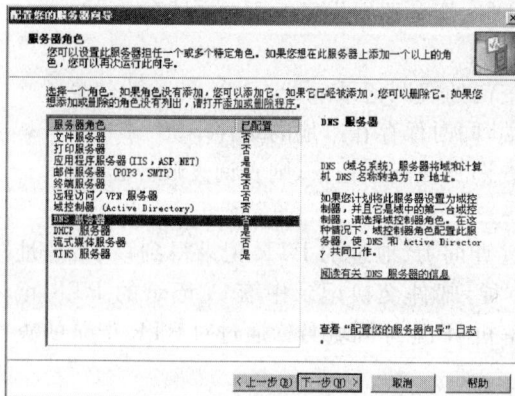

图 11-3　"服务器角色"对话框　　　　　　　　图 11-4　"选择配置操作"对话框

(1)"创建正向查找区域(适合小型网络使用)":主管本地资源的 DNS 名称,将其他查询转发给一个 ISP 或其他 DNS 服务器,以便完成从域名到 IP 地址的解析。

(2)"创建正向和反向查找区域(适合大型网络使用)":此服务器可主管正向与反向查找区域,完成域名与 IP 地址的双向解析。它可以配置成执行递归解析,向其他 DNS 服务器转发查询,或两者兼顾。此向导将配置根提示。

(3)"只配置根提示(只适合高级用户使用)":创建仅用于转发的服务器或向当前配

置有区域和转发器的 DNS 服务器添加根提示。根提示是存储在 DNS 服务器上的 DNS 数据,用来标识本机是域名系统中的 DNS 服务器。

选择"创建正向查找区域(适合小型网络使用)",单击"下一步"按钮。弹出"主服务器位置"对话框,如图 11-5 所示。

5.选中"这台服务器维护该区域"单选按钮,可以将该 DNS 服务器配置为主要正向查找区域。单击"下一步"按钮。

6.弹出"区域名称"对话框,如图 11-6 所示,输入组织单位的域名或此域名的一部分,如"sylg.edu.cn"(此域名不是 DNS 服务器名)。单击"下一步"按钮。

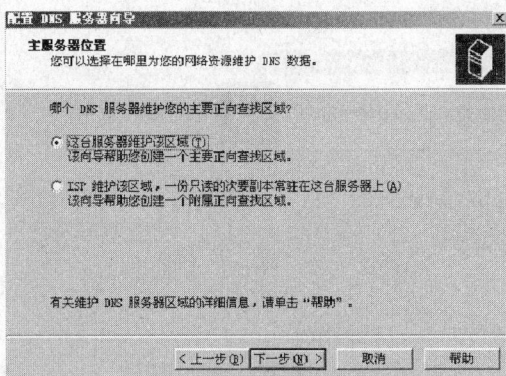

图 11-5　"主服务器位置"对话框　　　　　　　图 11-6　"区域名称"对话框

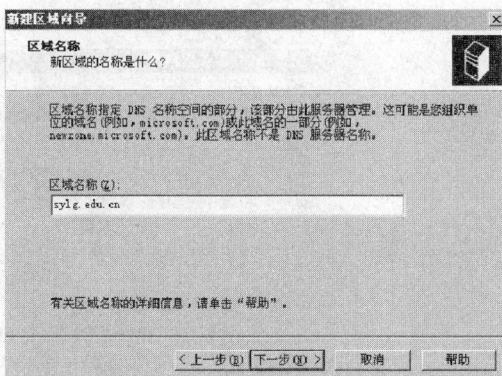

7.弹出"区域文件"对话框,如图 11-7 所示,选中"创建新文件,文件名为"单选项,采用系统默认的文件名"区域名.dns"保存区域文件,存放在％systemroot\system32\dns 文件夹中(％systemroot％是系统变量,指 Windows 系统文件夹的位置,若系统安装在 C 盘,即 C:\Windows 或 C:\Winnt 等)。单击"下一步"按钮。

如果创建的区域是与 Active Directory 集成的区域,则不会出现此提示界面,区域文件是存放在活动目录树中该对象的容器下。单击"下一步"按钮。

8.弹出"动态更新"对话框,如图 11-8 所示,指定这个 DNS 区域接受安全、不安全或非动态的更新。

图 11-7　"区域文件"对话框　　　　　　　　图 11-8　"动态更新"对话框

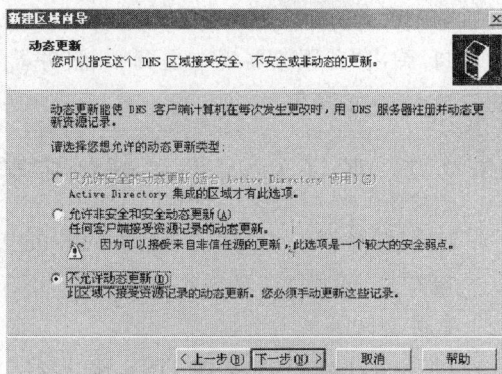

（1）"只允许安全的动态更新（适合 Active Directory 使用）"：DNS 客户机将动态更新请求发给 DNS 服务器。DNS 服务器在客户机通过身份认证后才执行更新，该选项只有在 Active Directory 管理区域才能激活。

（2）"允许非安全和安全动态更新"：DNS 客户机可以接受资源记录的动态更新，该选项的安全性较低。

（3）"不允许动态更新"：此区域不允许客户机接受资源记录的动态更新操作，使用此选项比较安全，由管理员手动更新 DNS 记录。

选中"不允许动态更新"单选按钮。单击"下一步"按钮。

9.弹出"转发器"对话框，如图 11-9 所示。

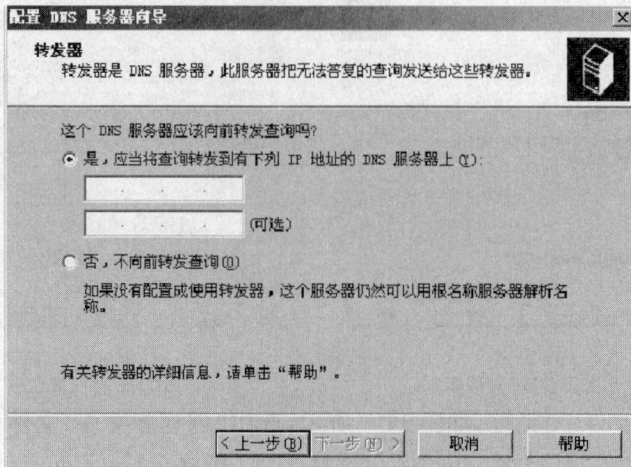

图 11-9 "转发器"对话框

选中"是，应当将查询转发到有下列 IP 地址的 DNS 服务器上"单选项，并输入 ISP 提供的 DNS 服务器的 IP 地址，如 202.96.64.68。这样，当 DNS 服务器接收到客户端发出的 DNS 请求时，如果本地无法解析，将自动把 DNS 请求转发给 ISP 的 DNS 服务器。单击"下一步"按钮。

10.弹出"正在完成配置 DNS 服务器向导"对话框。在"设置"列表框中显示了本次配置的情况，单击"完成"按钮。

11.弹出"此服务器现在是 DNS 服务器"的提示页面，单击"完成"按钮，此计算机已配置成 DNS 服务器。

11.2.2 验证 DNS 服务器的安装

DNS 服务器安装完毕后，会在 Windows Server 2003 系统中出现相应的文件、服务及快捷方式，可通过查看这些信息检验 DNS 服务器是否安装成功，具体步骤如下：

1.查看文件

以管理员帐户登录到 DNS 服务器上，如果 DNS 服务器成功安装，会存在于%systemroot%\system32\dns 文件夹，该文件夹中包含了 DNS 区域数据库文件、日志文件等与 DNS 相关的文件，如图 11-10 所示。

图 11-10　DNS 相关文件

2.查看快捷方式

如果 DNS 服务器成功安装,会在"管理工具"下建起 DNS 管理控制台的快捷方式,可通过快捷方式打开"DNS"控制台。

3.查看服务

如果 DNS 服务器成功安装,默认会自动启动。可以在服务列表中查看已经启动的 DNS 服务器。

单击"开始"/"程序"/"管理工具"/"服务",打开"服务"控制台,如图 11-11 所示,可以看到 DNS 服务器的启动状态和描述信息。

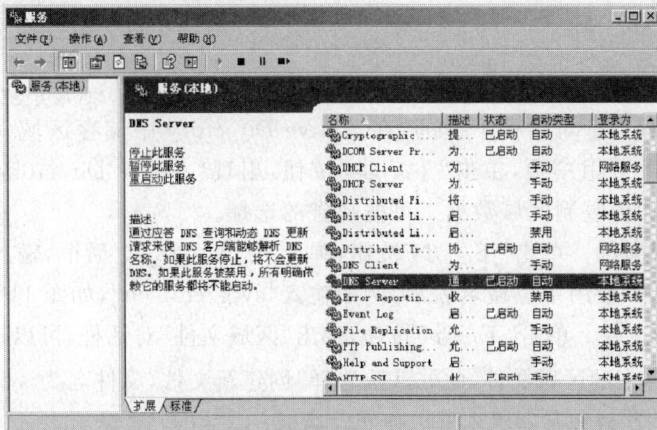

图 11-11　DNS 服务器的启动状态和描述信息

11.3　DNS 服务器配置与管理

11.3.1　添加正向查找区域

根据域名解析时查找方式的不同,DNS 区域分成两种类型:

(1)正向查找区域:正向查询是将主机名称解析成 IP 地址,正向查找区域保存正向查询所需要的数据。

(2)反向查找区域:如果用户想通过主机的 IP 地址了解主机的 DNS 名称,可以通过

DNS 的反向查询来实现。

在 DNS 服务器上至少须配置一个正向查找区域。添加正向查找区域的具体步骤如下：

（1）打开"DNS"控制台。以域管理员帐户登录到 DNS 服务器上，单击"开始"/"程序"/"管理工具"/"DNS"，打开"DNS"控制台。

（2）打开新建区域向导。在"DNS"控制台左侧界面中，右键单击"正向查找区域"，在弹出的快捷菜单中选择"新建区域"，如图 11-12 所示。

（3）打开"新建区域向导"对话框，如图 11-13 所示，选择"主要区域"选项，目的是在本 DNS 服务器上创建一个可更新的区域副本。

图 11-12　新建正向查找区域　　　　　　　　图 11-13　"区域类型"对话框

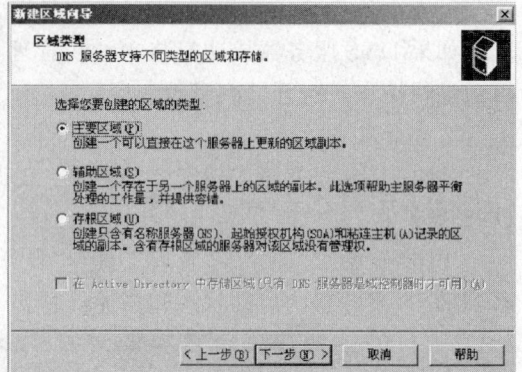

如果选中区域类型对话框下面的"在 Active Directory 中储存区域（只有 DNS 服务器是域控制器时才可用）"项，单击"下一步"按钮，出现"Active Directory 区域复制作用域"对话框，选择如何复制区域数据。可按缺省的选择。

（4）设置区域名称。单击"下一步"按钮，弹出"区域名称"对话框，输入正向查找区域的名称，区域名称一般用单位域名表示，例如输入"sylg. edu. cn"，如图 11-14 所示。

（5）创建区域文件。单击"下一步"按钮，弹出"区域文件"对话框，可以选择创建新的区域文件或使用已存在的区域文件，此处默认选择"创建新文件，文件名为 sylg. edu. cn. dns"，如图 11-15 所示。在域控制器下不会出现此对话框。

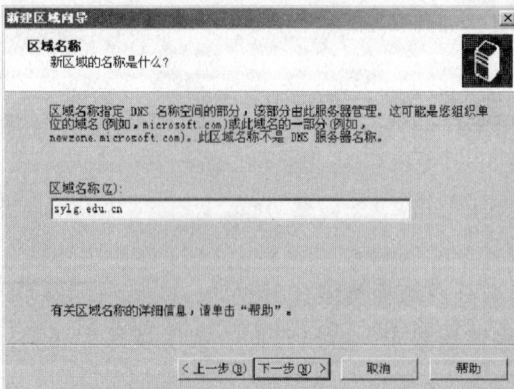

图 11-14　"区域名称"对话框　　　　　　　　图 11-15　"区域文件"对话框

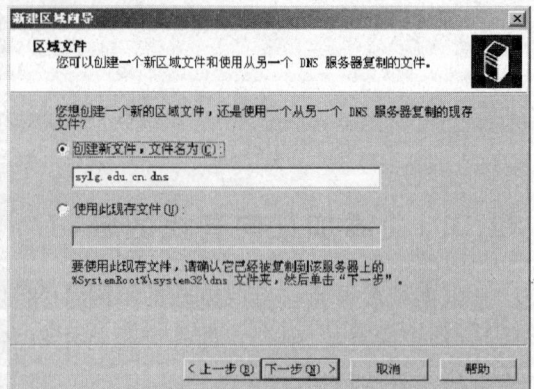

（6）设置动态更新。单击"下一步"按钮，弹出"动态更新"对话框，可以选择区域是否支持动态更新。虽然 DNS 区域的动态更新可以让网络中的计算机将其资源记录自动在 DNS 服务器中更新，但是，不受信任的来源也会自动更新，将会带来安全隐患。此处选择"不允许动态更新"，如图 11-16 所示。

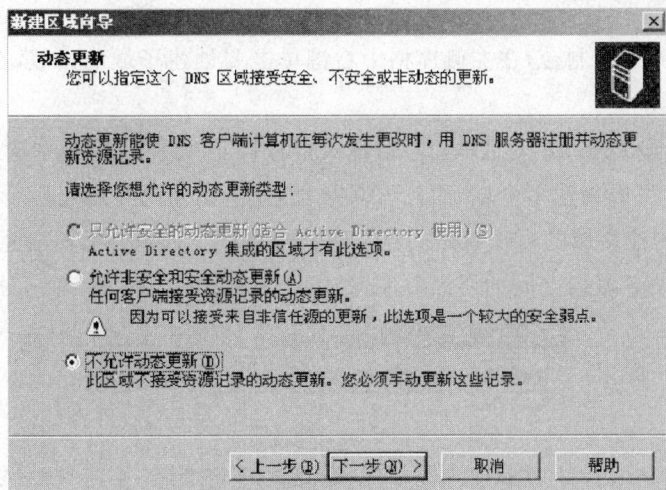

图 11-16　"动态更新"对话框

（7）正向区域创建完成。单击"下一步"按钮，弹出"正在完成新建区域向导"对话框，可看到刚才所输入的项目信息。单击"完成"按钮，区域创建完成。

（8）返回"DNS"控制台。正向查找区域创建完成的效果如图 11-17 所示，创建完的区域资源记录默认只有起始授权机构（SOA）、名称服务器（NS）和主机（A）记录。

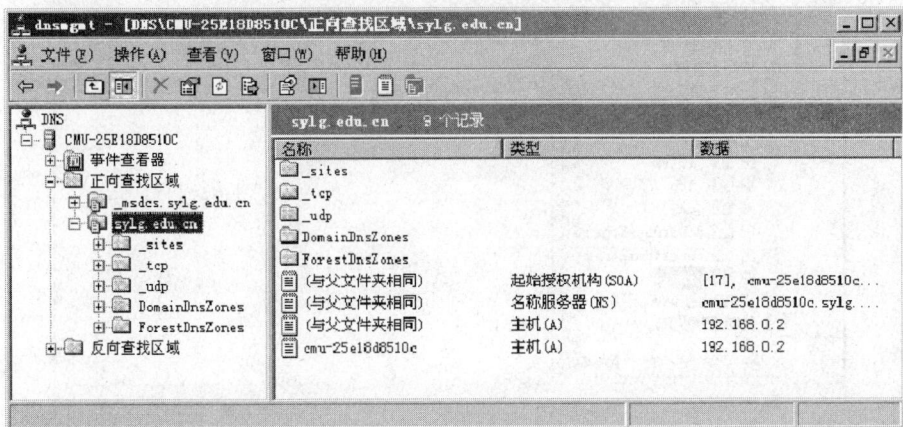

图 11-17　正向查找区域创建完成

A（Address）记录是用来指定主机名（或域名）对应的 IP 地址记录。通俗地说 A 记录就是服务器的 IP。

NS（Name Server）记录是域名服务器记录，用来指定该域名由哪个 DNS 服务器来进行解析。

起始授权机构,SOA(Start Of Authority);该记录表明该 DNS 名称服务器是 DNS 域中的数据的信息来源。创建新区域时,该资源记录自动创建,且是 DNS 数据库文件中的第一条记录。

11.3.2　添加子域

(1)打开"DNS"控制台,在左侧窗格中右键单击要创建子域的区域,在弹出的快捷菜单中选择"新建域"。

(2)弹出"新建 DNS 域"对话框,在"请键入新的 DNS 域名"文本框中输入子域的名称。

一个区域里可以创建多个域,而且可以同时创建,比如同时创建两个域,名称分别为 xinxi 和 www,创建多域的写法就是用点"."符号将各个域名称隔开,注意先后顺序,这个顺序也体现了 DNS 域名空间的层级顺序,如图 11-18 所示。单击"确定"按钮。

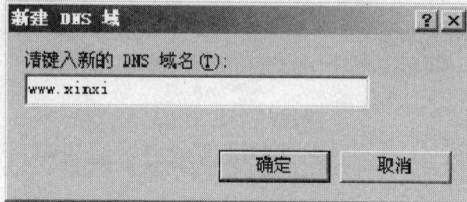

图 11-18　同时创建两个域

在"DNS"控制台中,可以看到自动创建了两个域,且是包含关系,如图 11-19 所示。

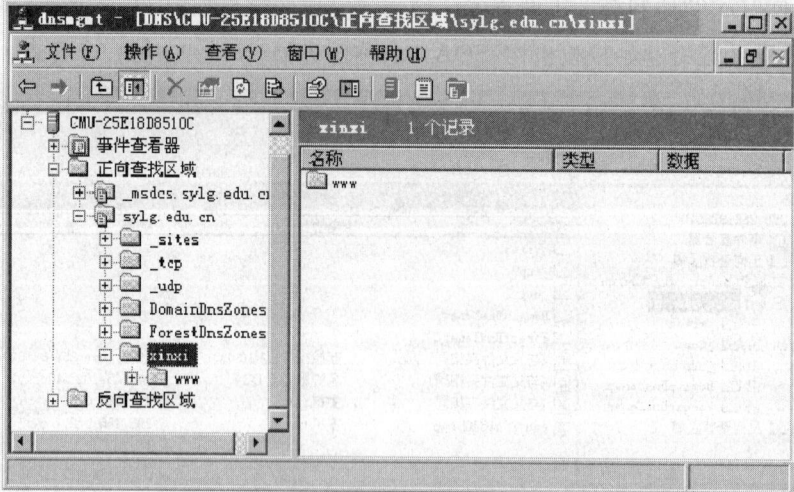

图 11-19　自动创建的两个域

11.3.3　添加反向查找区域

反向查找区域用于通过 IP 地址来查询 DNS 名称。添加的具体过程如下:

555555

（1）在"DNS"控制台中,选择反向查找区域,右键单击,在弹出的快捷菜单中选择"新建区域"。

（2）打开"新建区域向导",单击"下一步"按钮,弹出"区域类型"对话框,选择"主要区域",单击"下一步"按钮。

（3）弹出"反向查找区域名称"对话框,输入反向查找区域的网络 ID,即在"网络 ID"文本框中输入网络号"192.168.10",如图 11-20 所示,单击"下一步"按钮。

（4）弹出"区域文件"对话框,此处默认选择"创建新文件,文件名为"10.168.192.in-addr.arpa.dns,如图 11-21 所示,单击"下一步"按钮。

图 11-20　"反向查找区域名称"对话框　　　图 11-21　"区域文件"对话框

（5）弹出"动态更新"对话框,此处默认选择"不允许动态更新",单击"下一步"按钮。

（6）弹出"完成"对话框,单击"确定"按钮,区域创建完成。反向查找区域添加完成的效果如图 11-22 所示。

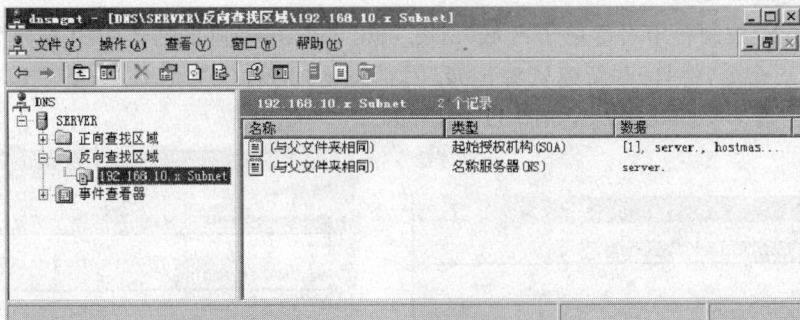

图 11-22　反向查找区域添加完成

11.3.4　创建资源记录

每个 DNS 数据库都由资源记录构成。一般来说,资源记录包含与特定主机有关的信息,如 IP 地址、主机的所有者或者提供服务的类型。当进行 DNS 解析时,DNS 服务器取出的是与该域名相关的资源记录。

常见的资源记录类型如表 11-2 所示。

表 11-2　　　　　　　　　　　　　　　**DNS 资源记录类型**

资源记录类型	说　明
主机(A)	主机(A)记录是名称解析的重要记录,它用于将特定的主机名映射到对应主机的 IP 地址上
别名(CNAME)	此记录用于将某个别名指向某个主机(A)记录上。别名有安全方面的考虑因素。例如我们不希望别人知道某个网站的真实域名,就可以让用户访问网站的别名。
邮件交换机(MX)	此记录列出了接收域中的电子邮件的主机,通常用于邮件的收发
指针(PTR)	它与 A 记录相反,用在反向解析中,将 IP 地址映射到主机名。将电子邮件发送到某个位置时,对方会检查 PTR 记录以验证此 IP 是否与您的域相对应。
起始授权结构(SOA)	指出当前区域内谁是主 DNS 服务器,是 DNS 域中数据来源
名称服务器(NS)	指出解析该域名的 DNS 服务器

1.新建主机记录

在"DNS"控制台中选择要创建资源记录的正向查找区域,右键单击区域"sylg.edu.cn",并在弹出的菜单中选择"新建主机(A)",弹出"新建主机"对话框。

通过"新建主机"对话框可以创建主机(A)记录,如图 11-23 所示。

在该对话框中输入以下信息。

(1)名称:主机(A)记录的名称,一般是指计算机名,如"webserver"。

(2)IP 地址:该计算机的 IP 地址。

(3)选中"创建相关的指针(PTR)记录"项:在正向区域中创建主机(A)记录的同时,在已经存在的相应反向区域中创建指针(PTR)记录。

输入完毕,单击"添加主机"按钮,出现表示已经成功创建主机记录的窗口,单击"确定"按钮即可。

2.新建别名记录

在"DNS"控制台中右键单击区域"sylg.edu.cn",并在弹出的菜单中选择"新建别名(CNAME)"命令,将打开"新建资源记录"对话框的"别名(CNAME)"选项卡,通过此选项卡可以创建 CNAME 记录,如图 11-24 所示。

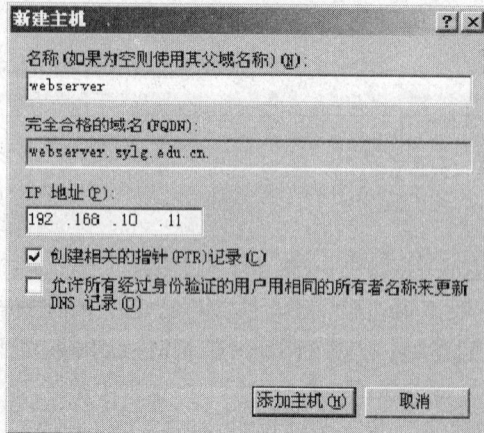

图 11-23　"新建主机"对话框

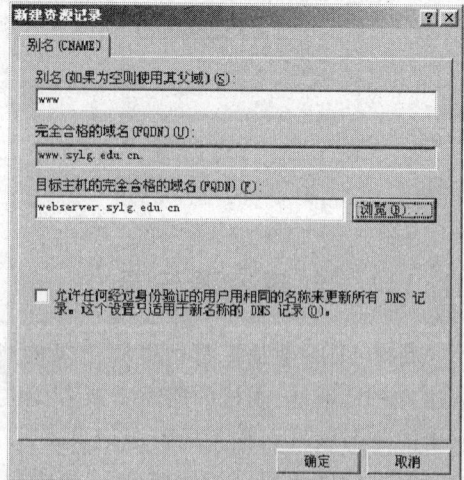

图 11-24　"别名"选项卡

在"别名"文本框中输入"www"。在"目标主机的完全合格的域名(PQDN)"文本框中输入需要定义别名的完整 DNS 域名,如"webserver. sylg. edu. cn"。单击"确定"按钮即完成别名记录创建。

3.新建邮件交换器记录

MX 记录用于根据受信人的地址后缀(邮件域)定位的邮件服务器,MX 记录对邮件服务器来说是不可或缺的,两个互联网邮局系统在相互通讯时必须依赖 DNS 的 MX 记录才能定位出对方的邮件服务器位置。

(1)先建邮件服务器主机记录。

(2)右键单击区域"sylg. edu. cn"并在弹出的菜单中选择"新建邮件交换器(MX)"命令,将打开"新建资源记录"对话框的"邮件交换器(MX)"选项卡,通过此选项卡可以创建 MX 记录,如图 11-25 所示。

(3)在"主机或子域"文本框中输入 MX 记录的名称,可以指定主机或子域名,如 mail。

(4)在"邮件服务器的完全合格的域名(FQDN)"文本框中输入该邮件服务器的域名,如 mailserver. sylg. edu. cn。

(5)在"邮件服务器优先级"文本框中设置当前 MX 记录的优先级,默认是 10。

(6)单击"确定"按钮,结束创建。

4.创建指针记录

DNS 的反向区域负责从 IP 到域名的解析,因此 PTR 记录必须在反向区域中创建。具体操作步骤如下:

(1)在"DNS"控制台中,选择要创建资源记录的反向查找区域,右键单击区域"192. 168. 10. X. Subnet"并在弹出的快捷菜单中选择"新建指针(PTR)"。

(2)打开"新建资源记录"对话框的"指针(PTR)"选项卡,在"主机 IP 号"文本框中,输入此主机的主机 IP 号 192.168.10.12,在"主机名"文本框中,输入此主机的 DNS 主机名:mailserver. sylg. edu. cn,如图 11-26 所示。单击"确定"按钮,完成指针记录的创建。

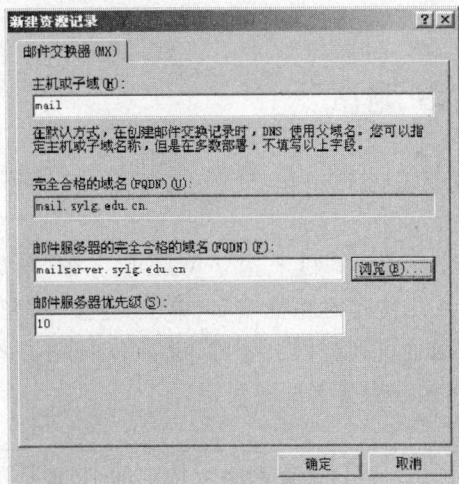

图 11-25　"邮件交换器(MX)"选项卡　　　图 11-26　"指针(PTR)"选项卡

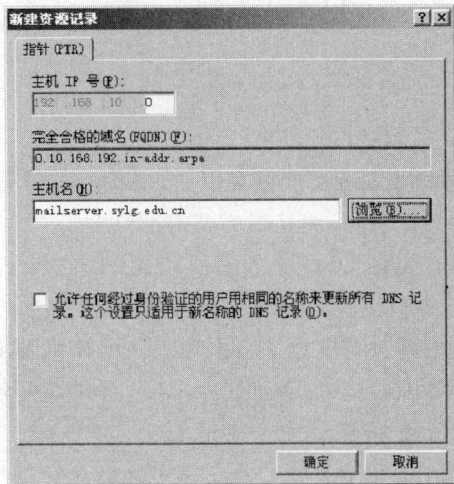

11.4　DNS 客户端的设置

1.要客户机上,右击"网上邻居"选"属性",并打开"Internet 协议(TCP/IP)属性"对话框,如图 11-27 所示。

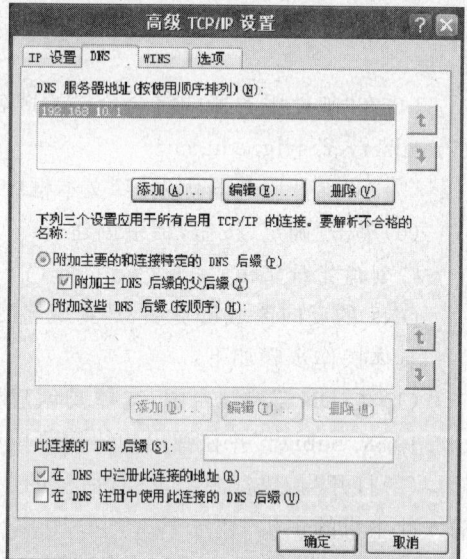

2.在对话框中选中"使用下面的 DNS 服务器地址",在"首选 DNS 服务器"文本框中输入主 DNS 服务器的 IP 地址。

3.如果要设置多个 DNS 服务器,单击"高级"按钮,选择"DNS"选项卡,如图 11-28 所示。单击"添加"按钮可以添加多个 DNS 服务器,在"DNS 服务器地址(按使用顺序排列)"列表框中按照使用次序进行排列。如果添加 DNS 后缀,表示正常的 DNS 域名解析失败后,将尝试按照 DNS 解析名称和可能的后缀名称进行查询尝试。

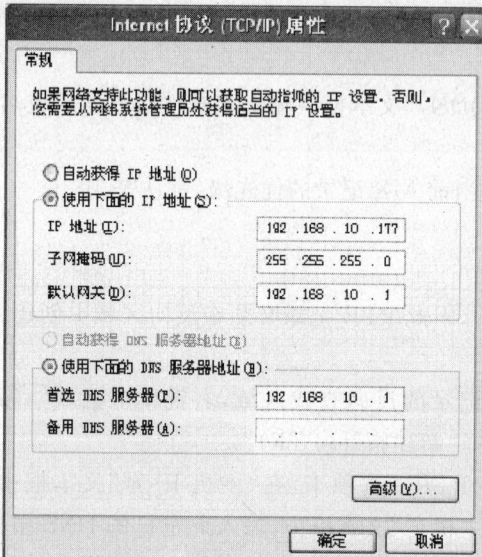

图 11-27　"Internet 协议(TCP/IP)属性"对话框　　图 11-28　"DNS"选项卡

11.5　DNS 测试

DNS 服务器配置完以后,应检测它是否配置正确。

1.使用 IE 浏览器测试 DNS

首先在 DNS 服务器所指定的主机记录对应的计算机上建立 Web 服务器,然后在DNS 客户端打开 IE 浏览器,在地址栏中输入该计算机的完整域名,单击"连接"按钮,若看到的网页与在地址栏中输入该计算机的 IP 地址得到的网页相同,说明 DNS 客户端与服务器配置正确,否则说明 DNS 客户端配置错误或服务器配置错误。

2.使用 Ping 命令测试 DNS

Ping 命令在命令提示符下运行。它使用 ICMP 协议检查网络上特定的 IP 地址的存在,一个 DNS 域名对应一个 IP 地址,因此 Ping 命令可以检查一个 DNS 域名的连通性。

命令格式是：

＞Ping［域名］

＞Ping［IP 地址］

如果都 Ping 不通，说明该客户端有问题，如果后者可以 Ping 通，则说明 DNS 客户端配置错误或服务器配置错误。

3. 使用 Nslookup 程序测试

Nslookup 是诊断 DNS 的实用程序，在 Windows 系统中为默认安装，是比较常用的测试工具，也在命令提示符下运行。

NSLOOKUP 工具查找目标域名对应的 IP 地址。指定查询记录类型的指令格式：

nslookup -qt＝类型 目标域名

注意 qt 必须小写。

类型可以是下面的字符，不区分大小写：

A　　　　　　　地址记录（Ipv4）

CNAME　　　　别名记录

MX　　　　　　邮件服务器记录

NS　　　　　　名字服务器记录

PTR　　　　　　反向记录（从 IP 地址解释域名）

例如查找 163.com 的 IP 地址，在命令提示符下输入：

nslookup －qt＝a 163.com

结果如图 11-29 所示。

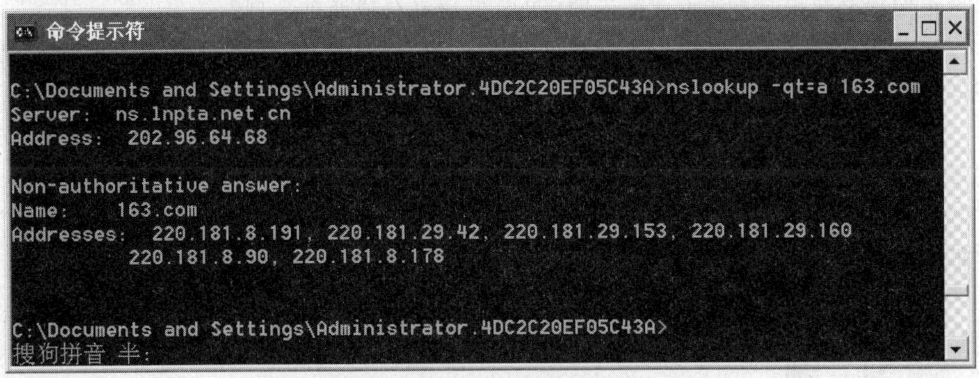

图 11-29　用 nslookup 命令查看 163.com 的地址

nslookup 命令先用反向解析获得使用的 DNS 服务器的名称和地址，若使用的是一个内部的 DNS 服务器没有反向记录，会导致结果的前几行出错，不必理会。最后是查找域名的 IP 地址。

注意："Non-Authoritative answer："，这不是一个授权的答案。代表这个结果是从服务器的缓存中得到的。

实训：DNS 服务器的安装与配置

实训目的：

1.理解 DNS 的基本原理。

2.掌握在 Windows Server 2003 下安装和配置 DNS 服务器的方法。

3.掌握 DNS 测试。

实训内容：

每组 2 台计算机，再使用 2 台虚拟机，学生自己确定各计算机的 IP 地址设置。完成如下内容：

1.安装和启动 DNS 服务器。

2.创建和配置 DNS 服务器正向查找区域。

3.创建和配置 DNS 服务器反向查找区域。

4.管理和设置 DNS 服务器。

5.设定 DNS 客户端。

6.测试 DNS 服务器。

本章小结

域名系统 DNS 是一种用于以 TCP/IP 协议为基础的网络中进行域名和 IP 地址转换的分布式数据库。

域名系统采用树状层次结构，一般可分为根域、顶级域、次级域、子域以及主机名几个层次。每级域中具有储存其所管辖的子域名称和 IP 地址的对应关系的 DNS 服务器。

目前使用的查询模式主要有递归查询和迭代查询。

根据域名解析时查找方式的不同，DNS 区域又分成两种类型：

（1）正向查找区域：正向查询是将主机名称解析成 IP 地址，正向查找区域用于保存正向查询所需要的数据。

（2）反向查找区域：如果想通过主机的 IP 地址了解主机的 DNS 名称，可以通过 DNS 的反向查询来实现。

客户端设置：要在"Internet 协议（TCP/IP）属性"对话框中的"首选 DNS 服务器"文本框中输入主 DNS 服务器的 IP 地址。

通过本章的学习，应当能够在 Internet 中，实现域名或 IP 地址的解析。

习 题

一、选择题

1. DNS 区域有三种类型，哪一种不属于 DNS 区域（   ）。

A. 逆向解析区域　　　　　　　　　　B. 标准辅助区域

C. Active Directory 集成区域　　　　　D. 标准主要区域

2. 应用层 DNS 协议主要用于实现哪种网络服务功能（   ）。

A. 网络设备名字到 IP 地址的映射　　　B. 网络硬件地址到 IP 地址的映射

C. 进程地址到 IP 地址的映射　　　　　D. 用户名到进程地址的映射

3. 测试 DNS 主要使用以下哪个命令（   ）。

A. CMD　　　　　B. ipcofig　　　　　C. nslookup　　　　　D. winipcfg

二、填空题

1. DNS 是_____的缩写，该系统是一种包含主机名到 IP 地址映射的分布式、分层式数据库。

2. 域名系统采用_____结构，一般可分为_____、顶级域、次级域、子域以及主机名几个层次。

3. 各级域名之间用点"."连接，三级域名的长度不能超过_____个字符。

4. 域名解析是指将域名转换成_____过程，它主要由 DNS 服务器来完成。

5. DNS 服务器以_____分布在世界各地，每台 DNS 服务器只存储本域名下所属各域的 DNS 数据。

6. 每一个拥有_____组织都必须有 DNS 服务器，以提供自己域内的域名到 IP 地址的映射服务。

7. 域名解析采用_____算法，从根服务器开始直到树叶上的服务器。

8. 在实际应用中，辅助 DNS 服务器主要用于帮助主服务器_____并提供容错。

9. DNS 使用的查询模式主要有_____查询和_____查询。

10. 每个 DNS 数据库都由_____构成。一般来说，资源记录包含与特定主机有关的信息，如 IP 地址、主机的所有者或者提供服务的类型。

三、简答题

1. DNS 有哪些功能？

2. 简述 DNS 解析过程。

3. 客户端如何设置使用 DNS 服务器？

第12章

Internet信息服务器

本章学习目标

1. 熟悉 IIS 服务器的基本概念
2. 掌握配置、管理与维护 Web 服务器的方法
3. 掌握配置、管理与维护 FTP 服务器的方法
4. 掌握配置、管理与维护邮件服务器的方法

本章学习重点和难点

1. 重点：

(1) Web 服务器的配置、管理

(2) FTP 服务器的配置、管理

2. 难点：

(1) Web 服务器的配置、管理

(2) FTP 服务器的配置、管理

(3) 邮件服务器的配置、管理

    十多年来，Internet 发生了巨大的变化。WWW 正在逐步改变人们的生活、工作、学习、娱乐、通信等方式。为了发布 Web 页、使用 FTP 以及收发电子邮件，需要在服务器上安装 Internet 信息服务器(IIS 服务器)。

    本章内容包括：安装、配置和使用 IIS 服务器、Web 服务器、FTP 服务器及邮件服务器。

12.1　IIS 信息服务器

12.1.1　IIS 的概念

    IIS 是 Internet Information Server 的缩写，它是微软公司主推的服务器，IIS 与 Windows Server 完全集成在一起，因而用户能够利用 Windows Server 和 NTFS 文件系统内置的安全特性，建立强大、灵活而安全的 Internet 和 Intranet 网站。IIS 支持 HTTP (Hypertext Transfer Protocol，超文本传输协议)，FTP(File Transfer Protocol，文件传输协议)以及 SMTP 简单邮件传输协议。目前，微软公司已经发布了用于 Windows Server 2008 R2 的免费的 IIS 7.5。

    IIS 可以赋予一部主机一个以上的 IP 地址，而且还可以使用一个以上的域名作为

Web 网站,也可以在同一个 Web 服务器上运行多个站点和应用程序,而不会互相争夺资源。

IIS 支持与语言无关的脚本编写和组件,通过 IIS,开发人员可以开发出新一代动态的,富有魅力的 Web 网站。IIS 不需要开发人员学习新的脚本语言或者编译应用程序,IIS 完全支持 ASP、VBScript、JavaScript 开发软件以及 Java,可以很容易地张贴动态内容和开发基于 Web 的应用程序。它也支持通用网关界面(Common Gateway Interface)Internet 服务器应用程序编程接口 ISAPI(Internet Server Application Programming Interface)。CGI 可以提供许多 HTML 无论实现的功能,如它能将客户端的信息记录到服务器的硬盘上。它正支持,用于扩展 HTTP 服务器的功能。

12.1.2　安装 IIS 6.0

Windows Server 2003 家族提供基于软件的防火墙,以防止从远程计算机对服务器进行未经授权的访问。默认情况下,禁用 Internet 连接防火墙。但是,如果在安装 IIS 之前启用了防火墙,安装时就可能会出现配置失败,因此安装 IIS 前应禁用防火墙。服务器上应配置固定 IP 地址。

必须是本地计算机上 Administrators 组的成员或者被委派了相应的权限,才能执行下列安装步骤。

(1)选择"开始"/"控制面板"/"添加/删除程序"/"添加/删除 Windows 组件",弹出"Windows 组件向导"对话框。在组件列表中,勾选"应用程序服务器"组件,如图12-1 所示。

(2)单击"详细信息"按钮,弹出"应用程序服务器"对话框,如图 12-2 所示,勾选中"Internet 信息服务(IIS)"组件。

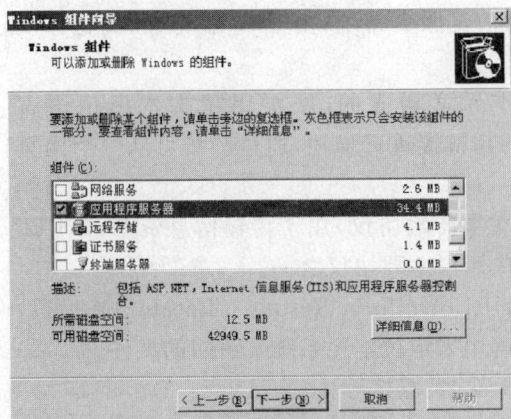

图 12-1　"Windows 组件向导"对话框　　　　　图 12-2　"Internet 信息服务(IIS)"组件

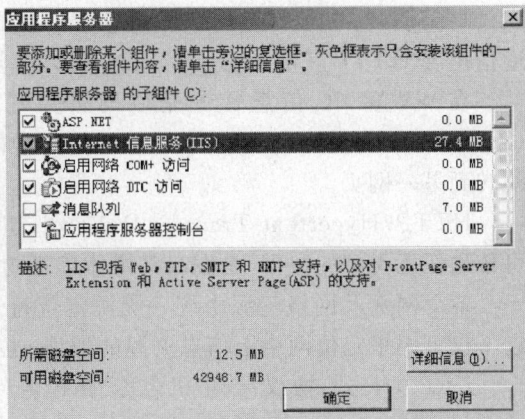

(3)单击"详细信息"按钮,弹出"Internet 信息服务(IIS)"对话框,如图 12-3 所示,勾选子组件"Internet 信息服务管理器"和"万维网服务"。选中"万维网服务",然后单击"详细信息"按钮。

(4)弹出"万维网服务"对话框,如图 12-4 所示。在"万维网服务"可选组件中,勾选"Active Server Pages"和"远程管理(HTML)"子组件。

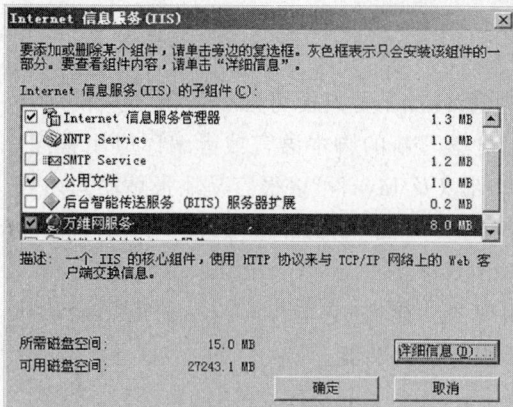

图 12-3 "Internet 信息服务(IIS)"对话框   图 12-4 "万维网服务"对话框

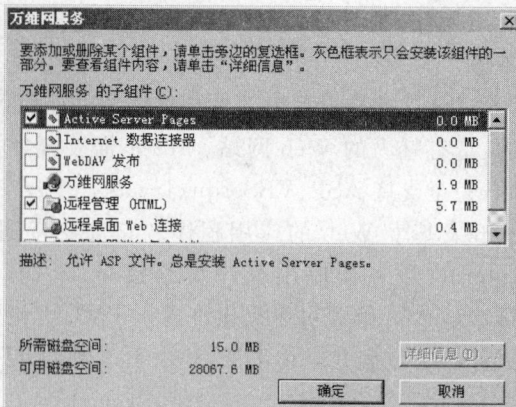

(5)连续单击"确定"按钮,然后单击"下一步"按钮,IIS 6.0 开始安装,按要求插入 Windows Server 2003 安装盘。安装结束后,在"完成 Windows 组件向导"对话框中单击 "完成"按钮即可。

12.2   Web 服务器

12.2.1   WWW 基本概念

1. 什么是 WWW

WWW 即 World Wide Web,译为万维网,也叫 Web,是一种超文本信息系统,集文本、声音、动画、视频等多种媒体信息于一身的信息服务系统,由 Web 服务器、浏览器及通信协议 HTTP 三部分组成。

在 WWW 中,信息资源是以网页为基本元素构成的,网页用超文本标记语言(HTML)编写,它对网页的内容、格式及页中的超链接进行描述,通过链接可从一个网页跳转到另一网页。

HTTP(Hypertext Transfer Protocol,超文本传输协议)用于传输信息资源,HTTP可传送任意类型的数据,是发布多媒体信息的应用层主要协议之一。

各个网页及网络资源由统一资源定位符 URL(Uniform Resource Locator)来标识,它不仅可用来定位网络上信息资源的地址,也可用来定位本地系统要访问的文件。

URL 的格式:协议://主机名称/路径名/文件名:端口号。

如:http://www.microsoft.com。

http 默认端口为 80。

WWW 工作时采用 B/S 模式,在客户端程序(浏览器)中输入 Web 页地址,客户程序与此地址服务器连通,服务器将该页面发送给客户程序,客户端显示该页面内容。

2. WWW 的特点

(1)图形化和易于导航

WWW 非常流行的一个很重要的原因就在于它可以在一页上同时显示色彩丰富的

图形和文本内容。WWW 具有将图形、音频、视频信息集于一体的功能。同时,WWW 非常易于导航,只要从一个链接跳到另一个链接,就可以在各页面、各网站之间进行浏览了。

(2)与平台无关

无论系统平台是 Windows、Linux 还是 UNIX,都可以通过 Internet 访问 WWW。

(3)分布式

大量的图形、音频和视频信息会占用相当大的磁盘空间,对于 Web 没有必要把所有信息都放在一起,信息可在不同的网站上,只要在网页中链接这个网站就可以了。

(4)动态性

一个好的 Web 网站之所以能吸引浏览者,是由于该网站上的内容在不断更新。WWW 是一个不断变化的动态系统。

(5)交互性

Web 的交互性主要表现在它的超链接上,用户的浏览顺序和所到网站完全由用户自己决定。

12.2.2　编辑 Web 页建立默认网站

可用记事本程序完成 Web 文件的编辑:

```
<html>
    <head>
        <title>这是一测试页面</title>
    </head>
    <body>
            大连理工大学出版社欢迎你
    </body>
</html>
```

保存为“Index.htm”文件。

其实完全可以使用 Word 等文本编辑软件将文字、图形等信息存成 Web 页的形式。

12.2.3　启动 IIS 管理器建立默认网站

1. 启动 IIS 管理器

IIS 管理器是一个用于配置应用程序池或 Web 网站、FTP 网站、简单邮件传输协议 SMTP(Simple Mail Transfer Protocal) 或网络新闻传输协议 NNTP(Network News Transfer Protocol)的图形界面。利用 IIS 管理器,可以配置 IIS 的功能;添加或删除网站;启动、停止和暂停网站;备份和还原服务器配置;创建虚拟目录以改善管理等。

启动 IIS 管理器的方法有如下几种:

(1)单击“开始”/“管理工具”/“Internet 信息服务(IIS)管理器”。

(2)从“运行”对话框键入 inetmgr,然后单击“确定”,启动 IIS 管理器。启动后的窗口如图 12-5 所示。

（3）从"计算机管理"窗口访问 IIS。通过这种方式访问 IIS 所提供的管理选项比 IIS 管理器提供的少。但是，它提供了快速访问和有限的网站管理选项。

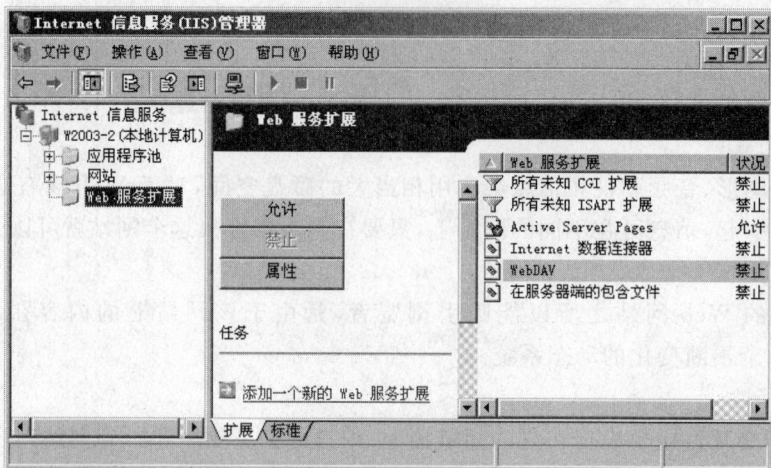

图 12-5　IIS管理器窗口

使用 IIS 管理器只能创建网站而不会创建网站内容，即只创建一个用于从中发布内容的目录结构和多个配置文件。

2. 默认 Web 网站

安装时，系统自动创建一个"默认网站"，管理员通过它可实现 Web 内容的快速发布。

默认网站的主目录是系统盘目录％SystemRoot％\ Inetpub\wwwroot。

3. 发布文档或网页

将网页文件移到％SystemRoot％\Inetpub\wwwroot 目录中。

12.2.4　配置 WWW 服务器

创建网站后，需对网站的属性进行设置，才能更好地发挥功能，具体步骤如下：

（1）单击"开始"/"程序"/"管理工具"/"Internet 信息服务（IIS）管理器"，打开"Internet 信息服务（IIS）管理器"控制台。

（2）在左侧窗格中展开目录树，展开"网站"结点，右击"默认网站"，在弹出的快捷菜单中选择"属性"命令，打开如图 12-6 所示的"默认网站 属性"对话框。关于网站描述、IP 地址和 TCP 端口等信息的设置，均可在"网站"选项卡中完成。

在"描述"文本框中可以设置该网站的标识。该标识对于用户的访问没有任何意义，只是当服务器中安装了多个 Web 服务器时，用不同的名称标识可便于网络管理员区分。

在"IP 地址"的下拉列表中选择该 Web 网站的 IP 地址。由于 Windows Server 2003 可安装多块网卡，每块网卡又可绑定多个 IP 地址，因此服务器可能会拥有多个 IP 地址，可使用该服务器绑定的任何一个地址访问 Web 网站。

在"TCP 端口"文本框中指定 Web 服务的 TCP 端口。默认端口为 80，也可以更改为其他任意唯一的 TCP 端口。

（3）在"默认网站 属性"对话框中选择"主目录"选项卡，如图 12-7 所示。

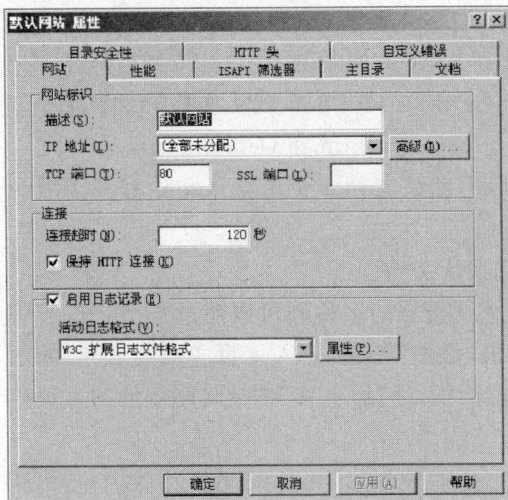

图 12-6　"默认网站 属性"对话框　　　　图 12-7　"主目录"选项卡

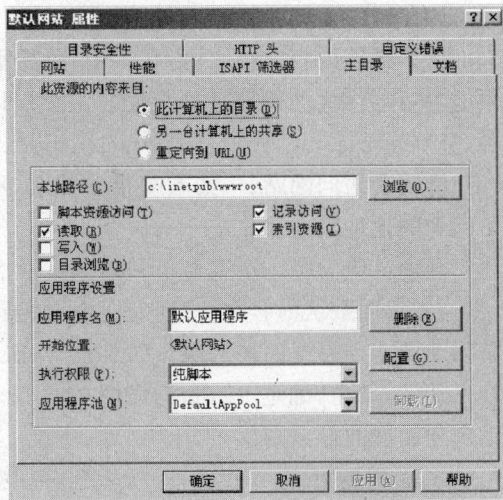

主目录是网站的根目录，含带欢迎内容的主页或索引文件，且包含网站到其他主要 Web 页的链接。每个 Web 网站都需有一个主目录。当用户访问默认网站时，WWW 服务器会自动将其"主目录"中的默认网页传给用户的浏览器。

默认的 Web 主目录为"％SystemRoot％\inetpub\wwwroot"文件夹，但在实际应用中通常不采用该默认文件夹。数据文件与系统不宜放在同一个文件夹下。

可通过单选按钮选择主目录位置：

①设置主目录的路径

• 此计算机上的目录：在"本地路径"文本框中输入 Web 主目录所在的路径，也可以通过"浏览"按钮查找路径。

• 另一台计算机上的共享：将主目录指定到位于另一台计算机上的共享文件夹。在"网络目录"文本框中键入共享目录的网络路径，并单击"连接为"按钮。

• 重定向到 URL：用来将当前网站的地址指向其他地址。在"重定向到"文本框中键入要连接的 URL 地址。

②设置主目录访问权限

如果在"此资源的"内容来自：框中选择"此计算机上的目录"或"另一台计算机上的共享"选项，可设置相应的访问权限和应用程序。这里提供了 6 个选项，其意义如下：

• 脚本资源访问：允许用户访问已经设置了"读取"或"写入"权限的文件源代码。源代码包括 ASP 应用程序中的脚本。

• 读取：允许用户读取或下载文件（目录）及其相关属性。

• 写入：允许用户将文件及其相关属性上传到服务器上已启用的目录中，或者更改可写文件的内容。为安全起见，默认为不选中。

• 目录浏览：允许用户查看该虚拟目录中的文件和子目录的超文本列表。

• 记录访问：在日志文件中记录对该目录的访问。

- 索引资源:允许索引服务 Indexing Service 索引该资源。

(4)选择"文档"选项卡,如图 12-8 所示。

所谓默认内容文档,是指在 Web 浏览器中键入 Web 网站的 IP 地址或域名即显示出来的 Web 页面,也就是通常所说的主页(Home Page)。IIS 6.0 默认文档的文件名有 5 种,分别为 Default.htm、Default.asp、index.htm、iisstart.htm 和 Default.aspx。

访问者访问网站时,如不提供文档名,则启用默认文档。使用默认文档有利于减少访问者的地址输入。

管理员应为每一个主目录和虚拟目录指定默认文档。

在"启用默认内容文档"列表框中,如果有主页文档的名称则可以通过"上移"按钮将其移动到此列表框的最上端。如果没有,需单击"添加"按钮,输入主页文档的名称,如图 12-9 所示,单击"确定"按钮,返回图 12-8 所示对话框,通过"上移"按钮将刚添加的主页移动到列表框的最上端。

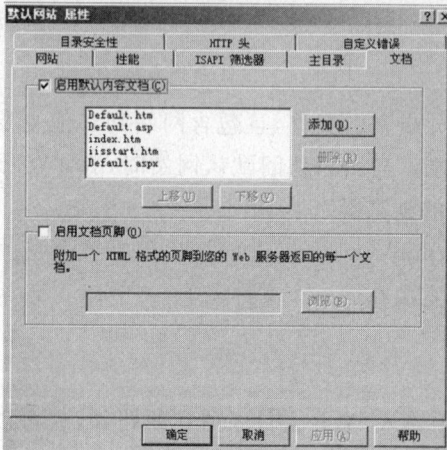

图 12-8　"文档"选项卡　　　　　　图 12-9　添加主页文档

(5)单击"确定"按钮,完成 Web 网站的基本配置。在客户机上打开 IE 浏览器,输入 Web 网站的 IP 地址,查看 Web 网站。

12.2.5　创建 Web 网站

在 Web 服务器上创建一个新的网站,使其能在客户端上通过 IP 地址访问,具体步骤如下:

(1)停止默认网站。单击"开始"/"程序"/"管理工具"/"Internet 信息服务(IIS)管理器",打开"Internet 信息服务(IIS)管理器"控制台。在控制台左侧中依次展开服务器和"网站"结点,右击"默认网站",在弹出的快捷菜单中选择"停止"命令,如图 12-10 所示,停止正在运行的默认网站。

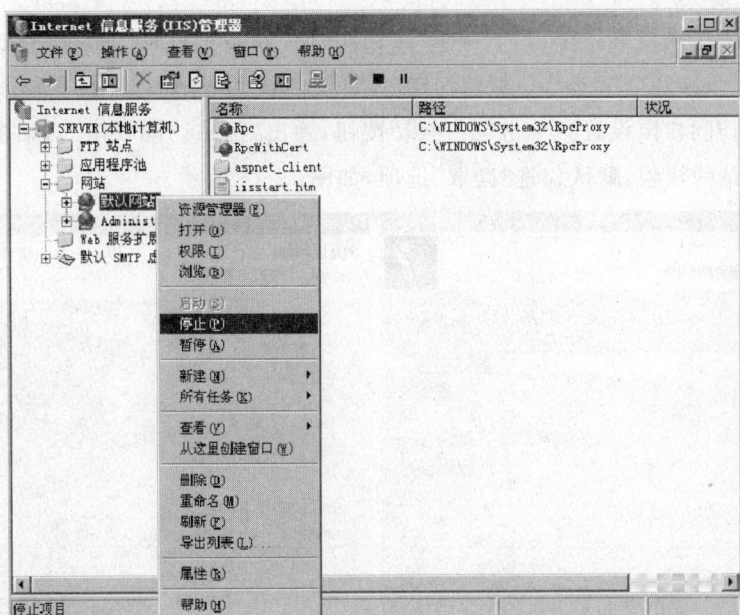

图 12-10　停止默认网站

(2)准备 Web 网站内容。在 D 盘根目录下创建文件夹"D:\web"作为网站的主目录,并将前面编辑的主页文件 index. htm 存放在该文件夹内。

(3)打开"网站创建向导"对话框。在控制台左侧窗口展开服务器,右击"网站"结点,在弹出的快捷菜单中选择"新建"/"网站"命令,弹出"网站创建向导"对话框。

(4)设置网站描述。单击"下一步"按钮,弹出"网站描述"对话框,在"描述"文本框中输入网站的相关描述,如:Web,此描述用于帮助管理员识别网站,如图 12-11 所示。

(5)IP 地址和端口设置。单击"下一步"按钮,弹出"IP 地址和端口设置"对话框,在此可以设置"网站 IP 地址"、"网站 TCP 端口"和"此网站的主机头",这三部分信息不能和其他网站相同,否则将不能创建该网站。如在"网站 IP 地址"文本框中输入 192.168.10.15,在"网站 TCP 端口"文本框中输入 80,在"此网站的主机头"文本框中不做设置,如图12-12 所示。

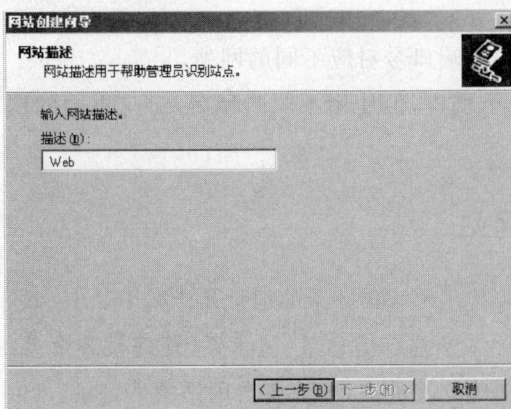

图 12-11　"网站描述"对话框

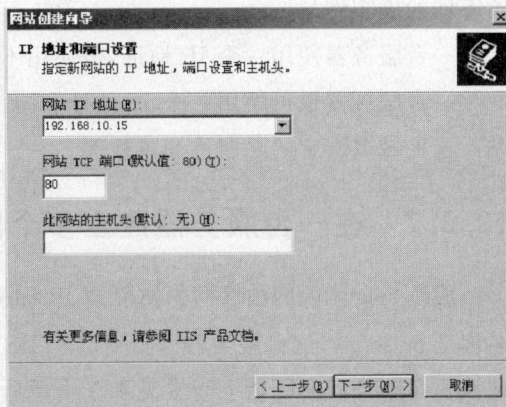

图 12-12　"IP 地址和端口设置"对话框

（6）网站主目录设置。单击"下一步"按钮，弹出"网站主目录"对话框，在"路径"文本框中输入主目录路径"D:\web"，默认勾选"允许匿名访问网站"，如图 12-13 所示。

（7）网站访问权限设置。单击"下一步"按钮，弹出"网站访问权限"对话框，设置用户访问 Web 网站的权限，默认勾选"读取"选项，如图 12-14 所示。

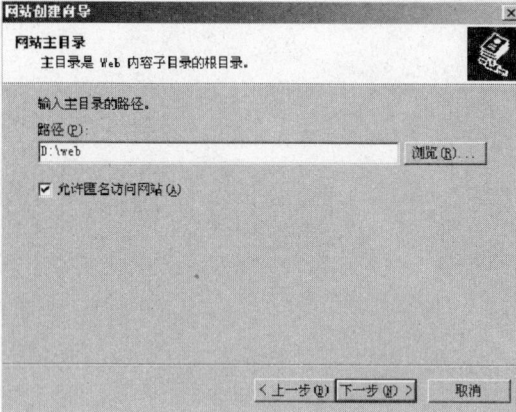

图 12-13 "网站主目录"对话框

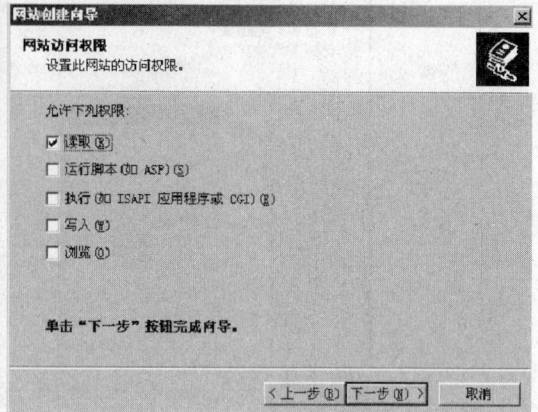

图 12-14 "网站访问权限"对话框

（8）网站创建完成。单击"下一步"按钮，弹出"完成"对话框，单击"完成"按钮即可完成网站创建。

12.2.6 虚拟服务器技术

每个 Web 站点都具有唯一的标识，用来接收和响应请求。在 IIS 中有三种标识：IP 地址；端口号；主机头名。

可在一台服务器上通过不同的标识，建立多个 Web 网站，这种技术称为"虚拟服务器技术"。

在 Windows Server 2003 中，一块网卡可以绑定多个 IP 地址，目的将不同的 IP 分配给不同的虚拟网站。

一台服务器使用一个 IP 地址，但使用不同的端口号对应不同的网站。

一台服务器也可使用一个 IP 地址和同一个端口，但使用不同的域名，对应不同的网站。这种域名绑定的功能称为主机头。

12.2.7 在一台服务器建立多个网站

假设 sylg 学院的内部网的网段是 192.168.10.0/24，服务器的地址是 192.168.10.10，名称是 myserver，这台服务器已经安装了 IIS 6.0，学院有信息系、艺术系、管理系 3 个系。现在要在服务器的硬盘上为学院和 3 个系分别建立文件夹，作为各自网站的主目录：

为学院和 3 个系在服务器的硬盘上建立文件夹，作为各自网站的主目录：

D:\web\uni　　学院网站

D:\web\inf　　信息系网站

D:\web\art　　艺术系网站

D:\web\mng　　管理系网站

使用网站创建向导,分别为学院和 3 个系建立 4 个 Web 网站。

1.利用 IP 地址建立多个网站

(1)将一块网卡绑定多个 IP 地址

在"网络连接"窗口中右击"本地连接",在出现的快捷菜单中,单击"属性"。在"本地连接 属性"对话框中,双击"Internet 协议(TCP/IP)",弹出"Internet 协议(TCP/IP)属性"对话框,选中"使用下面的 IP 地址"设置各项。然后,单击"高级"按钮,打开"高级 TCP/IP 设置"对话框,单击 IP 地址栏的"添加"按钮,输入 IP 地址和子网掩码,如图 12-15 所示,然后单击"添加"按钮。

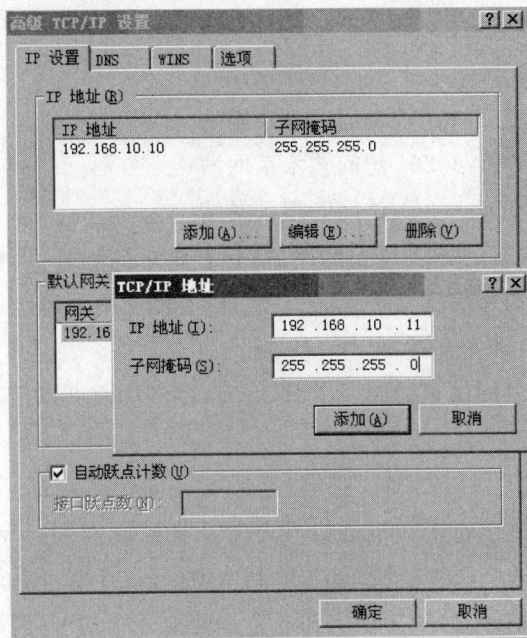

图 12-15　多 IP 地址设置

按此方法,输入 3 个 IP 地址:192.168.10.11、192.168.10.12、192.168.10.13。将这 3 个 IP 地址分给 3 个系的网站,学院的网站使用 192.168.10.10。

(2)利用 12.2.5 小节所述的创建网站的方法,使用不同的 IP 值创建网站。

2.利用端口号建立多个网站

在 Internet 上,各主机间通过 TCP/IP 协议发送和接收数据包,各个数据包根据其目的主机的 IP 地址来进行路由选择,把数据包顺利地传送到目的主机。大多数操作系统都支持多程序(进程)同时运行,目的主机通过"IP 地址+端口号"来区分不同的服务,把接收到的数据包传送给相应的进程。

操作系统会给那些有需求的进程分配协议端口（Protocol port 端口），每个协议端口由一个正整数标识。当目的主机接收到数据包后，根据报文首部的目的端口号，把数据包发送到相应端口，与此端口相对应的那个进程将会获取数据。

端口号的范围从 0 到 65535，端口号只有整数。

通过使用附加端口号，用一个 IP 地址即可维护多个网站。客户要访问网站时，需在静态 IP 地址后面附加端口号（学院使用默认 Web 网站，端口 80）。

学院和三个系各网站使用不同的 TCP 端口。在图 12-12 的"IP 地址和端口设置"对话框中设置：

IP 地址：192.168.10.10

TCP 端口：学院网站 80、信息系网站 8016、艺术系网站 8026、管理系网站 8036

权限：读取和运行脚本

网站主目录分别为：D:\web\uni、D:\web\inf、D:\web\art、D:\web\mng

这样，客户端就可以通过：

http//192.168.10.10   访问学院网站

http//192.168.10.10:8016   访问信息系网站

http//192.168.10.10:8026   访问艺术系网站

http//192.168.10.10:8036   访问管理系网站

这种使用非默认端口的方法建立的网站，具有相对的隐蔽性，但访问此方法建立的网站时，要求客户在端口号前键入实际的 IP 地址，不能使用域名。

3. 利用主机头名建立多个网站

通过使用主机头，各网站只需同一个 IP 地址，客户端便可以使用不同的域名访问不同的网站。

（1）在 DNS 服务器上，打开"DNS"控制台，展开"正向查找区域"，右击"sylg. edu. cn"，选择"新建主机"，为 4 个网站分别建立 4 个主机，域名分别为：wwwuni. sylg. edu. cn、wwwinf. sylg. edu. cn、wwwart. sylg. edu. cn 和 wwwmng. sylg. edu. cn。

（2）使用网站创建向导，分别为学院和 3 个系建立 4 个 Web 网站。它们均使用同一个 IP 地址：192.168.10.10。

各网站使用不同的主机头名：在图 12-12 的"IP 地址和端口设置"对话框中，分别设置：

IP 地址：192.168.10.10

TCP 端口：80

主机头名：

学院网站：wwwuni. sylg. edu. cn；信息系网站：wwwinf. sylg. edu. cn；艺术系网站：wwwart. sylg. edu. cn；管理系网站：wwwmng. sylg. edu. cn。

网站主目录分别为 D:\web\uni、D:\web\inf、D:\web\art、D:\web\mng。在图 12-14 的"网站访问权限"对话框中，权限选择为"读取"和"运行脚本"。；这样，客户端就可以通过：

wwwuni. sylg. edu. cn　　　访问学院网站

wwwinf. sylg. edu. cn　　　访问信息系网站

wwwart. sylg. edu. cn　　　访问艺术系网站

wwwmng. sylg. edu. cn　　　访问管理系网站

12.2.8　网站的安全与 Web 网站服务管理

网站的安全是每个网络管理员都很关心的问题,必须通过各种方法和手段来降低入侵者攻击的机会。网站的安全管理主要具体指降低或消除来自怀有恶意的个人以及意外获准访问限制信息,或无意中更改重要文件的用户的各种安全威胁。

在安装完 IIS 后,系统默认只支持静态的网页。网络管理员需启动 Active Server Pages、ASP. NET、WebDAV publishing、FrontPage Server Extensions 等服务扩展,以便让 IIS 支持动态网页。

为使网站有效地运行和提供最新的页面内容,在创建 Web 网站后,必须对 Web 网站及其相关内容进行管理,这是一项复杂的工作。在"Internet 信息服务(IIS)管理器"控制台中,可以对当前站点进行浏览、删除、重命名等各种操作。

1. 查看内容

管理员可以使用多种方法查看站点主目录下的文件夹和文件。

(1)通过"资源管理器"打开主目录,查看其中的文件内容。

(2)管理员通过浏览器浏览当前 Web 网站的内容。

(3)在"Internet 信息服务(IIS)管理器"控制台中,展开"服务器"/"网站"/"网站或虚拟目录项",在右侧详细窗口中,右击要查看的文件,从快捷菜单中选择"浏览"命令。

2. 停止、启动和暂停站点服务

在对站点的维护中,停止、启动和暂停站点服务是经常做的工作。(当已停止或暂停的站点需启动自己的服务时再次启动它。)在"Internet 信息服务(IIS)管理器"控制台中,在需操作的 Web 网站上右击,选择快捷菜单中的相应命令:

(1)如要暂停当前 Web 的信息服务,选"暂停"命令。

(2)如要停止当前 Web 的信息服务,选"停止"命令。

(3)如要启动当前 Web 的信息服务,选"启动"命令。

3. 启用 ASP 支持

安装完 IIS 6.0,还需单独开启对 ASP 的支持,操作方法如下:

在"Internet 信息服务(IIS)管理器"中,展开"本地计算机"/"网站",单击"Web 服务扩展",如图 12-16 所示。分别将"Active Server Pages"和"在服务端的包含文件"由禁止改为允许。

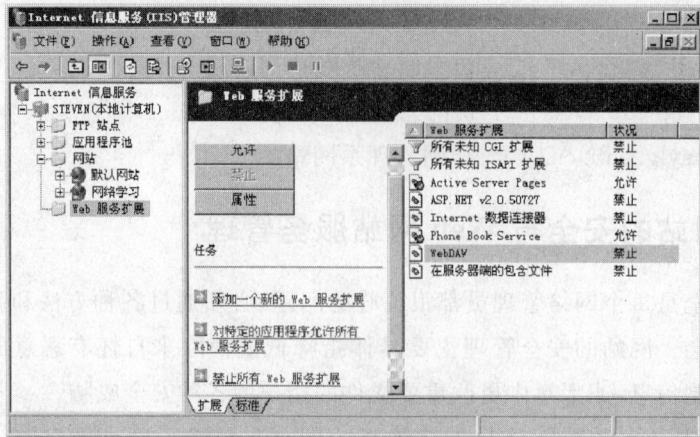

图 12-16　Web 服务扩展

12.2.9　验证用户身份

　　在许多网站中,WWW 访问大都是匿名的,即客户端访问时不需要使用用户名和密码,就可以使所有用户都能访问该网站。

　　而对安全性要求较高的网站,则要对用户进行身份验证。IIS 6.0 提供匿名访问、基本验证、摘要式验证、高级摘要式验证、集成的 Windows 验证以及证书等多种身份验证方法。一般在禁止匿名访问时,才使用其他的验证方法。根据网站对安全的具体要求,可以选择适当的验证方法。下面以"testii"网站设置验证步骤为例,介绍操作步骤。

　　(1)选择"Internet 信息服务(IIS)管理器"/"网站",右击"网站",在快捷菜单中选择"属性"命令,在打开的"testii 网站属性"对话框中选择"目录安全性"选项卡,如图 12-17 所示。

　　(2)单击"身份验证和访问控制"区域的"编辑"按钮,弹出"身份验证方法"对话框,如图 12-18 所示。

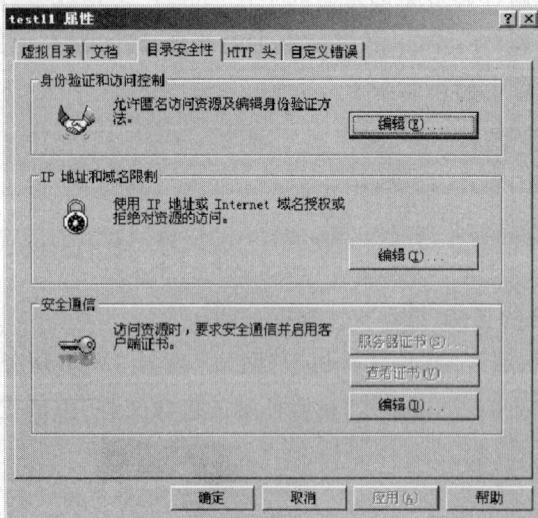

图 12-17　"目录安全性"选项卡

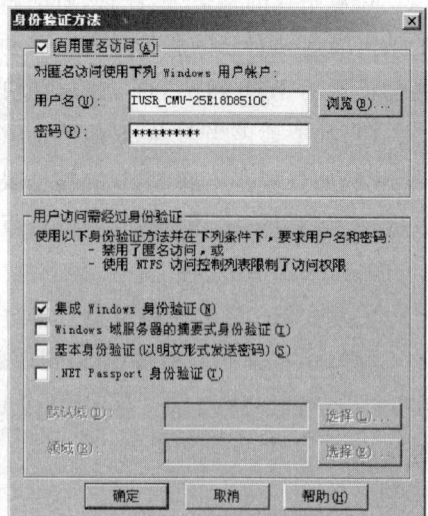

图 12-18　"身份验证方法"对话框

①启用匿名访问

通常情况下,绝大多数网站都允许匿名访问,即 Web 客户无需输入用户名和密码,即可访问 web 网站。在安装 IIS 时,系统会自动建立一个用来代表匿名帐户的 IUSR_ComputerName 为用户使用。

如果启用了匿名验证方法,IIS 始终尝试先使用匿名验证对用户进行验证,即使启用了其他验证方法也是如此。对于一般的、非敏感的企业信息发布,建议采用匿名访问方法。

如果禁止匿名访问,IIS 将尝试使用其他验证方法。

②集成 Windows 身份验证

集成 windows 身份验证是一种安全的验证形式,使用 Kerberos 版本 5 和 NTLM 身份验证。要使用此方法,客户端必须使用 Microsoft Internet Explorer。该认证主要用于Intranet。

③Windows 域服务器的摘要式身份验证

windows 域服务器的摘要式身份验证提供与基本身份验证相同的功能,需要用户 ID 和密码,摘要式身份验证通过网络将用户凭据作为 MD5 哈希或消息摘要发送,这样就无法对原始用户名和密码进行解码,可提供中等的安全级别。

使用此方法,客户端必须使用 Microsoft Internet Explorer 5.0 以上版本,Web 客户端和 Web 服务器必须是相同域的成员或者被相同域信任。

如果启用摘要式身份验证,要在领域框中键入领域名称。

④基本身份验证(以明文形式发送密码)

基本身份证方法需要用户 ID 和密码,最适于给需要很少保密性的信息授予访问权限。由于密码在网络上是以明文(未加密的文本)的形式发送的,这些密码很容易被截取,因此其安全性很低。但是,它与大多数 Web 客户端兼容。如果允许用户访问的信息没有什么隐私性或不需要保护,使用此选项最为合适。

如果启用基本身份验证,需在"默认域"框中键入要使用的域名。还可以选择在领域框中输入一个值。

⑤. NET Passport 身份验证

. NET Passport 身份验证为用户提供对 Internet 上各种服务的访问权限。选择此选项,必须在查询字符串或 Cookie 中包含有效的 . NET Passport 凭据。

🐾注意:如果选择此选项,所有其他身份验证方法都将不可用。

12.2.10　建立虚拟目录

对于一个小型网站来讲,可以将所有网页与相关文件夹都存放在网站的主目录下,即在主目录之下建立子文件夹,然后将文件放到这些子文件夹内。这些子文件夹称为"实际目录"。

然而,当上传的文件多了,服务器当初设定的主目录磁盘空间往往不足,就需要将网站放到其他的目录下或网络中的其他计算机上。这就需要设置虚拟目录,将其他目录以映射的方式虚拟到该服务器的主目录下。

虚拟目录是一个位于主目录外的目录,在访问 Web 站点的用户看来,它与位于主目录中的子目录是一样的。每个虚拟目录都有一个别名,用户在浏览器中可以通过此别名来访问虚拟目录,如使用 http://服务器 IP 地址/别名/文件名,就可以访问虚拟目录下面的任何文件了。使用虚拟目录有以下优点:

(1)便于访问。由于虚拟目录名(别名)通常要比真实目录的路径名短,因此使用虚拟目录名(别名)访问简单、方便。

(2)便于移动站点中的目录。只要虚拟目录名(别名)不变,即使更改了虚拟目录的实际存放位置,而无需更改目录的 URL,也不会影响用户的访问。

(3)能灵活增加网站所用的磁盘空间。虚拟目录能够提供的磁盘空间几乎是无限的。适合于对磁盘空间要求大的 VOD 服务、个人主页服务或其他 Web 服务。

(4)安全性好。由于每个虚拟目录都可以设置不同的访问权限,因此适合于不同用户对不同目录拥有不同权限的情况。此外,虚拟目录名(别名)通常只有网站设计者知道,访问者不知道文件是否真存在于服务器上,无法修改文件。黑客也无法确定虚拟目录的实际存放位置,难以破坏。

创建虚拟目录的步骤如下:

(1)准备虚拟目录。创建文件夹(例如,"E:\test")作为虚拟目录的主目录,在该文件夹下创建文件 index. htm 作为虚拟目录的主页。

(2)打开"虚拟目录创建向导"。打开"Internet 信息服务(IIS)管理器"控制台窗口,在左窗格中展开服务器项,右击要创建虚拟目录的网站或其下级目录,在快捷菜单中单击"新建"/"虚拟目录"命令,打开"虚拟目录创建向导"对话框。

(3)设置虚拟目录名称。单击"下一步"按钮,打开"虚拟目录别名"对话框,如图 12-19 所示。

在"别名"文本框中输入网站的虚拟目录访问别名,如 test,单击"下一步"按钮。

(4)设置网站内容目录。打开"网站内容目录"对话框,输入网站内容的目录的路径,如 E:\test,如图 12-20 所示。

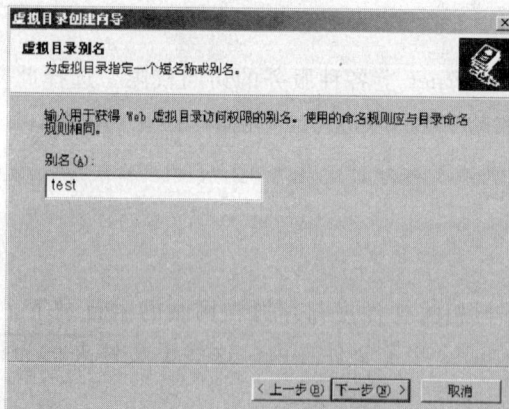

图 12-19 "虚拟目录别名"对话框　　　　　图 12-20 "网站内容目录"对话框

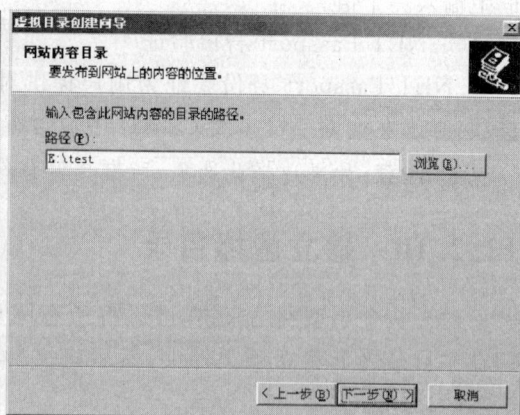

（5）虚拟目录访问权限设置。单击"下一步"按钮，弹出"虚拟目录访问权限"对话框，该对话框可指定访问虚拟目录的权限，在"允许下列权限"中勾选"读取"选项，如图 12-21 所示。

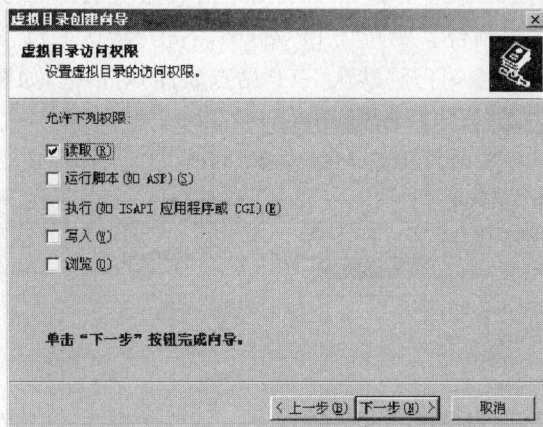

图 12-21 "虚拟目录访问权限"对话框

（6）完成。单击"下一步"按钮，出现"完成"对话框，单击"完成"按钮，虚拟目录创建完成。

（7）测试。在浏览器地址栏中输入 http://192.168.10.11/test，进行测试。

12.3 FTP 服务器

12.3.1 安装 FTP 服务器

在 Windows Server 2003 操作系统的 IIS 6.0 组件中包含了 FTP，但默认情况下 FTP 的功能并没有被集成到 IIS 6.0 中。因此，要建立 FTP 服务器，需先安装 FTP 组件，具体步骤如下：

（1）依次打开"控制面板"/"添加/删除程序"/"添加/删除 Windows 组件"，在"Windows 组件向导"对话框中勾选"应用程序服务器"复选框。

（2）单击"详细信息"按钮，打开"应用程序服务器"对话框，勾选"Internet 信息服务（IIS）"复选框。

（3）单击"详细信息"按钮，打开"Internet 信息服务（IIS）"对话框，在列表框中选中"文件传输协议（FTP）服务"复选框，然后连续单击"确定"按钮，并单击"下一步"按钮，按系统提示插入 Windows Server 2003 安装盘，自动完成 FTP 组件的安装工作。

FTP 服务器在安装后会自动运行，在默认状态下，该 FTP 服务器的主目录所在的文件夹为％Systemroot％\inetpub\ftproot，默认允许来自任何 IP 地址的用户以匿名方式进行只读访问，即只能下载而无法上传文件。因此，只需将允许用户下载的文件拷贝至该文件夹，即可实现匿名下载。

12.3.2 配置 FTP 服务器

单击"开始"/"程序"/"管理工具"/"Internet 信息服务(IIS)管理器",打开"Internet 信息服务(IIS)管理器"控制台。展开"FTP 站点",右击"默认 FTP 站点"选项,在弹出的快捷菜单中单击"属性"命令,打开"默认 FTP 站点属性"对话框,如图 12-22 所示。

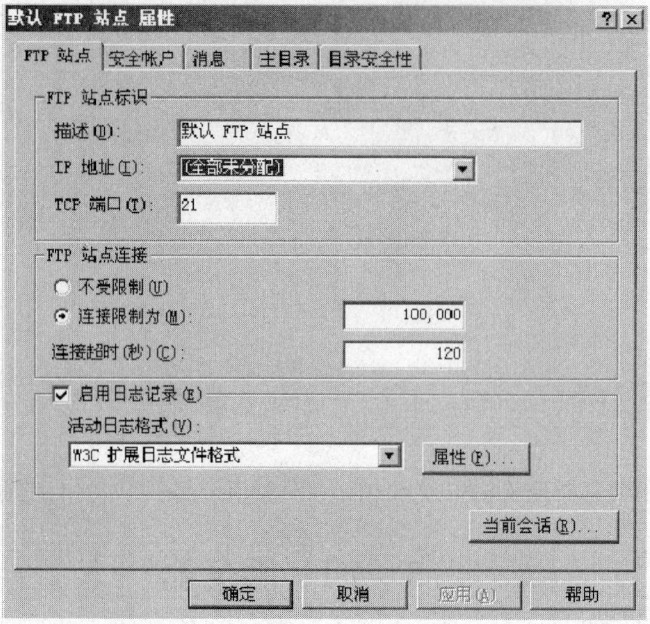

图 12-22 "默认 FTP 站点属性"对话框

1. "FTP 站点"选项卡

在 FTP 站点标识框的"描述"文本框中输入 FTP 站点的说明。

IP 地址:默认为"全部未分配"方式,即 FTP 服务与计算机中所有的 IP 地址绑定在一起。

FTP 端口:默认为 21。

在默认状态下,FTP 客户端用户可以使用该服务器中绑定的任何 IP 地址及默认端口进行访问,而且允许来自任何 IP 地址的计算机进行匿名访问,显然这种方式是不安全的。因此,需要设置相应的 IP 地址和端口号。例如,FTP 服务器的 IP 地址为 192.168.10.11,TCP 端口号为 21,此时客户端用户只需通过 ftp://192.168.10.11 即可访问该 FTP 服务器。而如果指定了非"21"的端口号,如 8888 时,则只有访问 ftp://192.168.10.11:8888,才能实现对该 FTP 服务器的访问。

在"FTP 站点连接"框中,可以设置连接是否受限制、限制的连接数量及连接超时。

2. "主目录"选项卡

FTP 服务的主目录是指映射为 FTP 根目录的文件夹,FTP 站点中的所有文件全部保存在该文件夹中。当 FTP 客户访问该 FTP 站点时,只有该文件夹中的内容可见,如图 12-23 所示。

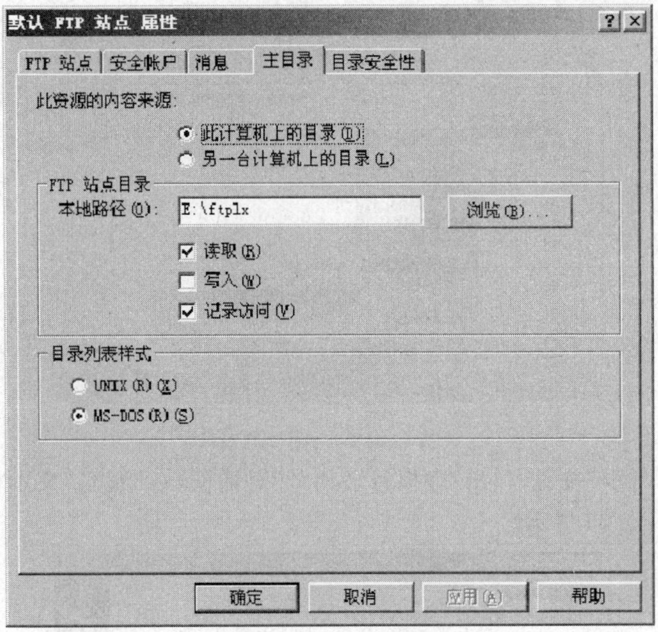

图 12-23　"主目录"选项卡

（1）选择"此资源的内容来源"是此计算机上的目录还是另一台计算机上的目录。

（2）设置 FIP 站点目录。在"本地路径"文本框中可以将本地计算机中的其他文件夹，甚至是另一台计算机上的共享文件夹指定为 FTP 站点主目录。

（3）设置访问权限。设置用户对该文件夹的访问权限，仅在 FTP 站点中设置是不够的，同时还必须在 Windows 资源管理器中为 FTP 根目录设置 NTFS 文件夹权限。

（4）目录列表样式。目录列表样式只是用来设置显示在客户端计算机上的目录列表风格，并不会影响访问权限。可以选择"UNIX"和"MS-DOS"两种样式之一。

3. 测试

在 IE 浏览器的地址栏输入 ftp://192.168.10.11，即可看到主目录中的文件。

12.3.3　新建虚拟目录

虚拟目录是 FTP 服务器硬盘上通常不位于 FTP 站点主目录下的物理目录的友好名称或别名。别名使用户不知道文件在服务器的物理位置，所以无法修改文件。虚拟目录能够极大地拓展 FTP 服务器的存储能力。

在 FTP 站点上创建虚拟目录的步骤如下：

（1）在 E 盘下新建一个名为 FTP 的文件夹，并在该文件夹中拷入一些文件。

（2）在"IIS 管理器"控制台中，展开 FTP 服务器和"FTP 站点"，右击要创建虚拟目录的 FTP 站点，在弹出的快捷菜单中选择"新建"/"虚拟目录"命令，如图 12-24 所示，将打开"虚拟目录创建向导"对话框。

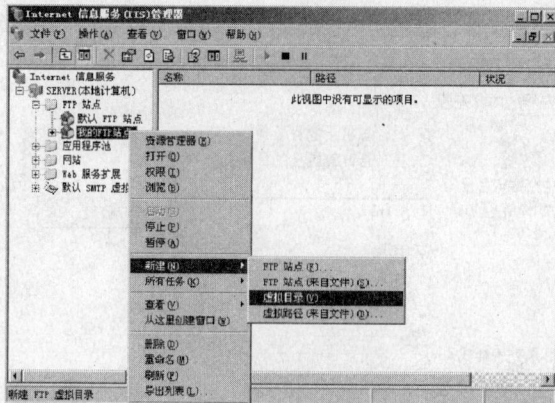

图 12-24　新建虚拟目录

　　(3)单击"下一步"按钮,弹出"虚拟目录别名"对话框,在"别名"文本框中输入虚拟目录别名 ftp,如图 12-25 所示。

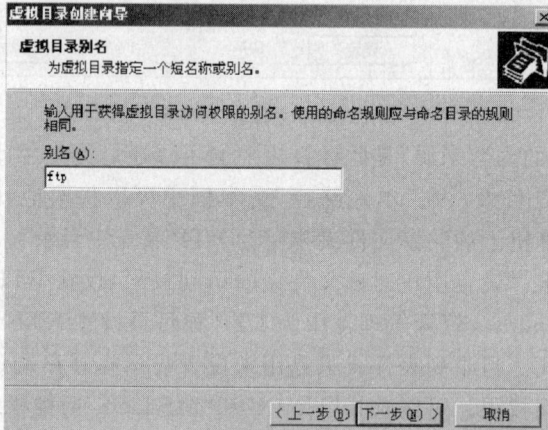

图 12-25　"虚拟目录别名"对话框

　　(4)单击"下一步"按钮,将弹出"FTP 站点内容目录"对话框,在"路径"文本框中输入虚拟目录的目录路径 E:\ftp,如图 12-26 所示。

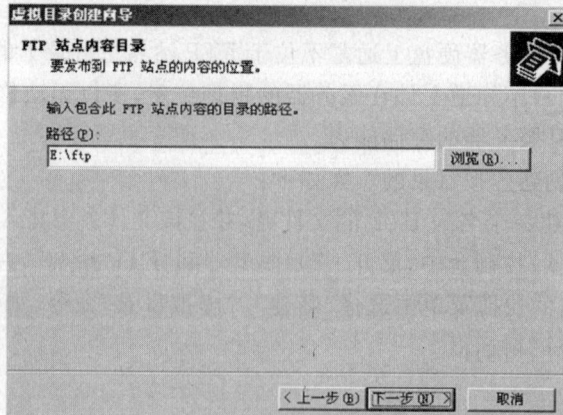

图 12-26　"FTP 站点内容目录"对话框

(5)单击"下一步"按钮,将弹出"虚拟目录访问权限"对话框,在"允许下列权限"复选框中勾选默认的"读取"权限,如图 12-27 所示。

(6)单击"下一步"按钮,将弹出"完成"对话框,单击"完成"按钮,返回"Internet 信息服务(IIS)管理器"控制台,如图 12-28 所示,虚拟目录创建完成。

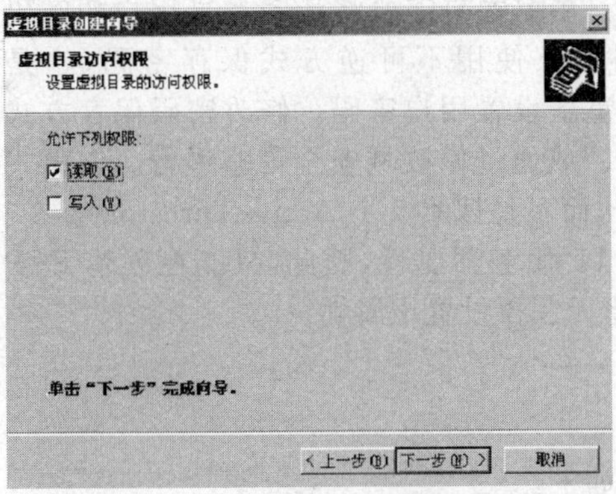

图 12-27　"虚拟目录访问权限"对话框 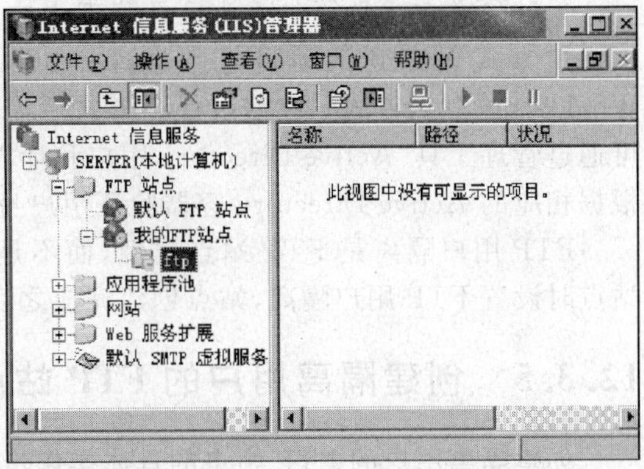　　　　图 12-28　"Internet 信息服务(IIS)管理器"

(7)客户端打开 IE 浏览器后,在地址栏中输入 ftp// 192.168.10.11/ftp,就可以打开 FTP 站点上的虚拟目录进行访问,如图 12-29 所示。

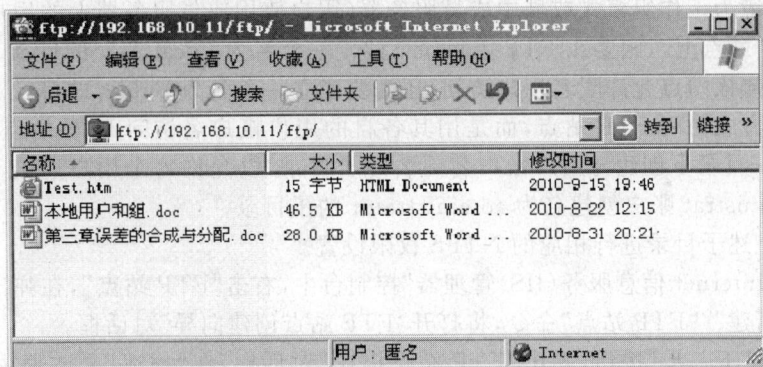

图 12-29　访问 FTP 站点上的虚拟目录

12.3.4　FTP 用户隔离

FTP 用户隔离是 Windows Server 2003 中 IIS 6.0 的新增特性。所谓用户隔离是指当用户登录到 FTP 时会被导入其所属文件夹,而且不可以切换到其他用户的文件夹。当设置 FTP 服务器隔离用户时,所有的用户根目录都在 FTP 站点主目录中的二级目录结构下,用户无法浏览目录树的上一层。

FTP 用户隔离支持三种隔离模式,每一种模式都会启动不同的隔离和验证等级。

1. 不隔离用户

该模式为默认模式,当用户连接此类 FTP 时,用户将被直接导向 FTP 的主目录。该模式最适合于只提供共享内容下载功能的 FTP 站点或不需要在用户间进行数据访问保护的 FTP 站点。

2.隔离用户

当隔离用户登录到 FTP 时,会被导入其所属文件夹,而且不可以切换到其他用户的文件夹。该模式在用户访问前,会根据本机或域帐户验证用户。

3.用 Active Directory 隔离用户

这种隔离方式必须在活动目录管理中应用。在配置前需要将活动目录用户的密码以可逆方式保存到活动目录数据库。如果用户已使用不可逆方式保存密码(这是 Windows 的默认方式),在修改保存方式后需要重新设置用户密码。修改密码保存方式可通过管理工具"Active Directory 用户和计算机"或通过修改域安全策略进行。该模式根据相应的 Active Directory 容器验证用户身份,而不是搜索整个 Active Directory。

FTP 用户隔离是 FTP 站点属性,而不是 FTP 服务器属性,因此,只能在创建 FTP 站点时设置 FTP 用户隔离,站点创建完成之后将无法再设置该属性。

12.3.5　创建隔离用户的 FTP 站点

创建隔离用户的 FTP 站点的具体操作步骤如下:

(1)在 FTP 服务器上创建 FTP 站点主目录 E:\ftproot,在主目录下创建子目录。

如果环境为域模式,且希望使用域中用户名及密码登录,则要在 FTP 主目录下建立一个以域 NetBIOS 名命名的目录。

如果环境为工作组模式或域中成员服务器(用户使用成员服务器上的用户名及密码连接到 FTP 站点上),则要在 FTP 主目录下建立一个名为 LocalUser 的目录。

如果希望该站点允许匿名用户访问,还需要建立一个名为 Public 的目录。如果用户不使用匿名方式访问 FTP 站点,而是用其各自的用户帐户名访问 FTP 站点,则需要在 LocalUser 子目录下创建与用户帐户名同名的子目录,以允许每个用户连接 FTP 站点。例如为 administrat 账户创建名为 administrator 的子目录。

(2)对上述子目录进行相应的 NTFS 权限设置。

(3)在"Internet 信息服务(IIS)管理器"控制台中,右击"FTP 站点",在弹出的快捷菜单中单击"新建"/"FTP 站点"命令,将打开"FTP 站点创建向导"对话框。

(4)单击"下一步"按钮,弹出"FTP 站点描述"对话框,在"描述"文本框中输入 FTP 站点的相关描述,如图 12-30 所示。

(5)单击"下一步"按钮,弹出"IP 地址和端口设置"对话框,设置 FTP 站点所使用的 IP 地址及端口号,如图 12-31 所示。

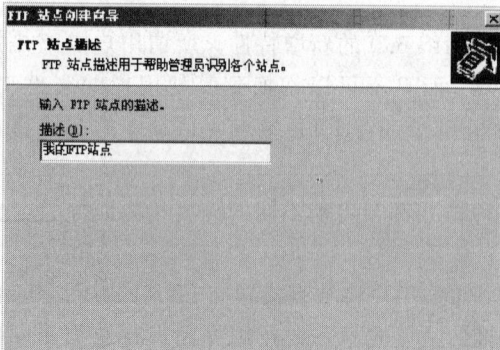

图 12-30　"FTP 站点描述"对话框　　　　图 12-31　"IP 地址和端口设置"对话框

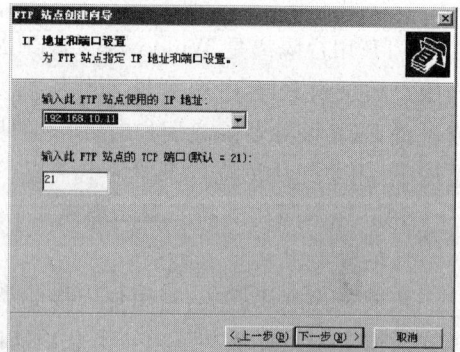

(6)单击"下一步"按钮,弹出"FTP 用户隔离"对话框,选择"隔离用户"单选按钮,如图 12-32 所示。

(7)单击"下一步"按钮,弹出"FTP 站点内容目录"对话框,输入或浏览选择 FTP 站点的主目录路径,如图 12-33 所示。

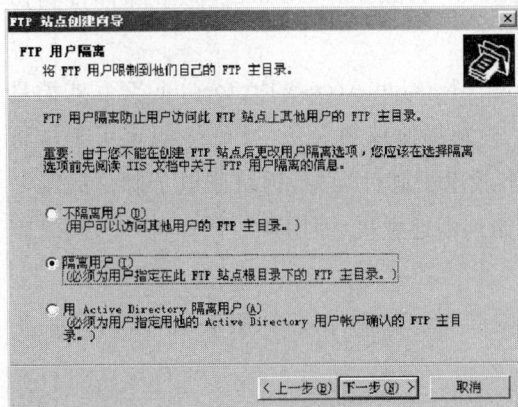

图 12-32　"FTP 用户隔离"对话框　　　　图 12-33　"FTP 站点内容目录"对话框

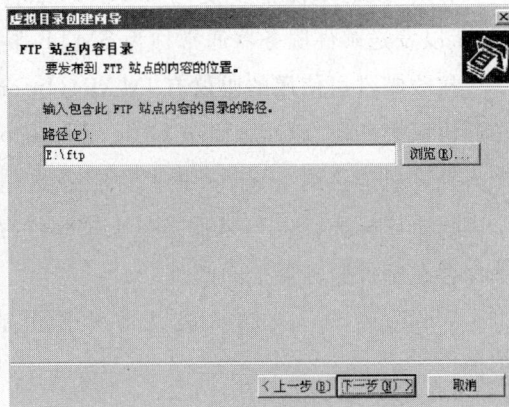

(8)单击"下一步"按钮,弹出"FTP 站点访问权限"对话框,在此设置 FTP 站点的访问权限,如图 12-34 所示。

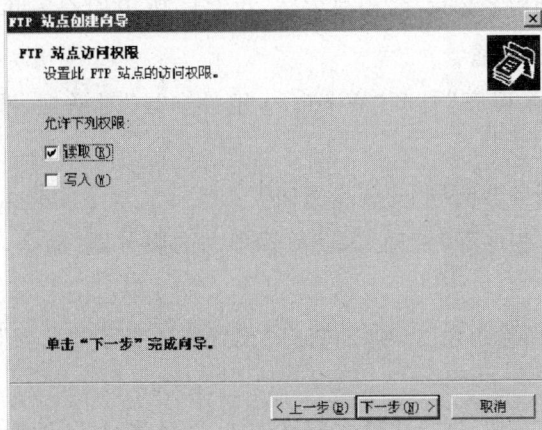

图 12-34　"FTP 站点访问权限"对话框

(9)单击"下一步"按钮,弹出"已成功完成 FTP 站点创建向导"对话框,单击"完成"按钮,即创建了隔离用户的 FTP 站点。

12.4　邮件服务器

电子邮件(Electronic mail,简称 E-mail)是一种用电子手段提供信息交换的通信方式,是 Internet 应用最广的服务。通过网络,用户可以用非常低廉的价格、以非常快速的方式与世界上任何地方的网络用户联系,电子邮件可以是文字、图像、声音等多种形式。

很多单位的局域网内都架设了邮件服务器,用于进行公文发送和工作交流。可以通过 Windows Server 2003 提供的 POP3 和 SMTP 服务架设小型邮件服务器来满足单位的需要。一个完整的邮件系统由两个部分组成:发送邮件服务和接收邮件服务。

目前,发送邮件主要使用 SMTP(Simple Mail Transfer Protocol)简单邮件传输协议,所以发送邮件服务器通常称为 SMTP 服务器。

接收邮件可使用的协议有 IMAP4(Internet Message Access Protocol 4)交互式消息访问协议第四段、POP3(Post Office Protocol 3)邮局协议第三版。POP3 规定了怎样将个人计算机连接到 Internet 的邮件服务器并下载电子邮件,它是因特网电子邮件的第一个离线协议标准,POP3 从服务器上把邮件存储到本地主机(即用户的计算机)上,同时删除保存在邮件服务器上的邮件。

Windows Server 2003 默认情况下没有安装 POP3 和 SMTP 服务组件,必须手工添加。

12.4.1　安装邮件服务器

安装邮件服务器的方法有两种:

1.通过"配置您的服务器向导"引导安装,在安装 POP 时会一并安装 SMTP 服务器,并引导用户完成初步的设置。

2.通过"添加/删除程序"打开"Windows 组件向导"对话框,选中"电子邮件服务"安装。

通过"配置您的服务器向导"安装步骤如下:

(1)单击"开始"/"程序"/"管理工具"/"管理您的服务器"命令,打开"管理您的服务器"对话框。

(2)单击"添加或删除角色"选项,将打开"配置您的服务器向导"对话框,根据提示进行相关准备工作。

(3)单击"下一步"按钮,向导将搜索网络连接,随后将打开"配置选项"对话框。

(4)选择"自定义配置",然后单击"下一步"按钮,向导将打开"服务器角色"对话框,选择"邮件服务器(POP3,SMTP)",如图 12-35 所示。

(5)单击"下一步"按钮,打开"配置 POP3 服务"对话框,在这里可以指定 POP3 服务的用户身份验证方法和要接收电子邮件的域名,如图 12-36 所示。

(6)单击"下一步"按钮,根据提示进行操作,直至出现"该服务器现在是邮件服务器"对话框,单击"完成"按钮,即可完成邮件服务器的安装。

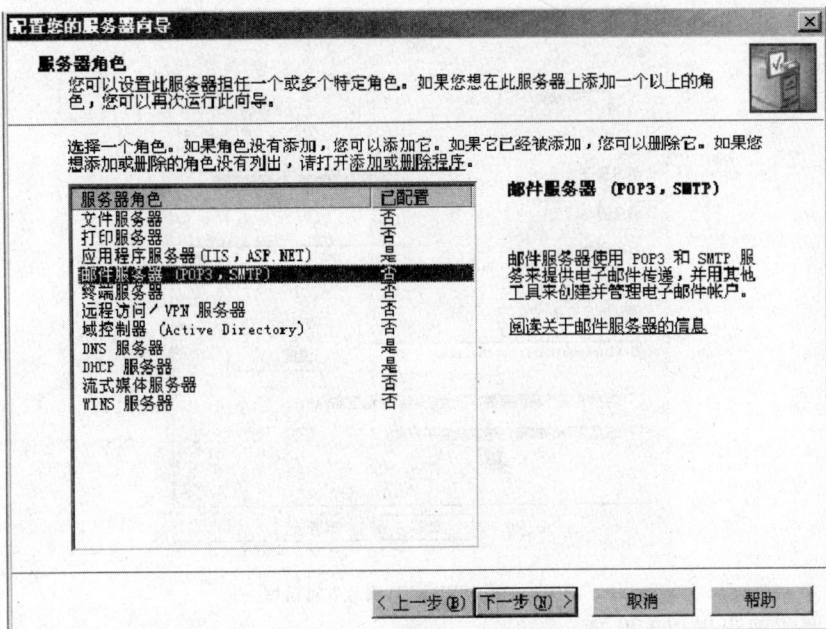

图 12-35　"服务器角色"对话框

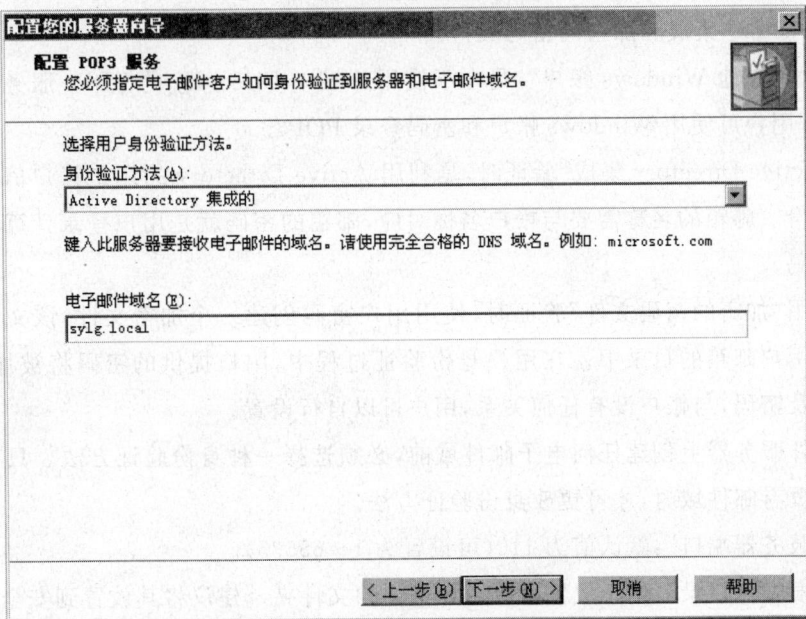

图 12-36　"配置 POP3 服务"对话框

12.4.2　配置电子邮件服务器

1.配置 POP3 服务器

单击"开始"/"程序"/"管理工具"/"POP3 服务"命令,打开"POP3 服务"窗口,右击 POP3 的服务器,选择"属性"命令,弹出" SERVER 属性"对话框,如图 12-37 所示。

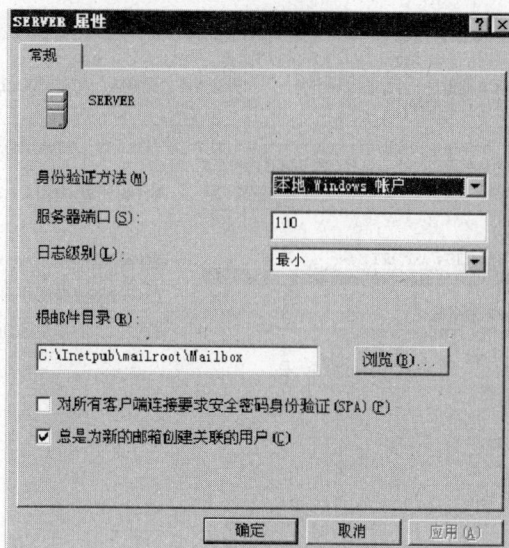

图 12-37 "SERVER 属性"对话框

服务器需要设置以下几项：

(1)"身份验证方法"下拉列表框：可使用的验证方法有 3 种：本地 Windows 帐户、Active Directory 集成和加密的密码文件。

①使用"本地 Windows 帐户"，是在不使用 Active Directory 的 POP3 服务器上创建用户帐户，用户可使用 Windows 帐户和密码登录 POP3。

②"Active Directory 集成"验证时，是利用 Active Directory 的用户帐户信息来验证用户的身份。邮箱的名称需要与帐户名称对应，邮箱的密码就是用户登录计算机所使用的帐户密码。

③使用"加密的密码文件"验证时，使用用户密码创建一个加密文件，该文件存储在服务器上用户邮箱的目录中。在用户身份验证过程中，用户提供的密码将被加密，邮箱的名称以及密码，与帐户没有任何关系，用户可以自行设置。

在邮件服务器上创建任何电子邮件域前，必须选择一种身份验证方法。只有在邮件服务器上没有邮件域时，才可更改身份验证方法。

(2)"服务器端口"：默认值为 110(可设置为 1~65535)。

(3)"根邮件目录"：用于放置所有用户信件的文件夹。建议将其放置到安全的 NTFS 文件系统的扇区中，并确保用户有足够的权限进行读取、修改和删除邮件。

2.新建域

服务器设置完毕后，要还需要设置接收邮件域，在服务器上右击，单击"新建"/"域"命令，如图 12-38 所示。

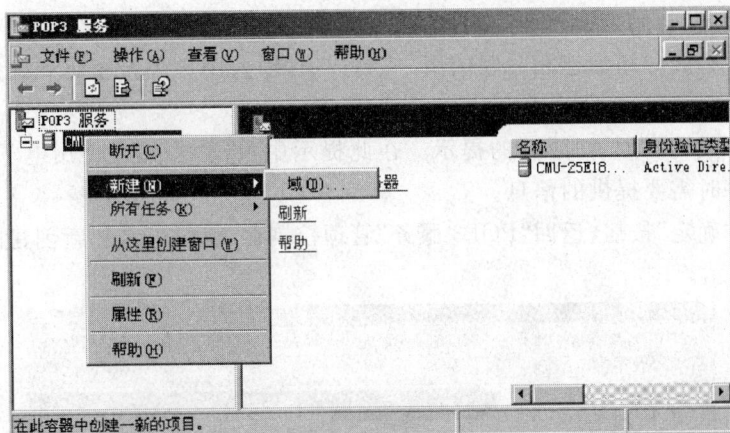

图 12-38 新建域

弹出"添加域"对话框,如图12-39所示。输入要添加域的名称,单击"确定"按钮,将返回"POP3 服务"管理控制台,域创建完成。由于在安装邮件服务器时,已建立了邮件域,故不必新建域。如图 12-40 所示。

图 12-39 "添加域"对话框

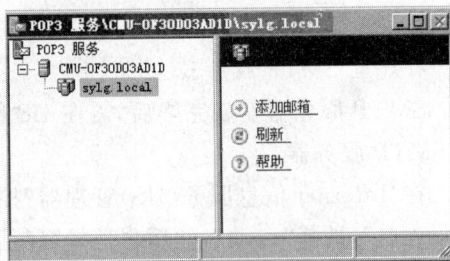

图 12-40 电子邮件域 sylg.local

3. 建立用户电子邮箱

添加域后,POP3 服务器没有默认邮箱,所以管理员需要添加邮箱。

(1)展开电子邮件服务器,选中要创建用户邮箱的电子邮件域,如 sylg.local。

(2)在右边窗格中,选择"添加邮箱"命令。

(3)打开"添加邮箱"对话框,在此对话框中可以创建用户邮箱,如图 12-41 所示。

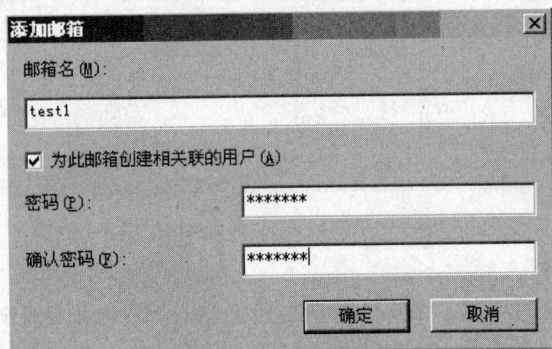

图 12-41 "添加邮箱"对话框

输入邮箱名(与用户帐户名相同),当所建的用户邮箱名与域中已有用户帐户名不一样时,要选中"为此邮箱创建相关联的用户"复选项,输入用户邮箱密码和确认密码,单击"确定"按钮。

(4)出现"成功添加了邮箱"的提示。在此提示中,将会告知在使用电子邮件客户端程序收发邮件时需要提供的信息。

(5)单击"确定"按钮,返回"POP3 服务"管理控制台,将可以看到新创建的用户邮箱,如图 12-42 所示。

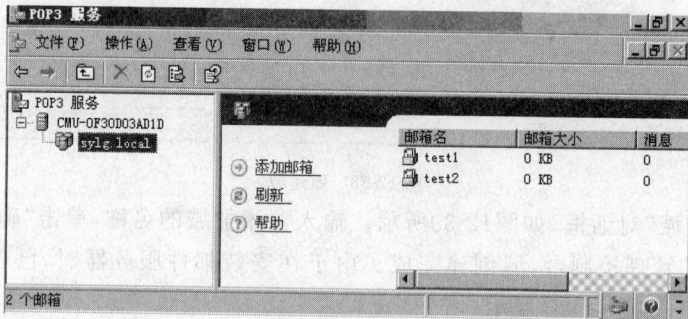

图 12-42　新创建的用户邮箱

4.配置 SMTP 服务器

SMTP 服务器安装完毕后,需在 IIS 服务器中启动虚拟 SMTP 服务器,并且应该设置 SMTP 服务器。

在"Internet 信息服务(IIS)管理器"控制台中,如图 12-43 所示,右击"默认 SMTP 虚拟服务器",选择"启动",然后再选择"属性"命令,打开"默认 SMTP 虚拟服务器属性"对话框,如图 12-44 所示。其中有 6 个选项卡,通过配置这 6 个选项卡中的相关选项,可以完成对 SMTP 服务器的管理。

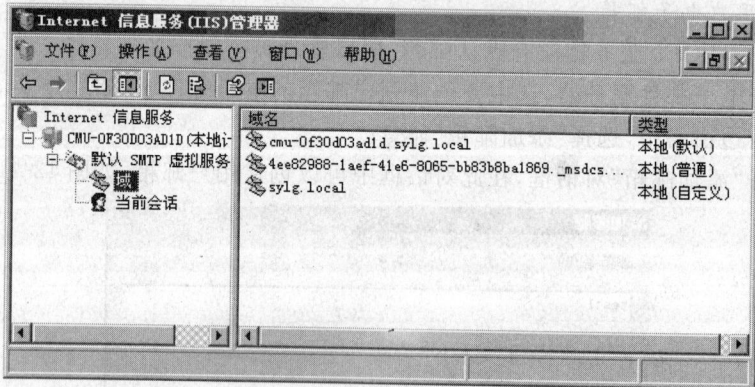

图 12-43　IIS管理器窗口

(1)"常规"选项卡

①管理 IP 地址及端口号。在"常规"选项卡中的"IP 地址"文本框中可以指定当前 SMTP 虚拟服务器的 IP 地址,如果想设置端口号,可以单击后面的"高级"按钮,打开"高级"对话框,如图 12-45 所示。单击"添加"按钮,输入 IP 地址和 TCP 端口号。

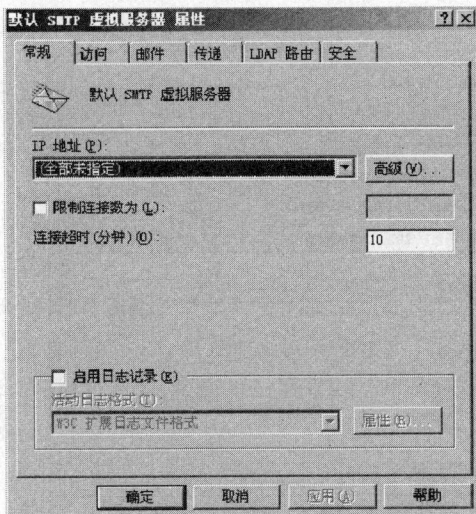

图 12-44　"默认 SMTP 虚拟服务器属性"对话框　　　　图 12-45　"高级"对话框

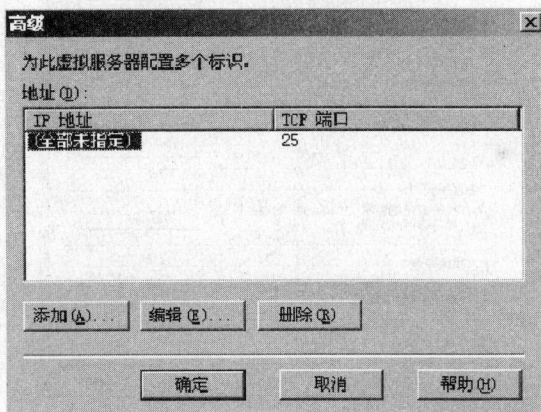

②管理 SMTP 虚拟服务器的入站连接。收到 SMTP 客户端发送邮件的请求或从远程 SMTP 服务器接收邮件,都将启动入站连接。"常规"选项卡中的"限制连接数为"选项用于指定并发的入站连接数,最小值为 1。如果未选中此选项,则没有限制。"连接超时(分钟)"选项用于指定关闭不活动的入站连接之前所允许的时间,默认值为 10 分钟。

③管理 SMTP 虚拟服务器日志。通过日志可以记录 SMTP 虚拟服务器从 SMTP 客户端接收的命令细节。

(2)"访问"选项卡

如图 12-46 所示,"访问"选项卡分为以下 4 个选项组:

①访问控制:设置客户端访问服务器的验证方法。单击"身份验证"按钮,可设置用户访问 SMTP 服务器的验证方法,验证方法有 3 种:

● 匿名访问:不验证用户的身份,直接使用 SMTP 服务器。

● 基本身份验证:用户需提供有效的帐户名和密码才可连接 SMTP 服务器,并以纯文本发送帐户名以及密码。为了加强安全,可以启用"需要 TLS 加密"功能,客户端会使用 SSL 安全连接与服务器通信,避免帐户名以及密码外泄。

● 集成 Windows 身份验证:客户端与服务器在同一个域时,才能使用这种身份验证。这种方式不需要在网络上发送密码,所以安全性最高。

②安全通信:启用 SMTP 服务器的 SSL 安全连接功能。

③连接控制:允许或拒绝某一个(段)IP 地址、域访问 SMTP 服务器。

④中继限制:设置 SMTP 服务器转接电子邮件的权限。

(3)"邮件"选项卡

如图 12-47 所示,通过该选项卡可以限制邮件大小、会话大小、每个连接的邮件数、每个邮件的收件人数等信息。

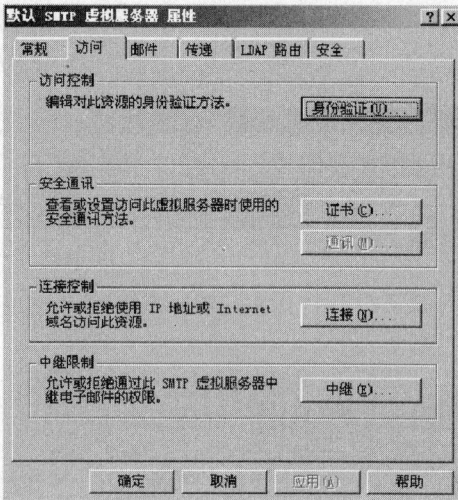

图 12-46 "访问"选项卡

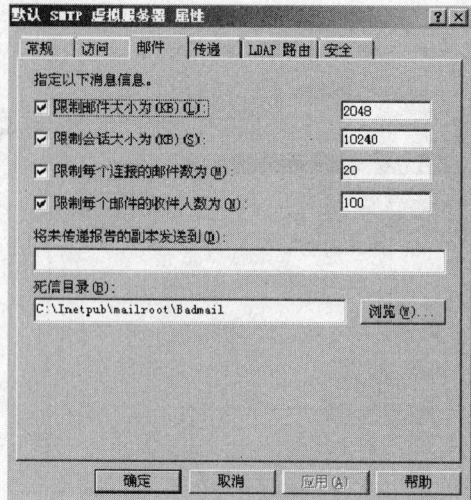

图 12-47 "邮件"选项卡

（4）"传递"选项卡

在此选项卡中可以配置出站的安全性，如图 12-48 所示。

（5）"安全"选项卡

指定哪些用户帐户具有 SMTP 虚拟服务器的操作员权限，如图 12-49 所示。

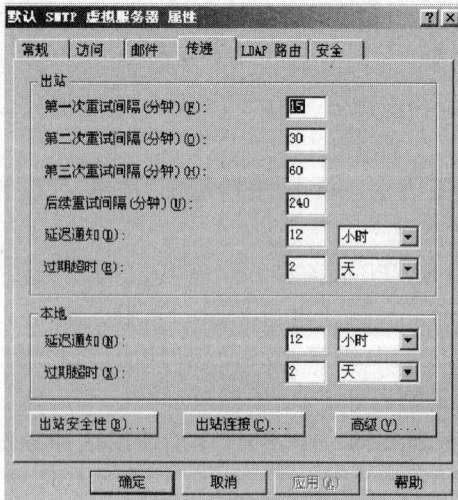

图 12-48 "传递"选项卡

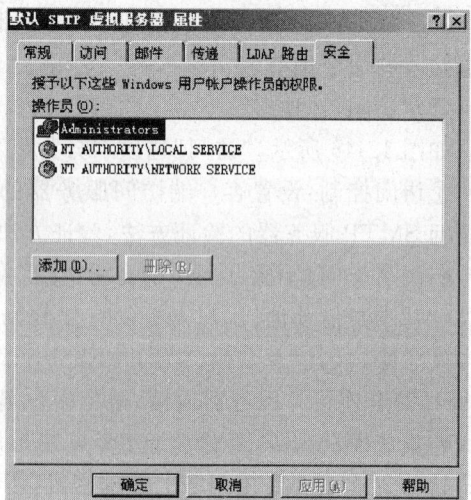

图 12-49 "安全"选项卡

12.4.3　配置邮件客户端

目前常用的电子邮件客户端程序主要包括 Windows 系统中内置的 Outlook Express 和国产的 Foxmail 等。下面以 Outlook Express 为例验证电子邮件服务，进行收发邮件。

（1）打开 Outlook Express 主窗口，如图 12-50 所示，在主菜单中单击"工具"/"帐户"，弹出"Internet 帐户"对话框，如图 12-51 所示。

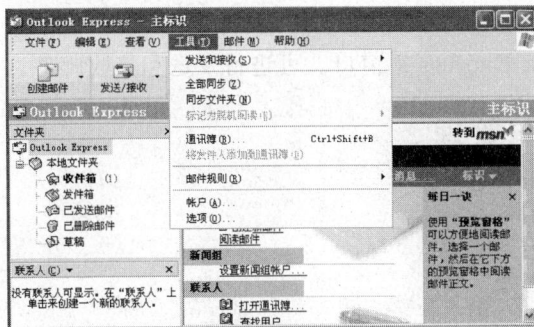

图 12-50　Outlook Express 窗口

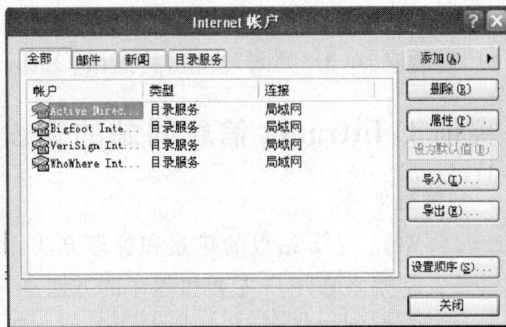

图 12-51　"Internet 帐户"对话框

(2)单击"添加"/"邮件",将打开"Internet 连接向导"/"您的姓名"对话框,输入向外发送电子邮件时显示的姓名,例如已建立的邮箱名:test4,如图 12-52 所示。

(3)单击"下一步"按钮,将打开"Internet 电子邮件地址"对话框,如图 12-53 所示。输入回复电子邮件的地址,例如 test4@sylg.local。

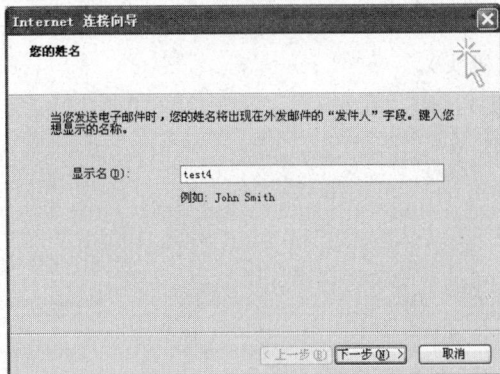

图 12-52　"您的姓名"对话框

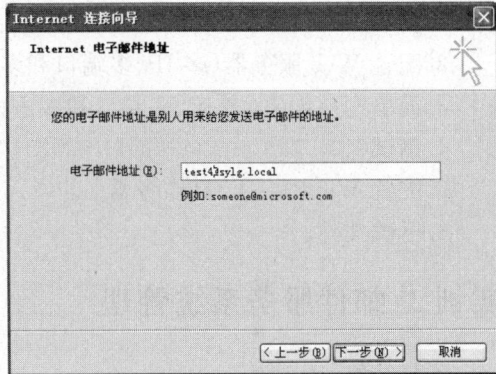

图 12-53　"Internet 电子邮件地址"对话框

(4)单击"下一步"按钮,将打开"电子邮件服务器名"对话框,在此对话框设置接收邮件服务器和发送邮件服务器,如图 12-54 所示。

(5)单击"下一步"按钮,弹出"Internet Mail 登录"对话框。在此对话框设置用于身份验证的用户帐户名和密码以及传递身份验证信息的方式,如图 12-55 所示。

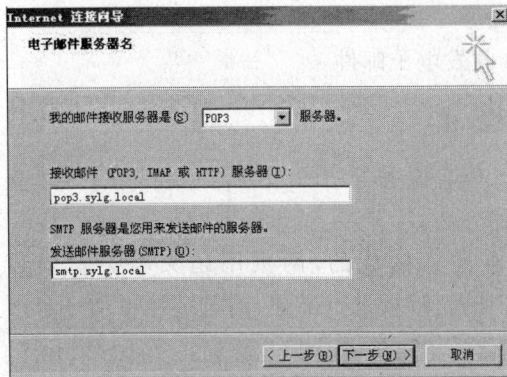

图 12-54　"电子邮件服务器名"对话框

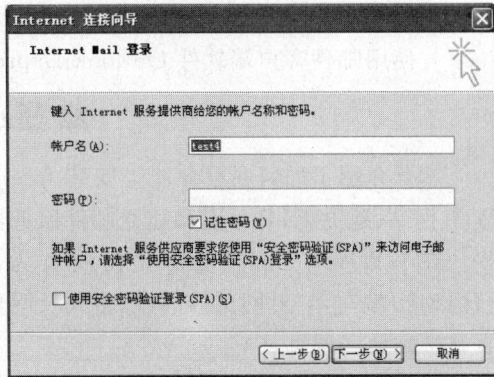

图 12-55　"Internet Mail 登录"对话框

（6）单击"下一步"按钮，打开"完成"对话框。单击"完成"按钮，将返回"Internet 帐户"对话框，单击"关闭"按钮，将返回 Outlook Express 主窗口。可进行发送和接收邮件。

实训 1：Intranet 信息网站的建设与管理

实训目的：

1.掌握 Web 站点的建立和管理方法。

2.掌握发布用户主页和程序的方法。

3.掌握客户机对 Web 站点的各种访问技术。

4.掌握 FTP 站点的建立和管理方法。

5.了解客户机对 FTP 站点的各种访问技术。

实训环境与设备：

实验设备为：Windows XP/2000/2003 操作系统安装盘，虚拟机 VPC。

实训内容：

1.安装 IIS 60。

2.配置 Web 服务器（多 IP、多端口和多主机头）。

3.简单网站创建（多 IP、多端口和多主机头）。

4.测试。

5.配置 Windows FTP 服务器。

6.下载文件。

实训 2：邮件服务系统管理

实训目的：

1.理解邮件服务器系统的工作原理。

2.掌握 POP3 邮件接收服务器与 SMTP 邮件发送服务器的基本配置。

实训内容：

1.安装 Windows Server 2003 的邮件服务器（POP3、SMTP）组件。

2.配置 POP3 邮件接收服务器。

3.配置 SMTP 邮件发送服务器。

4.使用邮件客户端软件 Outlook Express 收发电子邮件。

本章小结 🌙

本章介绍了如何在服务器上安装 Internet 信息服务器（IIS 服务器）及利用 IIS 建立 Web 网站、建立 FTP 站点和建立邮件服务器的方法。

在 WWW 中，信息资源是由网页为基本元素构成的，网页用超文本标记语言（HTML）编写，它对网页的内容、格式及网页中的超链接进行描述，通过链接可从一个网页跳转到另一网页。

HTTP 超文本传输协议，可传送任意类型的数据，是发布多媒体信息的主要应用层协议。

各个网页及网络资源是由统一资源定位符 URL 来标识定位的。同一计算机上不同的网络服务是用端口号来区分的。

通过本章的学习,应当掌握在网络中组建 WWW、FTP 及电子邮件服务系统所需的基本知识,掌握使用 Windows Server 2003 建立、管理与使用网站及电子邮件系统的技术。

习 题

一、选择题

1. IIS 中已有网站,现在再建一网站,使用相同的 IP 地址和端口号需要设置 Web 网站属性的选项是(　　)。

A. 性能　　　　　　B. HTTP 头　　　　C. 主目录　　　　　D. 文档

2. WWW 服务器使用的默认端口号是(　　)。

A. 11　　　　　　　B. 80　　　　　　　C. 110　　　　　　D. 21

3. Web 使用(　　)协议进行信息传送。

A. HTTP　　　　　B. FTP　　　　　　C. Telnet　　　　　D. HTML

4. 默认情况下,FTP 服务器的匿名访问用户名是(　　)。

A. anonymous　　B. guest　　　　　C. IDE　　　　　　D. USERID

5. 下面哪个软件能做邮件服务的客户端(　　)。

A. Outlook Express　　　　　　　B. IE

C. 附件的超级终端　　　　　　　D. CUTFTP

二、填空题

1. 在 WWW 中,信息资源是由_____为基本元素构成的,网页用_____语言编写。

2. HTTP_____协议,可传送任意类型的数据,是发布多媒体信息的_____协议主要。

3. 各个网页及网络资源是由_____来标识。

4. WWW 工作采用_____模式。

三、简答题

1. IIS 6.0 提供哪些服务?

2. 什么是虚拟主机?

3. 简述创建 FTP 虚拟网站的用户隔离方式。

4. 在使用 Windows Server 2003 创建邮件系统时,可选择的身份验证方式有哪些?

5. 简述 Web 服务和 FTP 服务的功能。

6. 举例说明 URL 的格式。

第13章　网 络 安 全 管 理

第13章

本章学习目标

　　1.掌握网络安全的概念

　　2.熟悉关闭端口、封停协议的操作

本章重点和难点

　　1.重点：

　　(1)远程登录与设置封停端口

　　(2)设置封闭 ICMP 协议

　　2.难点：

　　关闭端口

　　随着互联网的普及以及计算机的大量应用,网络上的木马病毒、黑客越来越多,对联网的计算机造成了巨大威胁,网络安全日益成为网络管理的一个不可或缺的项目。市场上也出现了很多软、硬件防火墙产品来保证内网服务器的安全。其实,Windows 系统自身便带有功能强大的防火墙系统 IPSec,其简单易用性及全面的安全保护功能可以实现企业级防火墙的部分功能。其全面的安全保护功能并不亚于其他商业防火墙产品。

　　若使用第三方软件防火墙需要很多费用,其实 Windows Server 2003 中就有一个防火墙组件 IPSec。本章主要介绍网络安全的概念、拒绝协议和封闭端口的应用。

13.1　信息安全技术概述

13.1.1　网络安全的概念

　　信息安全的实质是要保护信息系统或信息网络中的信息资源免受各种类型的威胁、干扰和破坏。

　　信息安全是任何国家、政府、部门、行业都必须十分重视的问题,是一个不容忽视的国家安全战略。政府、军队、科研等敏感信息正经过脆弱的通信线路在计算机系统之间传送,电子银行业务也正通过通信线路进行转帐和查阅。这些信息都不能在对非法(非授权)获取(访问)不加防范的条件下存储和传输。许多信息都具有保密的要求,一旦这些机密被泄漏,不仅会给企业,甚至会给国家造成严重的损失。

　　网络安全的基本要素:

　　(1)机密性:是指网络信息的内容不会被未授权的第三方所知。保证机密信息不被窃听,或窃听者不能了解信息的真实含义。

(2)完整性:是指保证数据的一致性,防止数据在存储或传输时被非法用户篡改、破坏,不出现信息包的丢失、乱序等。

(3)可用性:保证合法用户对信息和资源的使用不会被不正当地拒绝。

(4)不可否认性:指通信双方在信息传输过程中,确信参与所提供的信息的真实同一性,即所有参与者都不可能否认或抵赖本人的真实身份以及提供信息的原样性和完成的操作与承诺。

(5)可控性:指对信息的传播及内容具有控制能力。即网络系统中的任何信息要在一定传输范围和存放空间内可控。

13.1.2　安全威胁

网络安全威胁已上升并转化为国家的战略性安全威胁,网络霸权和网络战略威慑也已成为霸权强国在网络时代恃强凌弱的新武器。

1.基本威胁

目前网络存在的威胁主要表现在:信息泄漏或丢失、破坏数据完整性、拒绝服务、非授权访问等方面。

(1)信息泄露或丢失

这是针对信息机密性的威胁,它指敏感数据在有意或无意中被泄露出去或丢失。如利用电磁泄漏或搭线窃听等方式截获机密信息,或通过对信息流向、流量、通信频度和长度等参数的分析,发现有价值的信息和规律,如用户口令、帐号等重要信息。

(2)破坏数据完整性

以非法手段窃得对数据的使用权,恶意添加、修改、删除某些重要信息,干扰用户的正常使用,以达到攻击者的目的。

(3)拒绝服务

通过不断对网络服务系统进行干扰,改变其正常的作业流程,执行无关程序使系统响应减慢甚至瘫痪。

(4)非授权访问

没有预先经过同意就使用网络或计算机资源,如有意避开系统访问控制机制,对网络设备及资源进行非正常使用,或擅自扩大权限,越权访问信息。

2.威胁的手段

(1)渗入威胁

①假冒:这是大多数黑客采用的攻击方法。某个未授权实体使守卫者相信它是一个合法的实体,从而攫取该合法用户的特权。

②旁路控制:攻击者通过各种手段发现本应保密,却又暴露出来的一些系统"特征"。利用这些"特征",攻击者绕过防线守卫者渗入系统内部。

③授权侵犯:也称为"内部威胁",授权用户将其权限用于其他未授权的目的。

(2)植入威胁

①特洛伊木马:攻击者在正常的软件中隐藏一段用于其他目的的程序,例如,木马病

毒隐藏在某个具有合法目的的软件应用程序在文本编辑器中,它暗藏的目的是将用户的文件复制到另一个秘密文件中。此后,植入特洛伊木马的人就可以阅读该用户的文件了,甚至操控该计算机。

②陷门:如果一个登录处理系统允许一个特定的用户识别码,通过该识别码可以绕过通常的口令检查,这种安全危险称为陷门,又称为非授权访问。

13.1.3 病毒防治

"病毒"指在计算机程序中插入的破坏计算机功能或者破坏数据,影响计算机使用并且能够自我复制(传染)的一组计算机指令或者程序代码。

计算机病毒的特点:计算机病毒是人为编制的程序,具有自我复制能力具有很强的感染性、一定的潜伏性、特定的触发性和很大的破坏性。

在网络环境下,计算机病毒有不可估量的威胁性和破坏力。因此,计算机病毒的防范是网络安全性建设中重要的一环。

网络的主要特征是资源共享。一旦共享资源感染了病毒,网络各结点间信息的频繁传输会将计算机病毒传播到所共享的机器上,从而形成多种共享资源的交叉感染。病毒的迅速传播、再生、发作,将造成比单机病毒更大的危害,因此网络环境下计算机病毒的防治就显得更加重要。

目前有很多网络版的防治病毒的软件:如瑞星、金山毒霸、卡巴斯基等杀毒软件,大多采用了智能云查杀技术,自动分析处理,完美阻截木马的攻击、黑客入侵及网络诈骗,能为用户上网提供智能化的安全解决方案。

13.2 Windows Server 2003 防火墙

防火墙是指设置在不同网络(企业内部网与不可信任的公共网)间,或网络安全域之间的一系列部件的组合。企业内部可通过监测、限制、更改跨越防火墙的数据流,尽可能地对外部屏蔽网络内部的信息、结构和运行状况,以此来实现对内部网络的保护。

在逻辑上,防火墙是一个分离器、一个限制器,也是一个分析器,它能有效地监控内部网和 Internet 之间的任何活动,保证内部网络的安全。

Windows Server 2003 系统自带的防火墙在一定程度上能起到防止网络攻击的作用,比如屏蔽某些端口或某些程序,使内部网络免受外来的威胁和攻击。

13.2.1 启用 Windows 防火墙

在桌面上右击"网上邻居"图标,从弹出的快捷菜单中选择"属性"命令,打开"网络连接"对话框,右击要保护的本地连接,从弹出的快捷菜单中选择"属性"项,打开"本地连接属性"对话框,单击"高级"标签,打开"高级"选项卡,单击"Windows 防火墙"选项区域中的"设置"按钮,打开"Windows 防火墙"对话框,如图 13-1 所示,选择"启用"单选按钮,启用 Windows 防火墙。

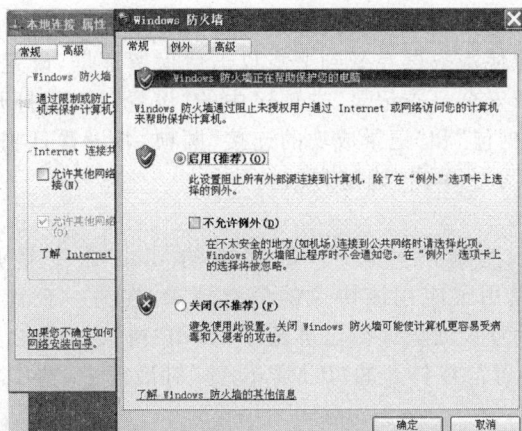

图 13-1　"Windows 防火墙"对话框

13.2.2　防火墙服务设置

Windows Server 2003 的"Windows 防火墙"能够监视并管理各类服务端口。

1.服务的设置

标准 Web 服务默认端口为 80,在"Windows 防火墙"对话框中,单击"高级"标签,打开"高级"选项卡,在"网络连接设置"选项区中,选中要设置防火墙的本地连接,单击"设置"按钮,打开"高级设置"对话框,在"服务"选项卡中。选择 Internet 用户可以访问的运行于您的网络上的服务,如"Web 服务(HTTP)"复选框,如图 13-2 所示,单击"确定"按钮。

为了防止用户的不良访问,常常需要将一些标准服务的默认端口屏蔽掉,而使用非默认端口提供服务,如使用 8080 提供 WWW 服务。这时要在"高级设置"对话框的"服务"选项卡中,单击"添加"按钮,打开"服务设置"对话框,在"服务描述"文本框填入 WWW、填写"在您的网络上主持此服务的计算机的名称或 IP 地址"、此服务的外部的内部端口号,并选择所使用的协议,如图 13-3 所示,然后单击"确定"按钮。

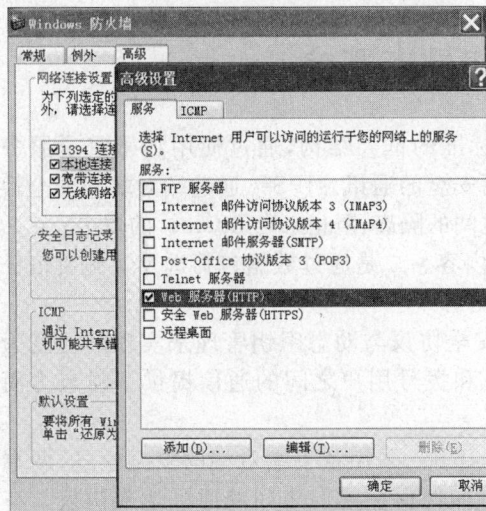

图 13-2　防火墙高级设置

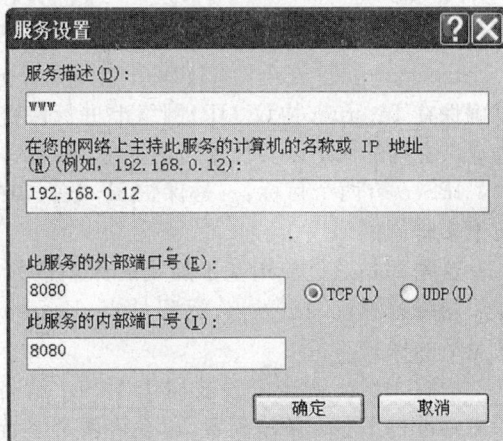

图 13-3　"服务设置"对话框

2.设置安全日志

建立安全日志可以使服务器在受到恶意攻击后保留证据,设置的方法是在防火墙的"高级"选项卡中,单击"安全日志记录"选项区中的"设置"按钮,打开"日志设置"对话框。选择"记录被丢弃的数据包"和"记录成功的连接"两项,并设置日志文件名称和日记文件大小限制,如图 13-4 所示。单击"确定"按钮。

3.设置 ICMP 协议

ICMP 即 Internet 控制信息协议,最常用的 ping 命令就是使用 ICMP 协议,Windows 防火墙默认禁用了应用该协议的信息请求,在另一台计算机上 ping 本机,若 ping 不通,就可能是因为本机防火墙已屏蔽了 ICMP 协议。可在"高级设置"对话框的 ICMP 选项区,单击"设置",在打开的"ICMP 设置"对话框中,选中"允许传入回显请求"项,如图 13-5 所示。

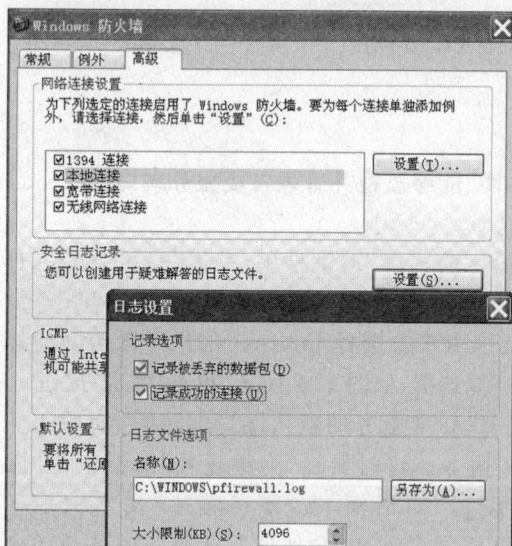

图 13-4 "日志设置"对话框　　　　　图 13-5 "ICMP 设置"对话框

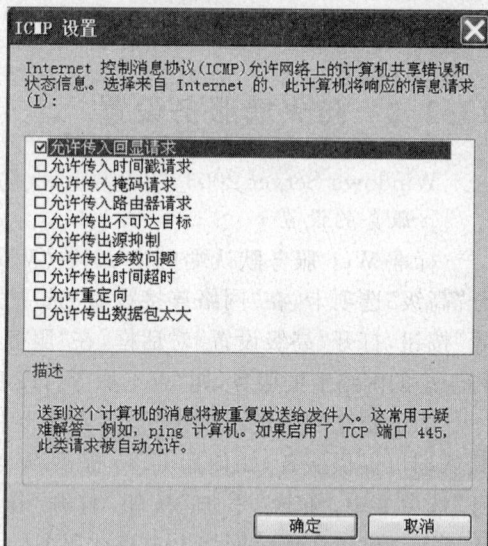

13.3　IPSec 的基本概念

Internet 协议安全性(IPSec)是一种开放标准的框架结构,通过使用加密安全服务以确保在 Internet 协议(IP)网络上进行保密而安全的通讯。IPSec 通过端对端的安全性来提供主动的保护以实现专用网络与 Internet 之间的隔离,阻止来自 Internet 的攻击。

IPSec 有两个目标:一是保护 IP 数据包的内容。二是通过数据包筛选及实施受信任通讯来防御网络攻击。

这些都是通过使用基于加密的保护服务、安全协议与动态密钥管理来实现的。这为专用网络计算机、域、站点、远程站点、Extranet 和拨号用户之间的通信提供了强有力而又灵活的保护。

一组 IPSec 安全设置被称作 IPSec 策略。IPSec 采用基于端对端的安全模式,两端都需要进行 IPSec 策略配置,以允许两端系统对如何保护它们之间的通讯达成协议。在两端之间建立信任和安全。

IPSec 主要是作为管理工具来实现的,使用该工具可以对 IP 网络通信实施安全策略。安全策略是一组数据包筛选器,用于定义在 IP 层上识别的网络通信,以满足网络通信的安全性要求。IPSec 筛选器被插入到计算机 TCP/IP 网络协议堆栈的 IP 层,以便检查(筛选)所有的入站或出站 IP 数据包。IPSec 对用户的应用程序和操作系统服务都是透明的。

Windows Server 2003 提供了一组预定义的 IPSec 筛选器列表、筛选器操作与默认策略。

IPSec 策略可以应用于本地计算机、域、站点、组织单位或 Active Directory 中的任何组策略对象。可以使用 Microsoft 管理控制台（MMC）中提供的"IP 安全策略管理"控制台或在命令行中使用 IPSec 的 Netsh 命令创建、修改和指派 IPSec 策略。

可以使用 netsh ipsec static set store location＝domain 命令来启用基于 Active Directory 的策略。当某一计算机是域的成员时,为该域配置和指派的 IPSec 策略将覆盖分配的任何本地 IPSec 策略。

如果域或本地 IPSce 策略由于某种原因无法加载,或某条 IPSec 策略崩溃时,可以使用针对单个计算机的 Persistent IPSec 策略。启用它可使用"neths ipsec station set store location＝persistent"命令。

13.4　IP 安全策略管理应用

在网络中常见的攻击类型有数据篡改、"服务拒绝"攻击、特定端口登录攻击、IP 伪装等。使用 IPSec 可以很好地对这些攻击进行基础性的防范。

13.4.1　启动 IP 安全策略管理

在域控制器上,进行下列操作:
(1)单击"开始"/"运行",输入 mmc,打开"控制台"窗口。
(2)单击文件,选择"添加/删除管理单元",在弹出的"添加/删除管理单元"对话框中,单击"添加"按钮,打开"添加独立管理单元"对话框,如图 13-6 所示。

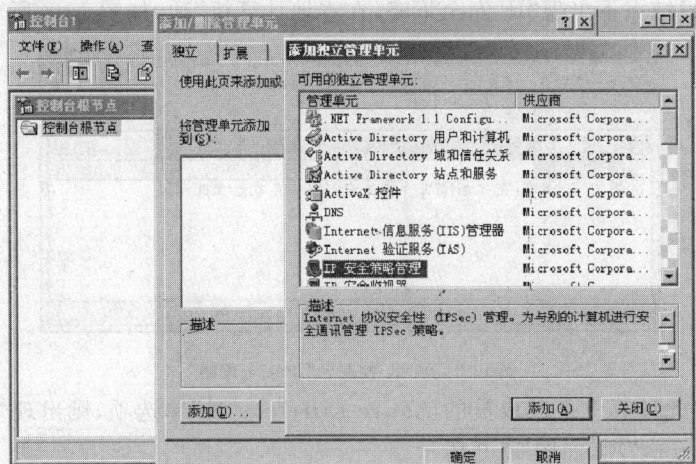

图 13-6　"添加独立管理单元"对话框

(3)选择"IP 安全策略管理",单击"添加"按钮,弹出"选择计算机或域"对话框,如图
13-7 所示。

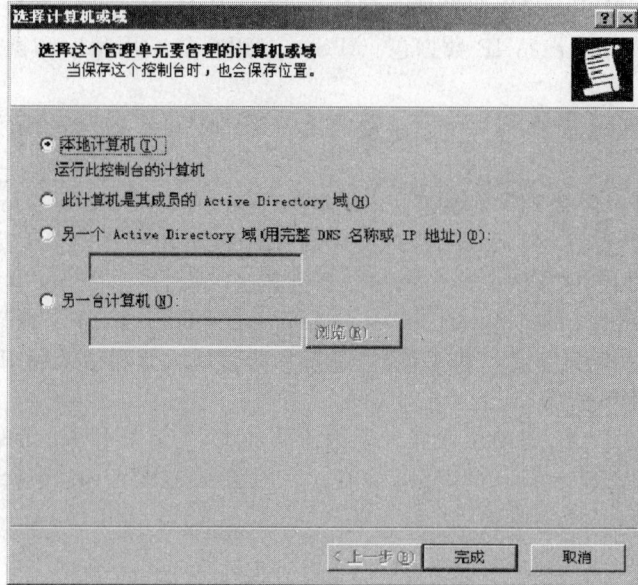

图 13-7   "选择计算机或域"对话框

其中:

①本地计算机:只管理运行该控制台的计算机。

②此计算机是其成员的 Active Directory 域:管理所有域成员的 IPSec 策略。

③另一个 Active Directory 域:管理域的 IPSec 策略,运行此控制台的计算机不是该
域的成员。

④另一台计算机:管理远程计算机。

(4)如果选择"本地计算机",单击"完成"按钮。再依次单击"关闭"按钮和"确定"
按钮。

在控制台根结点下出现"IP 安全策略,在本地计算机"项,如图 13-8 所示。

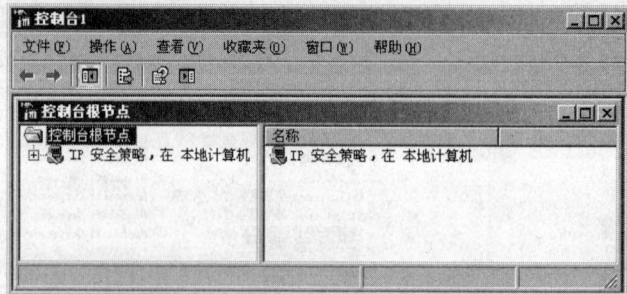

图 13-8   MMC 控制台"IP 安全策略"

如果选择"此计算机是其成员的 Active Directory 域"单选项,则出现"IP 安全策略,
在 Active Directory"项,如图 13-9 所示。

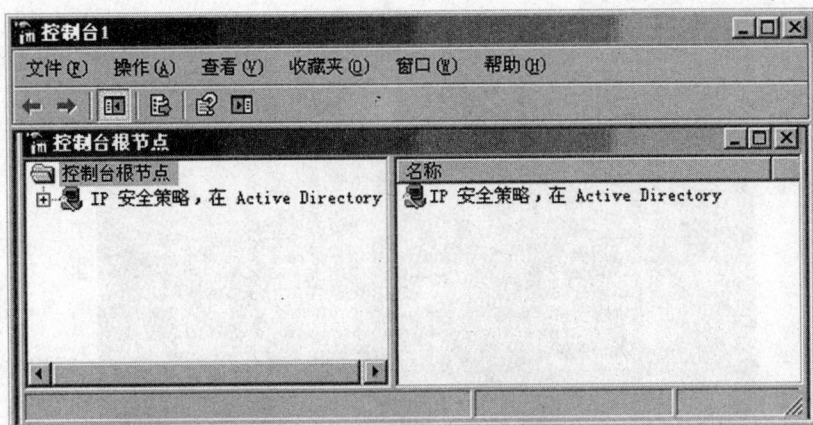

图 13-9 MMC 控制台"IP 安全策略,在 Active Directory"项

也可单击"开始"/"程序"/"管理工具"/"域安全策略",打开"默认域安全设置"窗口,如图 13-10 所示。

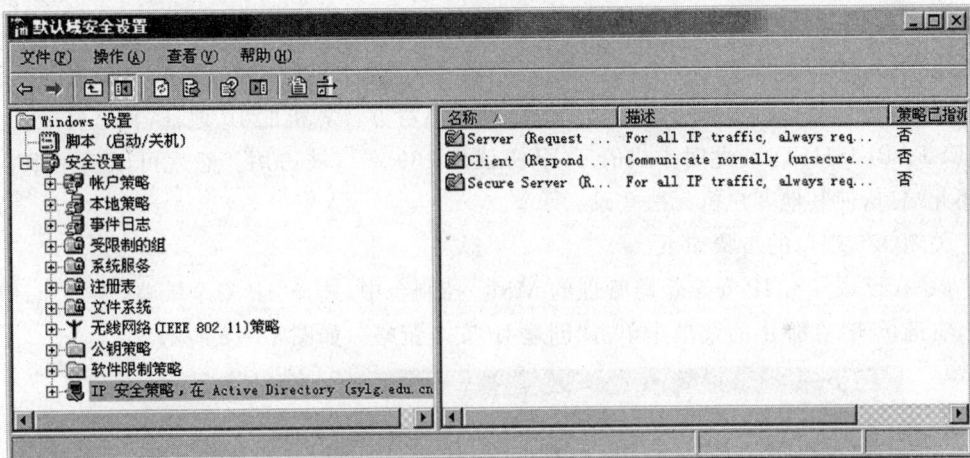

图 13-10 "默认域安全设置"窗口

要管理基于 Active Directory 域的策略,必须是域中的 Domain Admins 组成员,要管理计算机本地或远程 IP 策略,必须是本地或远程计算机 Administrators 组成员。

13.4.2 创建 IP 安全策略

1.关闭端口

当计算机开启时,同时也会开启很多本机的端口,有些端口是不可或缺的,有些端口开放以后处于监听状态,并未被使用,此时就可能被黑客利用。要查询本机的开放端口,可以在命令提示符下使用命令 netstat-na 来查看,执行结果如图 13-11 所示。

如图 13-11 所示,内容分为四列,从左向右依次为:使用协议、本机地址和端口、对方地址和端口、状态。其中 127.0.0.0 和 0.0.0.0 是给本机某些服务提供的端口,可以不考虑。本 机 地 址 192.168.0.11 的 139 端口上,没有客户机连接,状态是监听

图 13-11　命令 netstat-na 执行结果

(LISTENING)。用户使用一台客户机,运行命令 telnet 192.168.0.11 139 来登录这台计算机,再运行 netstat-na,会看见此端口会显示出对方计算机的 IP 地址,状态转变为开启(ESTABLISHED)。此时本机的 TCP 协议的 139 端口被占用。然后可以使用 IPSec 关闭此端口,使其他客户机无法登录。

关闭 139 端口的步骤如下:

(1)在已添加有 IP 安全策略管理的 MMC 控制台中,选择"IP 安全策略,要本地计算机",右键单击,在弹出的菜单中单击"创建 IP 安全策略",如图 13-12 所示。

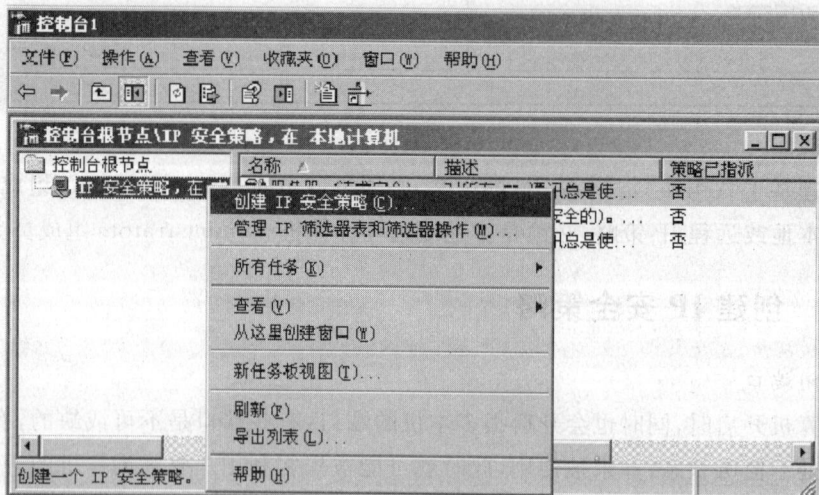

图 13-12　"创建 IP 安全策略"命令

(2)在"IP 安全策略向导"的"IP 安全策略名称"对话框中,将其命名为 close 139,如图 13-13 所示。单击"下一步"按钮。

(3)打开"安全通讯请求"对话框,如图 13-14 所示,取消"激活默认响应规则"复选框。然后单击"下一步"按钮。

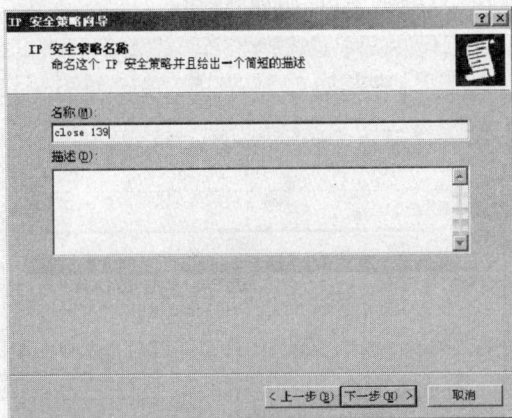

图 13-13　"IP 安全策略名称"对话框　　　　　图 13-14　"安全通讯请求"对话框

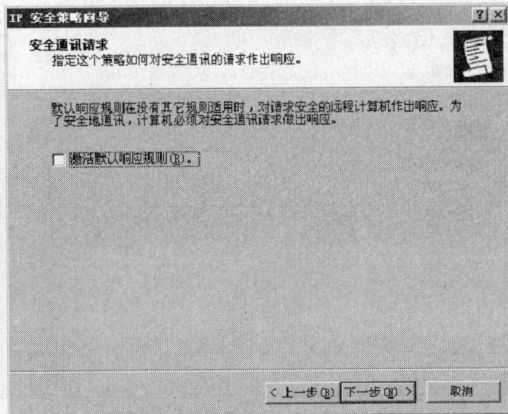

(4)在"正在完成 IP 安全策略向导"对话框中,取消"编辑属性"复选框,如图 13-15 所示。

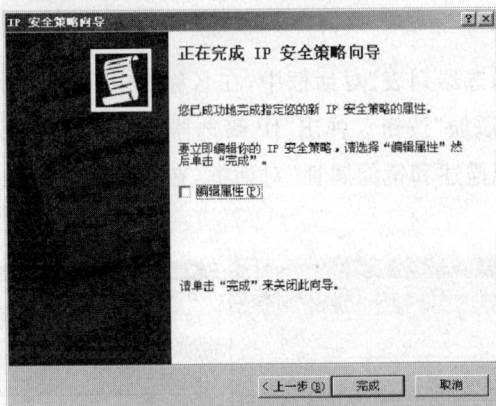

图 13-15　完成向导界面

(5)单击"完成"按钮,完成了创建一个名为"close 139"的空白策略模板,返回控制台,如图 13-16 所示。

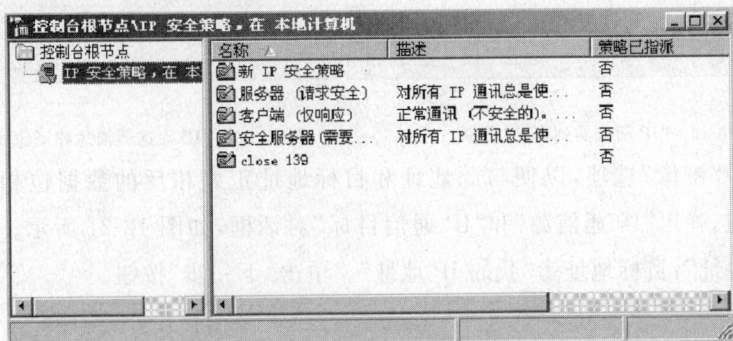

图 13-16　"控制台"窗口

(6)双击"close 139"策略,在弹出的"close 139 属性"对话框中,不使用默认的策略,取消右下角的"使用'添加向导'"选项,如图 13-17 所示。单击"添加"按钮,创建新的规则。

(7)弹出"新规则属性"对话框,如图 13-18 所示,继续单击"添加"按钮。

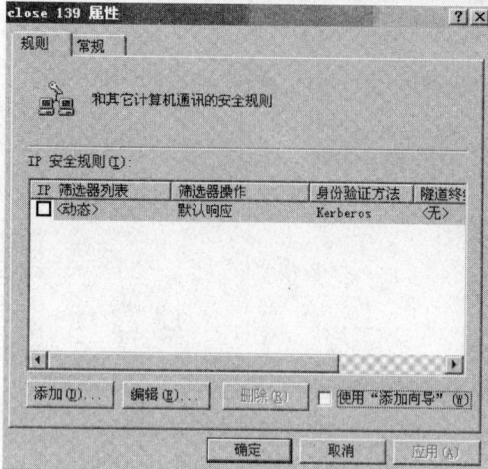

图 13-17 "close 139 属性"对话框

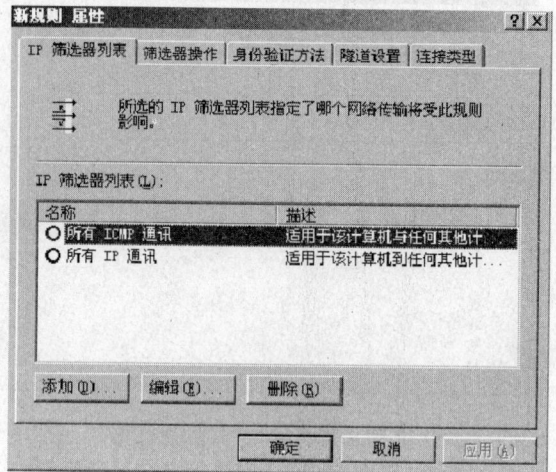

图 13-18 "新规则属性"对话框

(8)在弹出的"IP 筛选器列表"对话框中,在名称栏中将此筛选器命名为 close 139,如图 13-19 所示,再单击"添加"按钮。弹出"IP 筛选器向导"对话框,单击"下一步"按钮。

(9)弹出"IP 筛选器描述和镜像属性"对话框,在"描述"框中输入"关闭 139 端口",如图 13-20 所示。

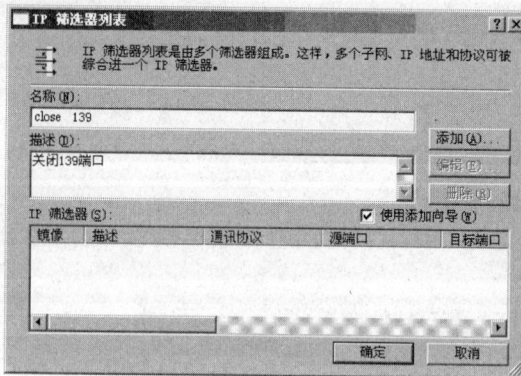

图 13-19 "IP 筛选器列表"对话框

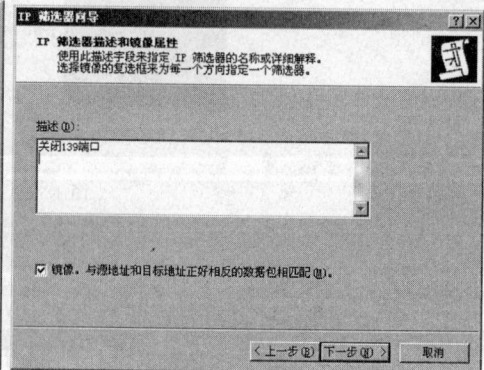

图 13-20 "IP 筛选器描述和镜像属性"对话框

(10)选中"镜像"选项,以便与源地址和目标地址正好相反的数据包相匹配。单击"下一步"按钮,弹出"IP 通信源"和"IP 通信目标"对话框,如图 13-21 所示。这里源地址为"任何 IP 地址",目标地址为"我的 IP 地址"。单击"下一步"按钮。

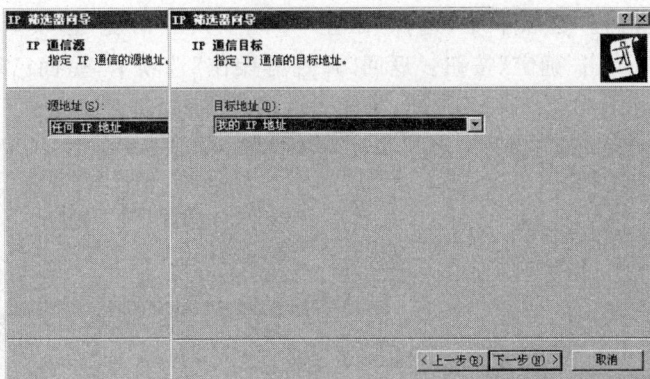

图 13-21　"IP 通信源"和"IP 通信目标"对话框

（11）弹出"IP 协议类型"对话框，如图 13-22 所示，选择"TCP"协议，单击"下一步"按钮。

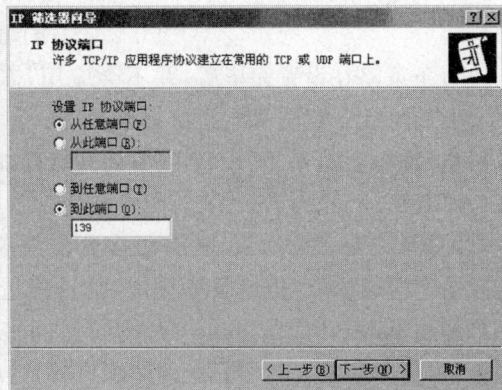

（12）弹出"IP 协议端口"对话框，因为要关闭的是本机的 139 端口，故在"到此端口"框中输入"139"。如图 13-23 所示。然后单击"下一步"按钮，再依次单击"完成"按钮和"确定"按钮，回到"新规则属性"对话框。

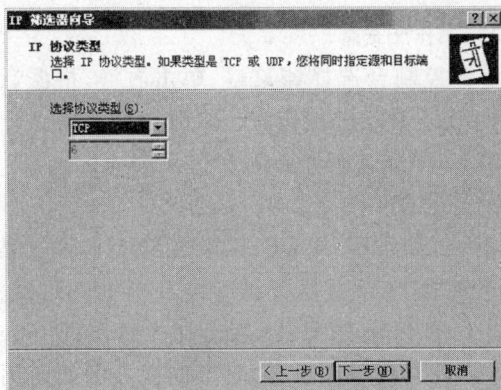

图 13-22　"IP 协议类型"对话框　　　　　　图 13-23　"IP 协议端口"对话框

（13）选中新建立的规则"close 139"，再选择"筛选器操作"选项卡，取消"使用'添加向导'"，选项，如图 13-24 所示。单击"添加"按钮。

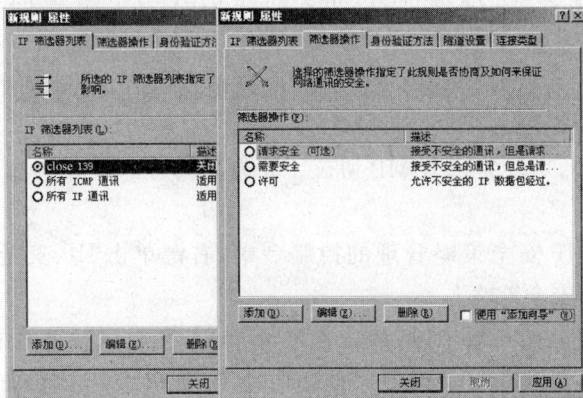

图 13-24　"新规则属性"对话框

(14)在"安全措施"选项卡中,选择"阻止"单选项,在"常规"选项卡中,输入操作名称,如"close 139",单击"确定"按钮。返回"筛选器操作"选项卡,里面已增加"close 139"项,如图 13-25 所示。单击"应用"按钮,关闭对话框,关闭端口设置完成。

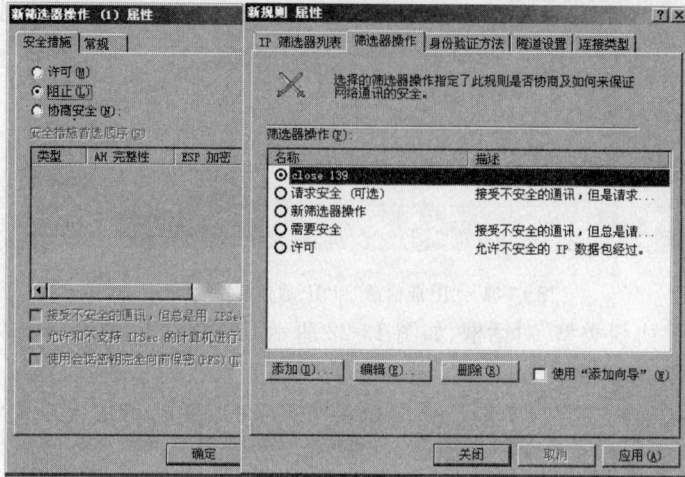

图 13-25 "新筛选器操作属性"对话框

每条策略在设置完毕后,并不会应用,需要在控制台选择该策略,单击右键,指派后才会开始生效。策略只能指派一条,不能同时对几条策略进行指派。指派过的策略在计算机重启时,会随着 TCP/IP 服务的开启而加载,直至手工停止指派。

2.封停协议

TCP/IP 是一个协议栈,有很多分支协议组成,如 TCP、UDP、ICMP、SNMP 等。黑客攻击有时会采取"拒绝服务攻击"给目标造成麻烦,使某些服务被暂停甚至主机死机。例如利用 ICMP 协议的 ping 命令,长时间多进程的 ping 服务器,甚至加大每次的 ping 包值,由于服务器要对每一次的请求应答,这样会极大地增加负载,直至崩溃。例如使用如下命令:

ping 192.168.10.1-l 65500-t

普通的 ping 命令发出的数据包为 32byte,在这里通过加-l 参数,将数据包改为65500byte,通过加-t 参数,持续进行 ping 动作(注:一个单独的 ping 数据包超过65534byte 时,对方主机会直接溢出崩溃,所以现在的系统默认都无法使用超出65500byte 的数据包)。这时会看到响应时间已经超过 1ms,如果增加此线程数目,则对方主机最终会因过载而停机。

为防止此类观象,可以关闭 ICMP 协议。开启控制台的步骤与前一小节中的关闭端口初始步骤一致。

(1)在已添加有 IP 安全策略管理的控制台中,右键单击"IP 安全策略,在本地计算机",在菜单中选"IP 安全策略"。

(2)在 IP 安全策略的向导中,将其命名为 no ping,在后面的步骤中会出现"激活默认相应规则"和"编辑属性"两个选项,把这两个选项取消,这样便完成了一个名为no ping 的空白策略(如果是在同一台计算机上连贯地做的话,那么此处的向导选项会因为上一次实验被去掉而被系统自动去除了默认)。

(3)双击 no ping 策略,在弹出的"no ping 属性"对话框中取消"使用'添加向导'"选项,不使用默认的策略。单击"添加"按钮,打开"新规则属性"对话框。

(4)继续单击"添加"按钮,在弹出的"IP 筛选器列表"对话框中取消"使用'添加向导'"选项,然后将此列表命名为 no ping,再单击"添加"按钮。

(5)在"地址"选项卡里,源地址为"任何 IP 地址",目标地址为"我的 IP 地址",再单击"协议"选项卡,如图 13-26 所示,在"协议"选项卡的"选择协议类型"下拉框中,选择"ICMP"协议。

随后的步骤与关闭端口的步骤一致,最后指派此策略即可实现 no ping 操作。

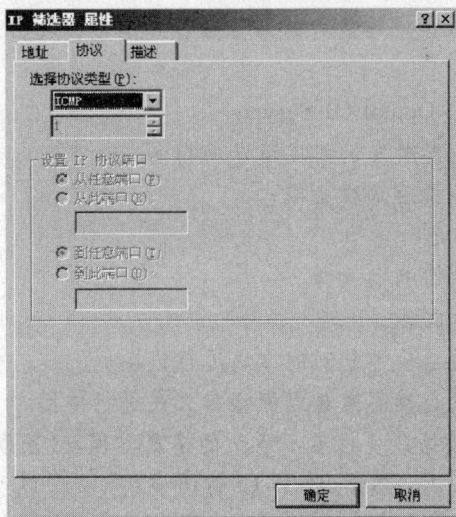

图 13-26　IP 筛选器属性"协议"选项卡

实训:IP 安全策略管理应用

实训目的:

1.熟悉 IPSec 功能。

2.熟悉封停协议操作。

3.熟悉关闭端口操作。

实训内容:

1.创建 IP 安全策略。

2.阻止访问某一网站及某台计算机。

3.关闭某一不用的端口。

本章小结

本章介绍了网络安全的概念,介绍了 Windows Server 2003 自带的模块 IPSec 的功能及如何启动 IP 安全策略管理、关闭端口和封停协议的做法。

习 题

一、选择题

1. 网络监听是(   )。

A. 远程观察一个用户的电脑   B. 监视网络的状态、传输的数据流

C. 监视 PC 系统运行的情况   D. 监视一个网站的发展方向

2. HTTP 默认端口号是(   )。

A. 21   B. 80   C. 8080   D. 23

3. 拒绝服务攻击(   )。

A. 是用超出被攻击目标处理能力的海量数据包消耗被攻击对象的可用系统、带宽资源等

B. 全称是 Distributed Denial Of Service

C. 拒绝来自一个服务器所发送回应请求的指令

D. 入侵控制一个服务器后远程关机

4. 下列叙述中正确的是(   )。

A. 计算机病毒只感染可执行文件

B. 机病毒只感染文本文件

C. 计算机病毒只能通过软件复制的方式进行传播

D. 计算机病毒可以通过读写磁盘或网络等方式进行传播

5. 为避免冒名发送数据或发送后不承认的情况出现,可采取的办法是(   )。

A. 数字水印   B. 数字签名   C. 访问控制   D. 发电子邮件确认

6. SET 协议又称为(   )。

A. 安全套接层协议   B. 安全电子交易协议

C. 信息传输安全协议   D. 网上购物协议

7. SSL 协议又称为(   )。

A. 安全套接层协议   B. 安全电子交易协议

C. 信息传输安全协议   D. 网上购物协议

8. 下面哪项(   )不是防火墙的功能。

A. 过滤进出网络的数据包   B. 保护存储数据安全

C. 封堵住某些禁止的访问行为   D. 记录通过防火墙的信息内容和活动

9. 安全日志记录的事件一般包括(   )。

A. 成功启动和失败启动的服务   B. 系统关闭和重新启动的事件

C. 登录行为的记录   D. 程序和操作系统的相互作用

二、填空题

1. IPSec 是基于_____的安全模式,在源 IP 和目标 IP 地址之间建立信任和安全性。

2. 可以使用_____命令来查看端口。

3. 每条 IP 安全策略在设置完毕后,并不会应用,需要在控制台中选择策略单击右

键,并_____才会开始生效。

　　4.机密性是指网络信息的内容不会被未授权的第三方所知。保证机密信息_____,或窃听者不能了解信息的真实含义。

　　5.完整性是指保证数据的一致性,防止数据在存储或传输时被非法用户_____、破坏,不出现信息包的丢失、乱序等。

　　6.目前网络存在的威胁主要表现在:信息泄漏或丢失、破坏数据完整性、_____、非授权访问等方面。

　　7.一个完整的"木马"程序包含了两部分:"服务器"和"控制器"。植入受害者电脑的是"服务器"部分,运行了木马程序的_____部分后,受害者的电脑就会有一个或几个端口被打开,黑客利用这些打开的端口进入电脑系统,盗取数据或破坏系统。

　　8."病毒"指在计算机程序中插入的破坏计算机功能或者破坏数据,影响计算机使用并且能够自我复制(传染)的一组_____。

三、问答题

　　1.什么是 IPSec?

　　2.什么是计算机病毒?

第14章 灾难恢复

本章学习目标

本章学习目标

1. 理解灾难恢复的概念
2. 熟悉不间断电源的原理和应用
3. 理解 RAID 实现容错
4. 掌握数据的备份和还原
5. 熟悉 Windows Server 2003 系统修复方法

本章学习重点和难点

1. 重点：

数据的备份和还原

2. 难点：

备份类型

现在，越来越多的企业和商业的成功依赖于信息技术的有力驱动，对于那些严重依赖于信息系统的业务而言，如果发生了网络服务器崩溃，导致数据丢失，将会造成严重的甚至是致命的影响。因此，灾难恢复是管理计算机网络最重要的问题之一。

本章介绍如何避免或减少灾难对网络系统带来的影响。

14.1 灾难恢复概述

计算机系统灾难是指导致计算机中存储的数据丢失或系统不能正常运行的一切事件。当灾难事件发生时，通过灾难恢复技术可以快速恢复数据并确保系统重新正常运行。

数据备份、恢复与容灾，在一般人看来这种每天重复的工作并没有多大的作用，然而这是一项非常重要的网络管理工作，它在一定程度上决定着企业的生存与发展。因为总可能会发生各种天灾和人祸，若数据一旦因为计算机设备损坏而无法恢复，对许多企业来说都是毁灭性的灾难，尤其是那些关系到国计民生的重要部门。

Windows Server 2003 提供了多种灾难恢复工具。

(1)不间断电源支持：系统支持不间断电源。当发生意外断电时，能确保用户有充裕的时间保存数据，防止数据丢失。

(2)容错卷支持：系统支持镜像卷和 RAID5 卷，可防止磁盘意外失败造成数据丢失。

(3)数据的备份和还原：系统提供内置的数据备份和恢复工具，可将磁盘上的数据备份到网络、物理磁盘和磁带机上，当系统发生数据丢失时，可通过备份数据快速恢复丢失的数据,使系统损失降低。

(4)高级启用菜单:系统提供了高级启动菜单,可恢复系统不能正常启动的错误。

(5)故障恢复控制台:通过类似于命令提示符的界面,用户可通过故障恢复控制台安装、更新和卸载设备驱动程序,加载系统服务等。

(6)自动系统恢复向导:ASR 是系统特有的全新灾难恢复工具,可为用户创建一个包含系统设置和系统分区备份的介质。当系统失败时,用户可以通过该介质恢复系统。

14.2 不间断电源配置

电源失败是日常最常见的灾难事件之一。为避免电源失败,应在网络中使用 UPS,尤其是对服务器必须采用 UPS 作为支持。Windows Server 2003 支持不间断电源和电源节能选项。

不间断电源提供两大功能:保护电压稳定和防止电源失败。

UPS 实质是一种电源逆变器,在 UPS 内安有一个蓄电池组,在市电正常时,UPS 将市电稳压后供给负载,同时向 UPS 内的蓄电池充电;当市电出现故障中断时,能立即将电池的直流电转换为恒压交流电供给负载,供电电流和持续时间取决于 UPS 内的电池容量。UPS 应该能提供足够长的电能支持,使系统能退出进程和关闭会话,从而有序地关闭计算机。

UPS 根据工作方式分为在线式(计算机的电源全部是通过 UPS 持续供电)和后备式(正常工作时不向计算机供电)两种类型。

系统配置不间断电源,执行步骤如下:

单击"开始"/"设置"/"控制面板"命令,打开"控制面板"窗口,双击"电源选项"图标,打开"电源选项属性"对话框,单击"UPS"标签,打开"UPS"选项卡,如图 14-1 所示。

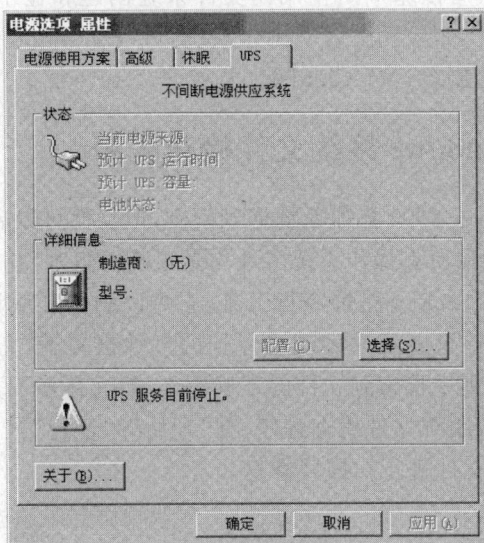

图 14-1 "UPS"选项卡

单击"选择"按钮,选择 UPS 设备厂商、型号和连接的计算机接口,然后单击"配置"按钮完成以下选项配置。

(1)启用所有通知

当计算机切换到 UPS 电源时将显示警告信息。用户可以指定显示电源故障警告消息之前必须等待的秒数。

(2)严重警报

"发出严重警报前电池上剩下的分钟数"。

"警报出现时,运行这个程序"。

14.3　修复 Windows Server 2003

Windows Server 2003 运行过程中,可能会由于计算机病毒、操作不当等原因而出现故障,因此需熟悉下列基本故障排除技术:

(1)运行 Windows Chkdsk 工具。

(2)运行 Windows 系统文件检查程序。

(3)使用"安全模式"启动选项。

(4)使用"最后一次正确的配置"启动选项。

(5)使用 Windows 恢复控制台。

(6)重新安装 Windows Server 2003。

14.3.1　运行 Windows Chkdsk 工具

如果 Windows Server 2003 操作系统遇到问题,可以使用操作系统附带的 Chkdsk 磁盘修复工具来检查每个逻辑分区上的文件系统,并检查磁盘表面是否有无法读取或损坏的扇区。Chkdsk 工具可以基于所使用的文件系统创建和显示磁盘的状态报告,还可以列出和纠正磁盘错误。如果无法启动操作系统,可以在 Windows Server 2003 安装程序中从 Windows 恢复控制台运行 Chkdsk。

14.3.2　运行 Windows 系统文件检查程序

如果 Windows Server 2003 操作系统遇到问题,但仍然可以启动,则可以使用系统文件检查器(Sfc.exe)来确保所有操作系统文件均是正确的版本,并且没有改动。系统文件检查程序(System File Checker)是命令行工具,它可以扫描和验证所有受保护的系统文件的版本。如果系统文件检查程序发现受保护的文件被覆盖,它将从 ％systemroot％\system32\dllcache 文件夹中检索到文件的正确版本,然后替换不正确的文件。

若要运行 Windows 系统文件检查程序,在"开始"/"运行"框中,输入"SFCscannow"命令,按回车,即对系统文件进行扫描并修复。

14.3.3 使用"安全模式"启动选项

如果 Windows Server 2003 操作系统遇到问题,并且无法正常启动,可以尝试使用下列"安全模式"高级启动选项:

- 安全模式。
- 带网络连接的安全模式。
- 带命令提示符的安全模式。

"安全模式"启动选项是以一组最少设备驱动程序和服务加载 Windows Server 2003 操作系统的故障排除模式。在安全模式中启动 Windows Server 2003 之后,可以使用相应的故障排除技术(例如,运行系统文件检查程序或还原备份)来解决问题。

系统开机时按 F8 键,进入到 Windows 高级选项菜单,选择使用"最后一次正确的配置"启动选项。

使用该启动选项,注册表配置将返回到做出导致操作系统无法正常启动的更改之前的状况。另外,如果使用该选项,将丢失自从上一次成功登录到系统之后所做的所有配置更改。

14.3.4 使用 Windows 故障恢复控制台

使用 Windows 故障恢复控制台,可以在不启动 Windows 图形用户界面(GUI)的情况下获得对 NTFS 文件系统卷的有限访问权。可以从 Windows Server 2003 安装 CD 盘启动故障恢复控制台,如果恢复控制台先前已安装在计算机上,也可以在系统启动时通过 Windows Server 2003 启动菜单启动该控制台。

在恢复控制台中,可以执行下列操作:

- 使用、复制、重命名或替换操作系统文件和文件夹。
- 在下一次启动计算机时启用或禁用服务或设备。
- 修复文件系统启动扇区或主启动记录(MBR)。
- 创建和格式化驱动器上的分区。

14.3.5 重新安装 Windows Server 2003

如果计算机仍然无法正常运行,可以使用 Windows Server 2003 安装 CD 盘在现有安装之上执行就地升级。执行该就地升级所需的时间等于执行原始 Windows Server 2003 安装所需的时间。

若要执行 Windows Server 2003 的本地升级,必须使用与当前安装的 Windows Server 2003 版本相同的安装媒体。如果没有与操作系统版本相符的安装媒体,则可以执行 Windows Server 2003 的全新安装。

14.4 数据的备份与还原

备份有助于在服务器或存储介质发生故障时保护数据,防止数据意外丢失。

Windows Server 2003 操作系统提供了内置的数据备份和恢复工具,用户可以将数据备份到硬盘、移动磁盘、网络某位置和磁带机上防止存储介质失败所导致的数据丢失。

14.4.1 备份概述

备份的目的是为了在发生灾难事件时能够还原丢失的数据。可以以图形化的方式及命令行命令方便地备份和还原数据。

1. 备份权限

备份文件和文件夹需要特定的权限和用户权限。

(1)本地计算机的管理员组(Administrators)或备份操作员组(Backup Operators)的成员,可备份本地组所应用的本地计算机上任何文件和文件夹。

(2)域控制器上的管理员组(Domain Administrators)或备份操作员组成员,仅能备份域控制器上的数据,不能备份域中其他计算机上的数据,除非将内置管理员组添加到域管理员,或将内置备份操作员组添加到加入域的计算机本地备份操作员组。

(3)如果不是域备份操作员组的成员希望备份文件,必须是要备份的文件和文件夹的所有者,或者对要进行备份的文件和文件夹具有读取、读取与执行、修改或完全控制权限。

2. 备份类型

Windows Server 2003 操作系统支持 5 种不同的备份类型。

(1)正常备份:用于复制所有选定的文件,且在备份后标记每个文件(清除存档属性)。通常首次创建备份时执行一次正常备份。

(2)增量备份:仅备份自上次正常或增量备份以来创建或更改的文件。每次备份都基于上次备份进行,它将文件标记为已经备份(存档属性被清除)。

(3)副本备份:可复制所有选定的文件,但不将这些文件标记为已备份(不清除存档属性)。如要在正常和增量备份之间备份文件,复制是很有用的,因为它不影响其他备份操作。

(4)差异备份:用于复制自上次正常或增量备份以来所创建或更改的文件。不将文件标记为已经备份(不清除存档属性)。没有更改的文件不需要重复备份。在还原时,只需还原正常备份和最后的差异备份。

(5)每日备份:用于备份执行当天更改过的所选定文件。备份的文件将不会标记为已经备份。

3. 备份时间

最好在夜晚、周末或不使用服务器的时候进行备份。备份时应关闭所有的应用程序。

可以根据数据的重要性,决定隔多长时间进行一次备份。至少每周都应该安排对所有数据进行正常备份,包括服务器的系统状态数据,正常备份将复制用户选择的所有文件,并将每个文件标记为已备份。

在每周不进行正常备份的日期进行差异备份。

4. 备份工具

Windows Server 2003 操作系统提供了以下几种方法访问备份工具。

(1)单击"开始"/"运行",在"运行"对话框中输入 ntbackup 命令。

（2）单击"开始"/"程序"/"附件"/"系统工具"/"备份"命令。

（3）打开"我的电脑"或"资源管理器"窗口，右击本地磁盘，从快捷菜单中选择"属性"，打开"本地磁盘属性"对话框，在"工具"选项卡中单击"开始备份"按钮，打开"备份或还原向导"对话框，如图 14-2 所示。

由于有一些备份功能在"备份或还原向导"中不可用，建议使用高级模式。

取消"总是以向导模式启动"复选框。单击"下一步"按钮。打开"备份工具"高级模式窗口，如图 14-3 所示。

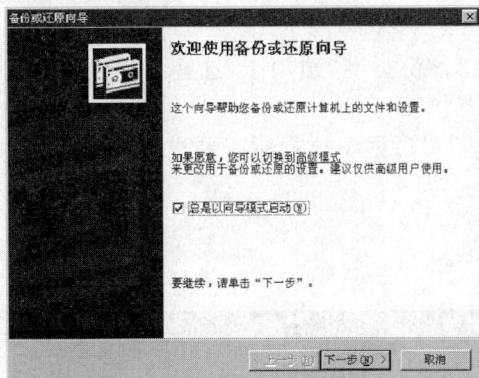

图 14-2　"备份或还原向导"对话框　　　　图 14-3　"备份工具"高级模式窗口

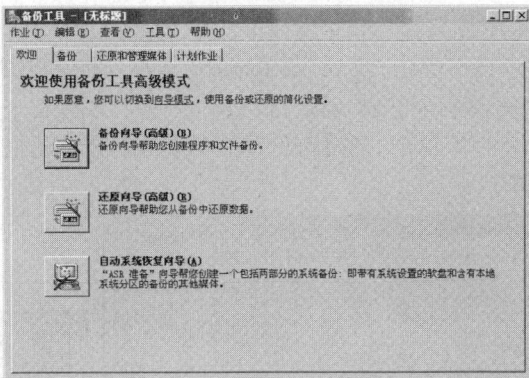

Windows Server 2003 操作系统的"备份工具"提供了"备份向导"、"还原向导"和"自动系统恢复向导"来完成备份和恢复操作。还可以用"计划作业"选项卡以手工方式完成数据备份和恢复工作。

14.4.2　备份数据

（1）单击"开始"/"程序"/"附件"/"系统工具"/"备份"，打开"备份工具"对话框（默认情况下启动备份或还原向导，除非它被禁用。可以使用此向导或在"高级模式"下进行），单击"下一步"。

（2）单击"备份"选项卡，如图 14-4 所示。

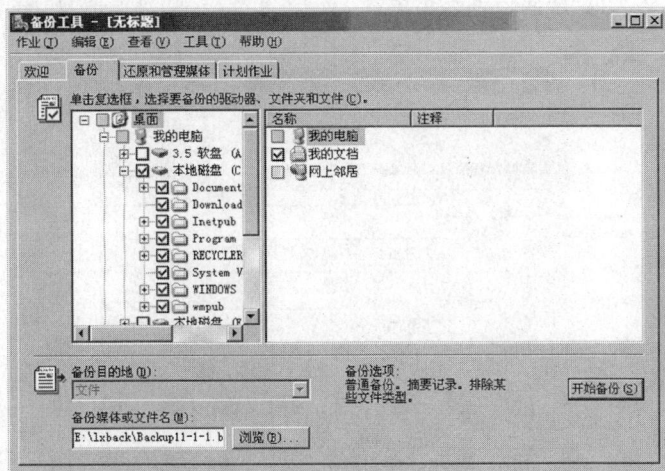

图 14-4　"备份工具"对话框

（3）在"单击复选框，选择要备份的驱动器、文件夹和文件"框中，单击文件或文件夹左边的复选框，选择要备份的文件或文件夹。

（4）在"备份目的地"中，如果要将文件或文件夹备份到文件，选择"文件"。该方式为默认备份方式。

（5）在"备份媒体或文件名"中，执行以下操作之一：

如果要将文件和文件夹备份到文件，键入备份（.bkf）文件的存储路径和文件名，例如：E:\xback\Backup11-1-1.bkf 或者单击"浏览"按钮寻找备份文件的存储位置和确定文件名。

（6）单击"工具"菜单选择"选项"命令，选择"备份类型"选项卡，选择备份类型如图 14-5 所示，单击"确定"按钮。

（7）单击"开始备份"，然后在"备份作业信息"对话框中执行所有要进行的修改。如图 14-6 所示。

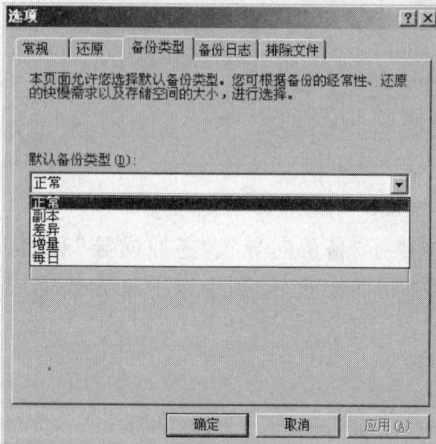

图 14-5　"选项"对话框"备份类型"选项卡　　　　图 14-6　"备份作业信息"对话框

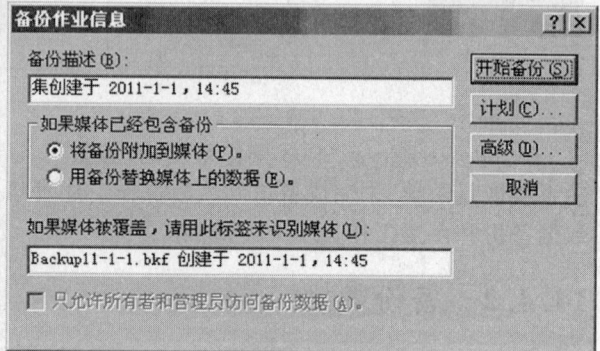

如果想要设置高级备份选项，例如数据验证或硬件压缩，单击"高级"按钮。当完成设置高级备份选项后，单击"确定"按钮。

（8）单击"开始备份"按钮启动备份操作，弹出"备份进度"对话框，如图 14-7 所示。完成后，单击"关闭"按钮。

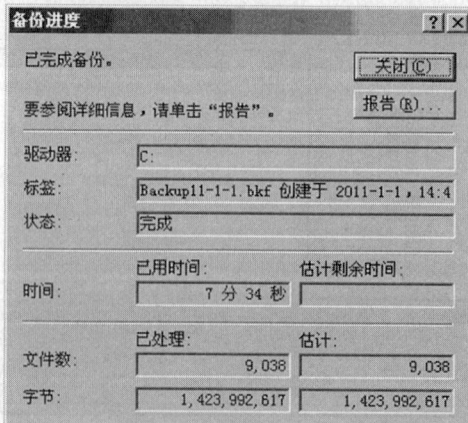

图 14-7　"备份进度"对话框

🐟**注意:**可以使用"备份"工具来备份和还原 FAT16、FAT32 或 NTFS 卷上的数据。但是,如果已经从 NTFS 卷备份了数据,建议将数据还原到相同版本的 NTFS 卷,以避免丢失数据。某些文件系统可能不支持其他文件系统的所有功能。

系统状态数据包含系统配置的大多数元素,但可能不包含对系统进行故障恢复时所需要的全部信息。因此,建议在备份系统时,备份全部启动和系统卷(包括"系统状态")。只能备份本地计算机中的"系统状态"数据,不能备份远程计算机中的"系统状态"数据。

备份文件扩展名一般为 .bkf,它具有确保备份文件能够被识别的文件关联。

14.4.3 还原文件

(1)打开"备份工具"对话框。

(2)单击"还原和管理媒体"选项卡,通过单击文件或文件夹左边的复选框,选择要还原的文件或文件夹,如图 14-8 所示。

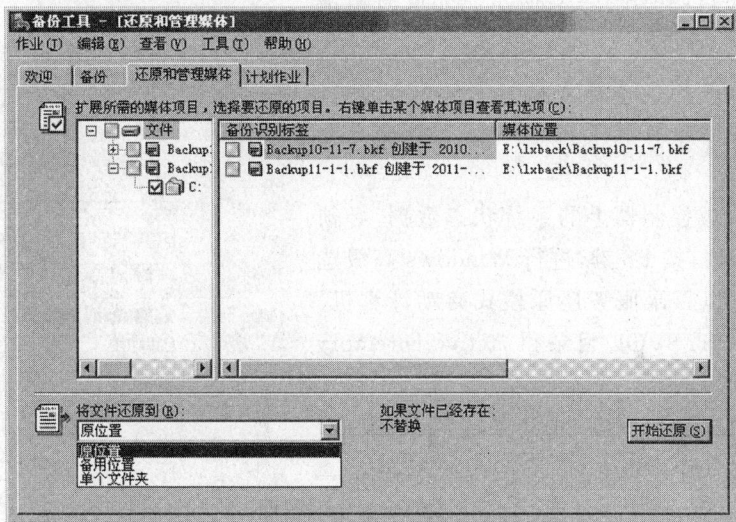

图 14-8 "还原和管理媒体"选项卡

(3)在"将文件还原到"框中,执行以下操作之一:

● 如果要将备份的文件或文件夹还原到备份时它们所在的文件夹,选择"原位置"。

● 如果要将备份的文件或文件夹还原到指派位置,选择"备用位置"。此选项将保留备份数据的文件夹结构。所有文件夹和子文件夹将出现在指派的替换文件夹中。

● 如果选择"单个文件夹",此选项将不保留已备份数据的文件夹结构。文件将只出现在指派的文件夹中。

● 如果选择"备用位置"或"单个文件夹",需在"备用位置"下键入文件夹的路径,或者单击"浏览"按钮寻找文件夹。

(4)单击"工具"菜单上选择"选项"命令,单击"还原"选项卡,如图 14-9 所示。然后执行如下操作之一:

● 如果不想还原操作覆盖硬盘上的文件,单击"不要替换本机上的文件推荐"。

● 如果想让还原操作用备份的新文件替换硬盘上的旧文件,单击"仅当磁盘上的文件是旧的情况下,替换文件"。

● 如果想还原操作替换磁盘上的文件,而不管备份文件是新或旧,单击"无条件替换本机上的文件"。

(5)单击"确定"按钮接受已设置的还原选项。

(6)单击"开始还原"按钮。

如果要更改任何高级还原选项,例如还原安全性设置和交接点数据,单击"高级"按钮。完成设置高级还原选项后,单击"确定"按钮。

(7)单击"确定"按钮后启动还原操作。弹出"还原进度"窗口,如图 14-10 所示。完成后单击"关闭"按钮。

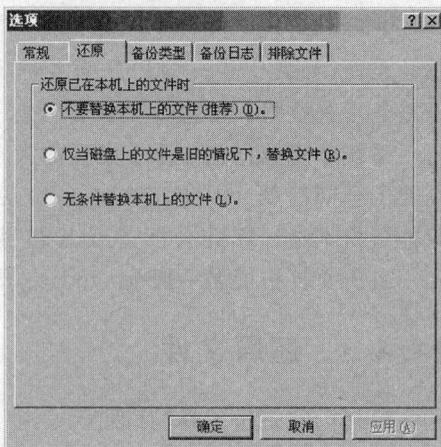

图 14-9 "还原"选项卡

🔔注意:如果正在操作的文件包含在备份中,选择"无条件替换本机上的文件"可能会导致数据丢失。

为了还原域控制器上的系统状态数据,必须在启动计算机时,按 F8 键,进行 Windows 高级选项菜单界面。以目录服务还原模式启动计算机。这将允许还原 SYSVOL 目录和 Active Directory 目录服务数据库。

只能还原本地计算机上的"系统状态"数据,而不能还原远程计算机上的"系统状态"数据。

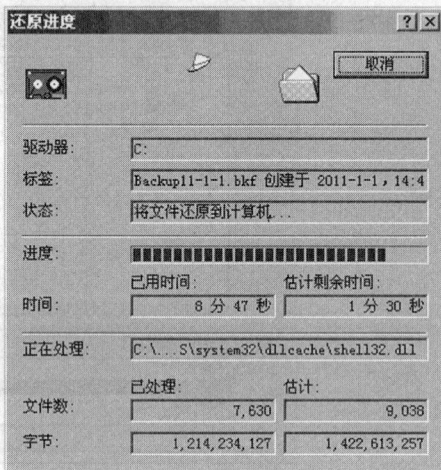

图 14-10 "还原进度"窗口

14.5 利用 RAID 实现容错

Windows Server 2003 支持镜像卷(RAID1)和 RAID5 卷两种磁盘容错技术,可防止磁盘失败造成数据破坏和数据丢失。

1. 恢复失败的镜像卷

镜像卷所驻留的两个磁盘中的任何一个失败时,另一个磁盘可以继续工作从而提供磁盘容错功能。

如磁盘失败后不能恢复正常工作状态,要用新磁盘替换失败的磁盘,恢复镜像卷。具体执行操作步骤如下:

单击"开始"/"程序"/"管理工具"/"计算机管理"命令,打开"计算机管理"窗口,展开

"存储"/"磁盘管理"项,右击镜像卷中的失败磁盘,从弹出的快捷菜单中选择"中断镜像"命令。

右击镜像卷中工作正常的磁盘,从弹出的快捷菜单中选择"添加镜像"选项,选择换上的新磁盘,单击"确定"按钮。

2.恢复失败的 RAID5 卷

RAID5 卷将数据和校验信息分为 64KB 的块均匀分布在多个物理磁盘上。如果磁盘失败后不能恢复正常工作状态,必须替换磁盘重新生成 RAID5 卷。具体步骤如下:

在打开的"计算机管理"窗口中,展开"存储"/"磁盘管理"项,右击"RAID5 卷",从弹出的快捷菜单中选择"重新生成"选项,选择换上的新磁盘,单击"确定"按钮。

实训:数据的备份、还原

实训目的:

1.掌握数据的备份和还原方法。

2.掌握在 Windows Server 2003 中出现故障后的修复方法。

实训内容:

1.每天要将存放在"我的文档"中的文件备份到自己的 USB 磁盘上。自己设计步骤,完成数据备份。

2.每周为服务器系统(包括操作系统、软件应用系统和数据库系统等所有文件)进行一次全面的备份。

3.练习增量备份,可自行修改计算机的日期。

4.练习差异备份。

5.练习数据还原。

6.练习使用系统检查程序。

本章小结

本章介绍了 UPS 不间断电源的配置,在系统出现问题时,如何修复 Windows Server 2003 的方法以及数据备份和还原等知识,这些保证了系统的可用性,对服务器的使用都是至关重要的。

习 题

一、选择题

1.运行磁盘碎片整理程序的正确操作步骤是(   )。

A.单击"开始"按钮,选择"程序"/"附件"/"辅助工具"

B.双击"我的电脑",打开"控制面板"/"管理工具"/"计算机管理"

C.双击"我的电脑",打开"控制面板",选择"辅助选项"

D.打开"资源管理器",右击磁盘符选"属性",选"工具"选项卡

2.Windows Server 2003 中"磁盘碎片整理程序"的主要作用是(   )。

A. 修复损坏的磁盘　　　　　　　　B. 缩小磁盘空间

C. 提高文件访问速度　　　　　　　D. 扩大磁盘空间

3. 退出 Windows Server 2003 时,直接关闭电源可能产生的后果是(　　)。

A. 可能造成下次启动时出现故障　　B. 可能破坏临时设置

C. 可能丢失某些应用程序的数据　　D. 前面三项都是

4. 对磁盘进行多次复制和删除操作以后,磁盘上会出现碎片,所谓碎片是指(　　)。

A. 不能再存放信息的零碎的磁盘空间B. 不能再存放信息的零碎的硬盘空间

C. 被分散保存到磁盘不同地方的文件D. 已经坏了的零碎的磁盘空间

5. 磁盘碎片整理程序不能实现的功能是(　　)。

A. 整理文件碎片　　　　　　　　　B. 整理磁盘上的空闲空间

C. 同时整理文件碎片和空闲碎片　　D. 修复错误的文件碎片

6. 在进行数据还原时仅使用第一次的正常备份和最后一次的备份,这最后一次的备份是(　　)备份。

A. 增量　　　　　B. 差异　　　　　C. 每日　　　　　D. 重复

7. (　　)不是 Windows Server 2003 操作系统支持的备份类型。

A. 正常备份　　　B. 日志备份　　　C. 增量备份　　　D. 差异备份

二、填空题

1. 计算机系统灾难是指导致计算机中_____或系统不能正常运行的一切事件。

2. 不间断电源提供两大功能:保护_____和防止电源失败。

3. 不间断电源。当市电意外断电时,能确保用户有充裕的时间_____,防止数据丢失。

4. 当系统发生数据丢失时,可通过_____快速恢复丢失的数据,使系统损失降低。

5. 待机不保存系统数据,将整个计算机系统处于低电压状态,若在待机状态下发生电源失灵,用户将丢失_____。

6. Chkdsk 检查每个逻辑分区上的_____,并检查磁盘表面是否有无法读取或损坏的扇区。

7. 系统文件检查器(Sfc. exe)能确保所有_____文件均是正确的版本,并且没有改动。

8. "安全模式"启动选项是以一组最少_____和服务加载 Windows Server 2003 操作系统的故障排除模式。

三、简答题

1. 什么是正常备份?

2. 什么是增量备份?

3. 什么是差异备份?

4. 什么是磁盘碎片?它是怎样形成的?

5. 当 Windows Server 2003 系统出现故障时,有哪些修复措施?

6. 有哪些方法能进行数据的备份?

第15章   路 由 服 务

本章学习目标
1. IP 路由的原理和概念
2. 启用 Windows Server 2003 路由访问服务
3. 配置静态路由协议
4. 配置 RIP 协议

本章学习重点和难点：
1. 重点：
IP 路由的原理和概念、配置静态路由协议
2. 难点：
配置 RIP 路由协议

在不同的网络如何连接？如何为一收到的数据包选择合适的路径？这就是靠路由器来实现。

本章主要讲解路由基础、Windows Server 2003 路由服务器的安装与配置等内容。学习目标：

15.1   IP 路由基础

15.1.1   IP 路由的基本概念

在网络中,路由是个很重要的概念,通过路由器(Router)可以将不同的局域网联系起来。Internet 就是通过路由器把世界各地的局域网连接起来,用户才可以访问其中的资源。

1. 路由
所谓路由器是指把数据从一个地方传到另一个地方的行为和动作。

2. 路由器
路由器是用来执行路由进行数据包转发的设备,是网络的中转站,用来连接不同的网络。路由器可以分为硬件路由器和软件路由器。

(1)硬件路由器:专门设计用于实现路由的设备。它实质上也是一台计算机,只是没有显示器、键盘、鼠标等附件。

(2)软件路由器:通过对一台计算机进行配置让其拥有路由的功能,这台计算机就称为软件路由器。

3. 路由表

在每台路由器中都维护着去往一些网络的传输路径表,称为路由表。正是由于路由表的存在,路由器才能正确地选择路径进行数据包的转发。

15.1.2　路由器的工作原理

路由器利用路由算法能够为到达该路由器的数据包确定一条最佳的传输路径。

路由器由某一个接口接收到一个数据包时,路由器取出数据包中的目的网络地址,在自己的路由表中查找,以判断该数据包的目的地址在当前的路由表中是否存在。如果数据包的目的地址与本路由器的某个接口所连接的网络地址相同,就将数据转发到这个接口;如果数据包的目的地址不是自己的直连网段,路由器会在自己的路由表中查找数据包的目的网络所对应的接口,并从相应的接口转发出去;如果路由表中记录的网络地址与包的目的地址不匹配,则转发到路由器配置的默认接口。在没有配置默认接口的情况下,会向用户返回目标地址不可达的信息。

15.1.3　路由的类型

根据路由器学习路由信息、生成并维护路由表的方法,路由可分为直连路由和非直连路由器。

1. 直连路由

直连路由是指路由器接口所直接连接的网络之间使用直连路由通信。该路由信息不需要网络管理员维护,也不需要路由器通过某种算法进行计算获得,只要该接口处于活动状态(UP),路由器就会把通向该网段的路由信息填写到路由表中,直连路由无法使路由器获取与其不直接相连的路由信息。

2. 非直连路由

由两个或多个路由器互联的网络之间的通信,需要通过路由协议从别的路由器学到的路由称为非直连路由,它分为静态路由和动态路由。

(1)静态路由

静态路由是由网络管理员在路由器中设置的固定路径信息。除非网络管理员干预,否则静态路由不会发生变化。由于静态路由不能对网络的改变做出及时地反映,所以静态路由适合小型、单路径、静态 IP 网络。它的优点是简单、高效、可靠。当动态路由与静态路由发生冲突时,一般以静态路由为准。

默认路由是一种特殊的静态路由,也是由网络管理员手工配置的,为那些在路由表中无法找到明确匹配的路由信息的数据包指定一个统一的下一跳地址。

(2)动态路由

当网络规模较大且网络结构经常发生变化时,就需要使用动态路由。动态路由是靠动态路由协议利用收到的路由信息自动维护的,可以自动反映网络结构的变化。

15.1.4　路由协议

路由器提供了异构网互联的机制,实现将一个网络的数据包发送到另一个网络。路由协议就是指在 IP 数据包发送过程中事先约定好的规定和标准。协议有不同的分类方法。

1.根据工作范围来分

(1)内部网关协议:在一个自治系统(Auto nomous System,AS)内进行路由信息交换的路由协议。

①RIP(Routing information Protocol)路由信息协议,是一种基于距离矢量路由协议。它通过计算从源主机到目标主机经过的最少跳数来选择最佳路径。RIP 协议支持的最大跳数是 15 跳。

②OSPF(Open Shortest Path First)开放式最短路径优先协议,用于在单一自治系统内决策路由,是一种典型的链路状态路由协议。

(2)外部网关协议:在不同自治系统之间进行路由信息交换的路由协议,如边界网关协议 BGP(Border Gateway Protocol)。

2.根据工作原理来分

(1)基于距离矢量路由协议:通过判断数据包从源主机到目标主机所经过的路由器的个数来决定选择哪条路由的协议,如 RIP 协议。

(2)基于链路状态路由协议:不是根据经过路由器的数目选择路径,而是综合考虑从源主机到目的主机之间的各种情况,最终选择一条最优路径,如 OSPF 协议。

15.2 部署路由服务

Windows Server 2003 系统中的"路由和远程访问"服务组件提供了构建软件路由器的功能,在小型网络中可以把一台插有两块网卡的已安装 Windows Server 2003 系统的服务器设置为软件路由器,用来代替昂贵的硬件路由器。而且基于 Windows Server 2003 构建的路由器具有图形化管理界面,管理方便、易用。

本章所有的案例均使用安装在一台计算机中的虚拟机在模拟环境下实施,虚拟机不需要传输介质进行物理连接,与在真实网络环境下实施的不同之处会在注释中详细说明。

15.2.1 启用"路由和远程访问"服务

要想使安装了 Windows Server 2003 系统的服务器成为软件路由器,首先要启用"路由和远程访问"服务,下面通过一个案例讲解详细的配置过程。

案例 1:启用"路由和远程访问"服务

1.部署环境和设备需求

本案例以如图 15-1 所示的网络环境进行实施。通过对中间的服务器 R1 进行配置,实现位于不同子网中的两台计算机 PC1 和 PC2 互通。

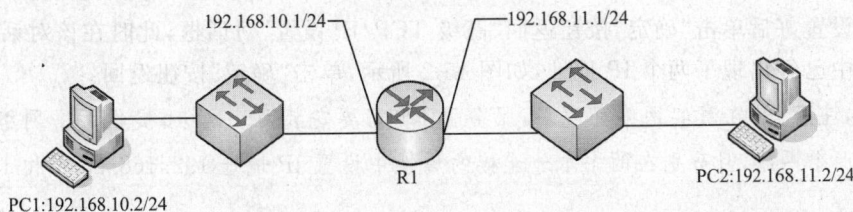

图 15-1 案例 15.1 的网络真实环境

本案例需要安装 3 台虚拟机：

服务器 R1：要求安装 Windows Server 2003 操作系统，该机设置两个 IP 地址用于连接两个子网。

计算机 PC1：要求安装 Windows XP 或其他客户端版本的操作系统。

计算机 PC2：要求安装 Windows XP 或其他客户端版本的操作系统。

注意：若在真实网络环境下，需要 5 台设备，两台计算机和中间的服务器通过传输介质和两台交换机实现互联。

2. 案例分析

在本案例中两台计算机的 IP 地址属于不同的子网，无法直接通信，需要通过网关进行中转。因此在服务器 R1 上启用"路由和远程访问"服务使它成为软件路由器，并提供两个端口的 IP 地址分别作为两个计算机的网关地址。由于两个子网都是 R1 的直连网段，因此是直连路由，不需要配置路由协议。

3. 实施过程

(1)配置计算机 PC1 和 PC2 的 TCP/IP 属性

将 PC1 的 IP 地址设置为 192.168.10.2，子网掩码设置为 255.255.255.0，默认网关设置为 192.168.10.1；

将 PC2 的 IP 地址设置成为 192.168.11.2，子网掩码设置为255.255.255.0，默认网关设置为 192.168.11.1。

此时在 PC1 上利用 Ping 命令测试从 PC1 到 PC2 的连通性，具体方法为：单击"开始"/"运行"，在"运行"框中输入"cmd"后打开"命令提示符"界面，输入"Ping 192.168.11.2"，发现连接失败。

(2)配置服务器 R1 的 TCP/IP 属性

服务器 R1 需要设置两个不同的 IP 地址来满足两个不同子网的连接需要。具体方法如下：

①打开服务器 R1 的"本地连接属性"对话框，双击"Internet 协议（TCP/IP）"，打开"Internet 协议（TCP/IP)属性"对话框。

②：在"Internet 协议（TCP/IP)属性"对话框中先设置第一个 IP 地址，在 IP 地址处输入192.168.10.1，子网掩码处输入 255.255.255.0，由于本服务器就是网关，所以默认网关可以不用设置。

③在"Internet 协议（TCP/IP)属性"对话框中单击"高级"按钮进入"高级 TCP/IP 设置"对话框，在该对话框的 IP 地址框中已经可以看到刚才设置的第一个 IP 地址。单击"添加"按钮，在弹出的对话框中设置第二个 IP 地址 192.168.11.1，子网掩码为 255.255.255.0，设置好后单击"确定"按钮返回"高级 TCP/IP 设置"对话框，此时在该对话框的 IP 地址框中已经出现了两个 IP 地址，如图 15-2 所示，单击"确定"按钮返回。

注意：若在真实网络环境下，服务器 R1 需要安装两块网卡，提供两个网络接口分别连接两个网络，且分别在两个本地连接的属性中设置 IP 地址 192.168.10.1 和 192.168.11.1。

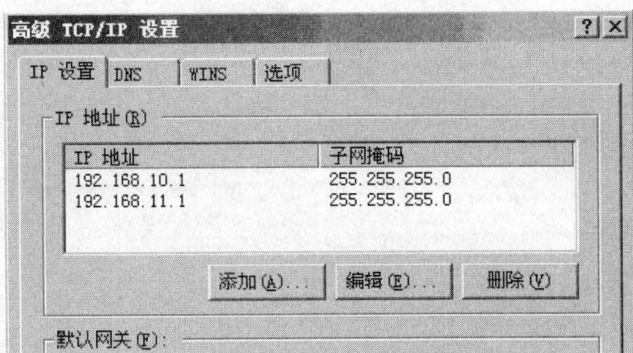

图 15-2　"高级 TCP/IP 设置"对话框

(3)在服务器 R1 上启用"路由和远程访问"服务

服务器 R1 需要启用"路由和远程访问"服务才具备路由功能,具体的设置方法如下:

①在服务器 R1 上单击"开始"/"程序"/"管理工具"/"路由和远程访问",出现"路由和远程访问"控制台,如图 15-3 所示。

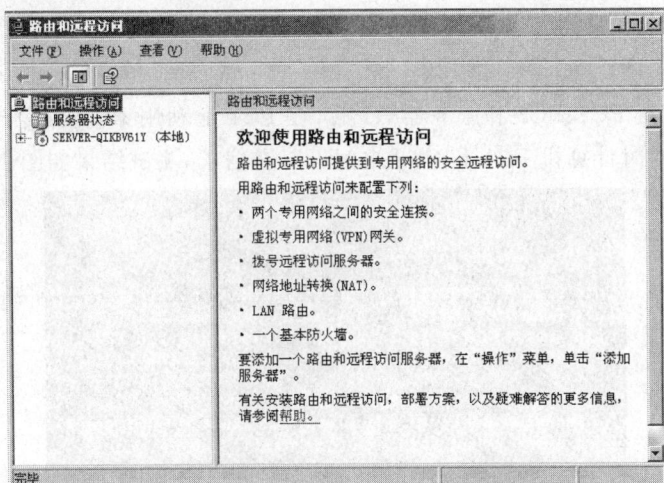

图 15-3　"路由和远程访问"控制台

②在"路由和远程访问"控制台中用鼠标右键单击该窗口左边"树"型结构中的本服务器的名字,本案例中为"SERVER－QIKBV61Y(本地)",在弹出的菜单中选择"配置并启用路由和远程访问"项,屏幕出现"路由和远程访问服务器安装向导"欢迎窗口,单击"下一步"按钮。

③弹出如图 15-4 所示的"配置"对话框,在对话框中可以选择要配置的路由和远程访问服务器类型,本案例中选择"自定义配置",单击"下一步"按钮。

④弹出"自定义配置"对话框,如图 15-5 所示。在这里可以选择要在此服务器上启用的服务,本案例中要通过配置实现局域网内两个不同子网的互联,因此选择"LAN 路由",单击"下一步"按钮。

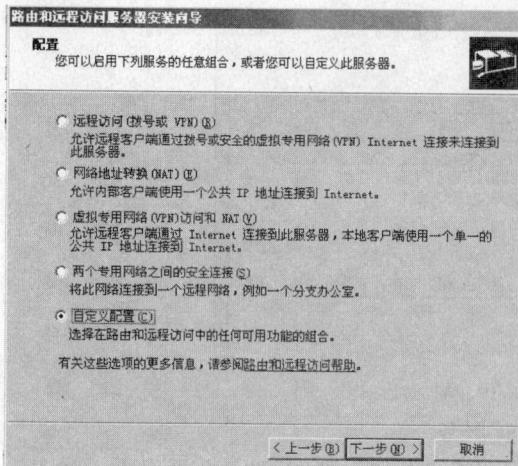

图 15-4　"配置"对话框　　　　　　　图 15-5　"自定义配置"对话框

⑤在出现的引进对话框中单击"完成"按钮,等待几秒后即可启用"路由和远程访问"服务。

4.结果测试

配置完计算机 PC1、PC2 和服务器 R1 后,在 PC1 上利用 Ping 命令再次检测与 PC2 的连通性,发现此时计算机 PC1 和 PC2 之间可以通信了,测试结果如图 15-6 所示。

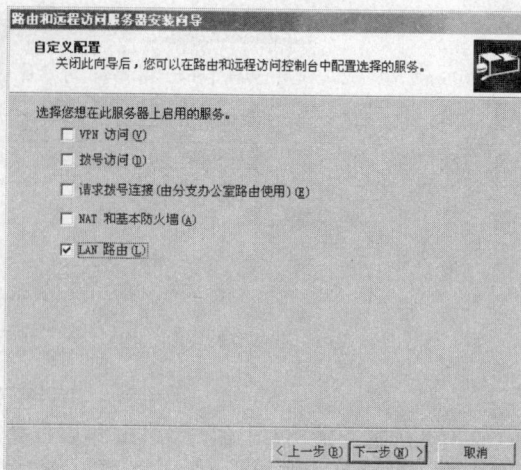

图 15-6　在 PC1 上测试和 PC2 的连通性

15.2.2　配置静态路由协议

案例 2:配置静态路由

1.部署环境和设备需求

本案例以如图 15-7 所示的网络环境进行实施。图中有三个子网,分别是 192.168.10.0、192.168.11.0 和 192.168.12.0,配置服务器 R1 和 R2 通过静态路由协议实现两台计算机 PC1 和 PC2 互通。

本案例需要安装 4 个虚拟机:

服务器 R1:要求安装 Windows Server 2003 操作系统。

服务器 R2:要求安装 Windows Server 2003 操作系统。

计算机 PC1:要求安装 Windows XP 或其他客户端版本的操作系统。

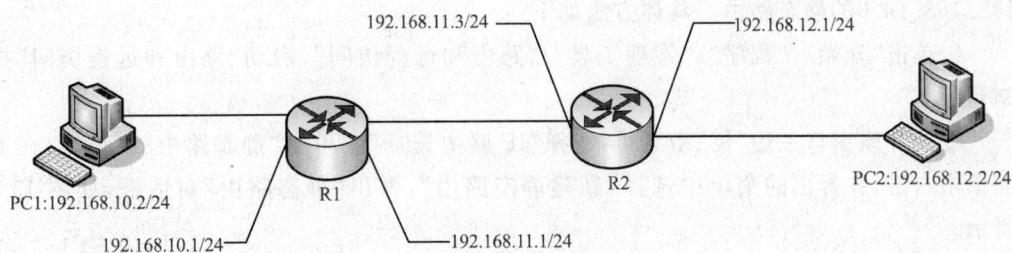

图 15-7　静态路由的真实网络环境

计算机 PC2：要求安装 Windows XP 或其他客户端版本的操作系统。

🐟**注意**：若在真实网络环境下，需要 4 台设备，计算机 PC1 通过传输介质和服务器 R1 相连，服务器 R1 和 R2 通过传输介质相连（此为一特殊网段），计算机 PC2 和服务器 R2 的另外一个接口相连。

2. 案例分析

在本案例中存在三个子网，其中 192.168.10.0 和 192.168.11.0 是服务器 R1 的直连网段，192.168.11.0 和 192.168.12.0 是服务器 R2 的直连网段，可以利用直连路由转发数据包，但 192.168.12.0 对于服务器 R1 来说是非直连网段，192.168.10.0 对于服务器 R2 来说是非直连网段，非直连路由要通过静态路由协议来获取，因此要实现三个网段的互通，服务器 R1 和 R2 不仅要启用"路由和远程访问"服务，还要配置静态路由协议。

3. 实施过程

(1)配置计算机 PC1 和 PC2 的 TCP/IP 属性

将 PC1 的 IP 地址设置为 192.168.10.2，子网掩码设置为 255.255.255.0，默认网关设置成为 192.168.10.1；将 PC2 的 IP 地址设置为 192.168.12.2，子网掩码设置为 255.255.255.0，默认网关设置成为 192.168.12.1。

此时在 PC1 上利用 Ping 命令测试从 PC1 到 PC2 的连通性，打开"命令提示符"界面，输入"Ping 192.168.12.2"，发现连接失败。

(2)配置服务器 R1 和 R2 的 TCP/IP 属性

服务器 R1 和 R2 都需要设置两个不同的 IP 地址来满足两个不同子网的连接需要，其中 R1 的两个 IP 地址分别为 192.168.10.1、192.168.11.1，子网掩码都是 255.255.255.0，网关不设置；R2 的两个 IP 地址分别为 192.168.11.3、192.168.12.1，子网掩码都是 255.255.255.0，网关也不设置。具体的配置方法可以参考案例 1。

🐟**注意**：若在真实网络环境下，服务器 R1 和 R2 都需要安装两块网卡，提供两个网络接口分别连接两个网络，分别在两个本地连接的属性中设置 IP 地址。

(3)在服务器 R1 上启用"路由和远程访问"服务

服务器 R1 设置成为软件路由器，启用"路由和远程访问"服务的过程参考案例 15.1。

(4)在服务器 R1 上配置静态路由协议

在服务器 R1 上启用"路由和远程访问"服务后，还需要配置到达非直连网段

192.168.12.0的静态路由。具体方法如下：

①单击"开始"/"程序"/"管理工具"/"路由和远程访问"，启动"路由和远程访问"控制台。

②展开该窗口左边"树"型菜单，选择"IP 路由选择"菜单的"静态路由"菜单项，在上面单击右键，在弹出的菜单中选择"新建静态路由"，弹出"静态路由"对话框，如图 15-8 所示。

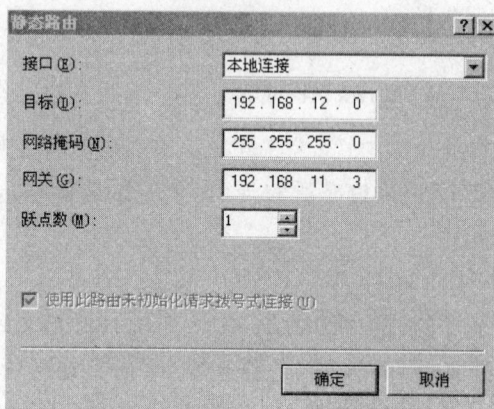

图 15-8　R1 设置"静态路由"对话框

③在"静态路由"对话框中添加要新建的路由内容，具体包括：

接口：选择到达下一跳地址的接口，本案例中选择"本地连接"。

目标：输入目的网络的网络地址，本案例中是"192.168.12.0"。

网络掩码：输入目的地址的子网掩码，本案例中是"255.255.255.0"。

网关：输入到达目的地址的下一跳地址，即数据包从此处出发到达目的地要经过的第一台设备的入接口的 IP 地址，本例中为"192.168.11.3"。

跃点数：要经过的路由器的个数，本案例中为"1"。

注意：若在真实网络环境下，服务器有两个"本地连接"，接口处应该选择用于连接下一跳设备的那个本地连接。

④单击"确定"按钮完成对 R1 静态路由的设置。

(5)在服务器 R2 上启用"路由和远程访问"服务

服务器 R2 也需要设置成为软件路由器，启用"路由和远程访问"服务的过程，参考案例 15.1。

(6)在服务器 R2 上配置静态路由协议

在服务器 R2 上同样要创建静态路由，方法和配置与 R1 类似。服务器 R2"静态路由"对话框中的参数设置如图 15-9 所示。

4.结果测试

(1)查看服务器 R1 的 IP 路由表

在打开服务器 R1 的"路由和远程访问服务"的控制台窗口，展开窗口左侧的"IP 路

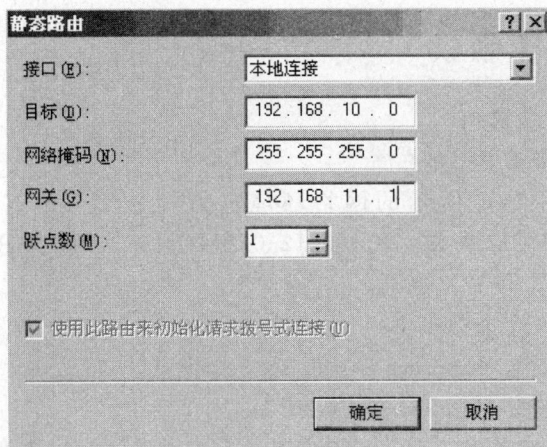

图 15-9 R2 设置"静态路由"对话框

由选择"菜单,右键单击"静态路由"菜单项,然后选择"显示 IP 路由表"命令,在打开的 "IP 路由表"窗口中可以看到新创建的静态路由。如图 15-10 所示。

图 15-10 IP 路由表

在上图所示的路由表中,共有 10 条路由,具体包括:

目标 127.0.0.1:回路测试地址。

目标 192.168.10.0:直连路由。

目标 192.168.10.1:本机的 IP 地址,因此它的网关为 127.0.0.1 这个回路测试地址。

目标 192.168.10.255:直连网络的广播地址。

目标 192.168.11.0:直连路由。

目标 192.168.11.1:本机的 IP 地址,因此它的网关为 127.0.0.1 这个回路测试地址。

目标 192.168.11.255:直连网络的广播地址。

目标 192.168.12.0:通过静态路由协议获取到的静态路由,在上图中已被标记为蓝色。

目标 224.0.0.0:组播地址。

目标 255.255.255.255:广播地址。

(2)测试两台计算机的连通性

在计算机 PC1 上利用 Ping 命令检查与 PC2 的连接,结果发现连接成功。

15.2.3 配置 RIP 协议

案例 3：配置 RIP 协议

1.部署环境和设备需求

本案例仍然以图 15-7 所示的网络环境进行实施。图中有三个子网,分别是 192.168.10.0、192.168.11.0 和 192.168.12.0,配置服务器 R1 和 R2,通过 RIP 路由协议实现两台计算机 PC1 和 PC2 互通。

本案例需要安装 4 个虚拟机：

服务器 R1：要求安装 Windows Server 2003 操作系统。

服务器 R2：要求安装 Windows Server 2003 操作系统。

计算机 PC1：要求安装 Windows XP 或其他客户端版本的操作系统。

计算机 PC2：要求安装 Windows XP 或其他客户端版本的操作系统。

2.案例分析

在本案例中 192.168.12.0 对于服务器 R1 来说是非直连网段,192.168.10.0 对于服务器 R2 来说是非直连网段。按题意要求,非直连路由要通过 RIP 路由协议来获取,因此要实现三个网段的互通,服务器 R1 和 R2 不仅要启用“路由和远程访问”服务,还要配置 RIP 路由协议。

3.实施过程

(1)配置计算机 PC1 和 PC2 的 TCP/IP 属性

将 PC1 的 IP 地址设置为 192.168.10.2,子网掩码设置为 255.255.255.0,默认网关设置成为 192.168.10.1;将 PC2 的 IP 地址设置为 192.168.12.2,子网掩码设置为 255.255.255.0,默认网关设置成为 192.168.12.1。

在 PC1 上利用 Ping 命令测试从 PC1 到 PC2 的连通性,打开命令提示符界面,输入“Ping 192.168.12.2”,发现连接失败。

(2)配置服务器 R1 和 R2 的 TCP/IP 属性

服务器 R1 和 R2 都需要设置两个不同的 IP 地址来满足两个不同子网的连接需要,其中 R1 的两个 IP 地址分别为 192.168.10.1、192.168.11.1,子网掩码都是 255.255.255.0,网关不设置;R2 的两个 IP 地址分别为 192.168.11.3、192.168.12.1,子网掩码都是 255.255.255.0,网关也不设置。具体的配置方法可以参考案例 15.1。

(3)在服务器 R1 上启用“路由和远程访问”服务

服务器 R1 设置成为软件路由器,启用“路由和远程访问”服务的过程参考案例 15.1。

(4)在服务器 R1 上配置 RIP 路由协议

在服务器 R1 上启用“路由和远程访问”服务后,还要配置 RIP 路由协议来获取到达非直连网段 192.168.12.0 的路由。具体方法如下：

①单击“开始”/“程序”/“管理工具”/“路由和远程访问”,启动“路由和远程访问”控制台。

②展开该窗口左边树型菜单,选择“IP 路由选择”菜单,右键单击“常规”,在弹出的快捷菜单中选择“新路由协议”,显示“新路由协议”对话框,如图 15-11 所示。

③在该对话框中的"路由协议"列表中，选择"用于 Internet 协议的 RIP 版本 2"，并单击"确定"按钮返回。

④在"路由和远程访问"控制台左侧的目录树中，右键单击"RIP"菜单项，在弹出的快捷菜单中选择"新增接口"，弹出"用于 Internet 协议的 RIP 版本 2 的新接口"对话框，如图 15-12 所示。

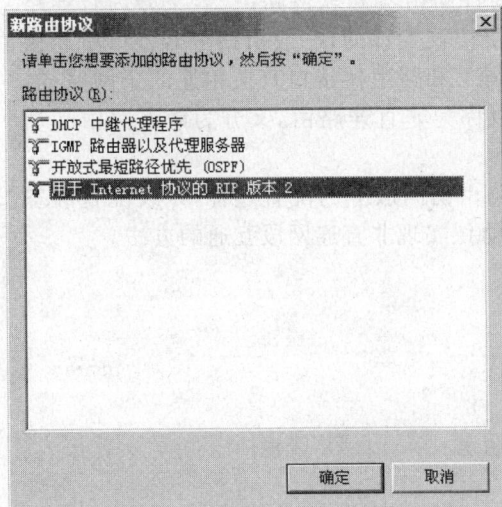

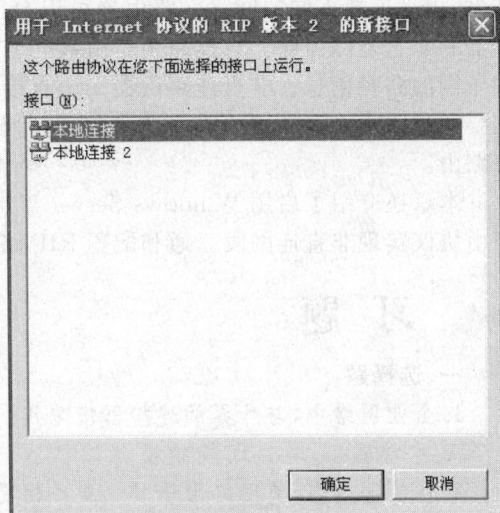

图 15-11　"新路由协议"对话框　　　　图 15-12　"用于 Internet 协议的 RIP 版本 2 的新接口"对话框

⑤在该对话框的"接口"列表框中选择一个网络接口，应该选择用于两台路由器相连的接口，本例中选择"本地连接"。

⑥单击"确定"按钮，弹出"RIP 属性"对话框。RIP 的属性取系统默认值即可，单击"确定"按钮后返回。

(5)在服务器 R2 上启用"路由和远程访问"服务

服务器 R2 也需要设置成为软件路由器，启用"路由和远程访问"服务的过程参考案例 15.1。

(6)在服务器 R2 上配置 RIP 路由协议

在服务器 R2 上同样要配置 RIP 路由协议，方法和配置 R1 类似。

4.结果测试

在计算机 PC1 上利用 Ping 命令检查与 PC2 的连接，结果发现连接成功。

实训：利用软路由器连接两个网络

实训目的：

1.熟悉如何构建一台软件路由器

2.掌握路由表

3.掌握用路由器连接两个网络

实训内容：

利用虚拟机设置成软路由器，连接两个不同网络的计算机，实现两个网络间通信。

1. 配置静态路由
2. 配置 RIP 协议

本章小结

本章主要介绍了路由器的概念：路由器是用来进行数据包转发的设备，是网络的中转站，用来连接不同的网络。路由器可以分为硬件路由器和软件路由器，又分为直连路由器和非直连路由器。直连路由是由数据链路层协议发现的，一般指路由器接口所连接的子网的路径信息。非直连路由器无法直接获得不和路由器接口直接相连的子网路径，需要通过路由协议从别的路由器学到，这种路由称为非直连路由，又分为静态路由和动态路由。

本章还介绍了启用 Windows Server 2003 路由访问服务的配置过程，以及配置静态路由协议实现非直连网段互通和配置 RIP 路由协议实现非直连网段互通的方法。

习 题

一、选择题

1. 企业网络中，与外界的连接器应采用（　　）。
A. 中继器　　　　B. 交换机　　　　C. 路由器　　　　D. 网桥
2. 在校园网内，使用路由器其主要作用是（　　）。
A. 路由选择　　　B. 差错处理　　　C. 分隔子网　　　D. 网络连接
3. 路由器技术的核心内容是（　　）。
A. 路由算法和协议　　　　　　　B. 网络地址复用方法
C. 网络安全技术　　　　　　　　D. 提高路由器性能
4. 关于路由器，下列说法错误的是：路由器可以（　　）。
A. 隔离子网，抑制广播风暴　　　B. 实现网络地址的转换
C. 提供可靠性不同的多条路由选择　D. 只能实现点对点的传输
5. 以下哪些路由表项要由网络管理员手动配置（　　）。
A. 静态路由　　　B. 动态路由　　　C. 直接路由　　　D. 间接路由

二、填空题

1. 根据路由器学习路由信息、_____ 路由表的方法，路由分为直连路由（Direct）、静态路由（Static）和动态路由（Dynamic）。
2. 直连路由：路由器接口 _____ 的路由方式称为直连路由。
3. 直连路由不需要网络管理员维护，也不需要路由器通过某种 _____ 获得。
4. 非直连路由：通过路由协议从别的路由器学到的 _____ 称为非直连路由。
5. 静态路由是由 _____ 根据网络拓扑，使用命令在路由器上配置的路由信息。
6. 由两个或多个 _____ 的网络之间的通信使用非直连路由。
7. 非直连路由是指人工配置的静态路由或通过运行 _____ 协议而获得的动态路由。

三、简答题

1. 什么是路由？路由有哪些类型？
2. 什么是静态路由？
3. 什么是动态路由？